面向21世纪课程教材
Textbook Series for 21st Century

观赏植物采后生理与技术

Postharvest Physiology and Technology of Ornamental Plants

高俊平　主编

中国农业大学出版社
·北京·

图书在版编目(CIP)数据

观赏植物采后生理与技术/高俊平主编．—北京：中国农业大学出版社，2002.8(2018.12 重印)
面向 21 世纪课程教材
ISBN 978-7-81066-374-8

Ⅰ．观…　Ⅱ．高…　Ⅲ．①园林植物-植物生理学 ②园林植物-采收-处理　Ⅳ．S680.9

中国版本图书馆 CIP 数据核字(2002)第 012635 号

出版发行　中国农业大学出版社
经　销　新华书店
印　刷　北京鑫丰华彩印有限公司
版　次　2002 年 8 月第 1 版
印　次　2018 年 12 月第 9 次印刷
开　本　16　　印张 18.75　　千字 341　　彩插 1
规　格　787×980
定　价　36.00 元

社址　北京市海淀区圆明园西路 2 号　　**邮政编码**　100193
电话　010-62732633　　**网址**　www.cau.edu.cn

教材编写组

主　　编　高俊平

副 主 编　郭维明　洪　波　董　丽

参编人员（按姓氏拼音排序）

蔡　蕾　中国农业大学园艺学院观赏园艺与园林系
丛日晨　山西农业大学林学院观赏园艺系
董　丽　北京林业大学园林学院
高俊平　中国农业大学园艺学院观赏园艺与园林系
洪　波　东北林业大学园林学院
胡汉升　河南省信阳农业专科学校园艺系
金基石　中国农业大学园艺学院观赏园艺与园林系
李永红　深圳职业技术学院生物系
李增武　青海大学农牧学院畜牧系
刘晓辉　东北农业大学园艺学院观赏园艺系
陆旺金　华南农业大学园艺学院园艺产品采后生理与技术系
沈红香　北京农学院园艺系
孙红梅　沈阳农业大学园艺学院观赏园艺系
孙洪波　中国农业大学园艺学院观赏园艺与园林系
孙淑萍　黑龙江八一农垦大学园艺系
谭　辉　中国农业大学园艺学院观赏园艺与园林系
夏宜平　浙江大学农业与生物技术学院园艺系
熊运海　重庆师范专科学校生物系
张常青　中国农业大学园艺学院观赏园艺与园林系
赵梁军　中国农业大学园艺学院观赏园艺与园林系

主　　审

孙自然　中国农业大学园艺学院观赏园艺与园林系　教授
李合生　华中农业大学　教授

序

中国农业大学高俊平教授主编的《观赏植物采后生理与技术》是一部全面新颖的教材。我粗略地通读了一遍，有茅塞顿开，豁然鲜亮之感。

观赏植物采后生理与技术是研究观赏植物采后生理变化，与环境的关系以及延缓观赏植物产品(鲜切花、鲜切叶、盆花、种苗、球根等)衰老的过程，提高流通质量的技术措施。概而言之，这门科技主要包括两大部分：一部分为观赏植物采后生理，另一部分为观赏植物采后技术。总体来看，这是以植物生理学等为理论依据，以花卉学等为实践基础的一门全新而有发展前景的应用性综合学科。

为何说观赏植物采后生理与技术是一门全新的学科？因为它原是园艺产品采后生理与技术的一个分支，至今在全球只有近 20 年历史。以开设这门独立学科课程的国家与大学而论，迄今仅有以色列西伯来大学(Hebrew University of Jersalem)，以色列巴伊兰大学(Bar-Ilan University)，日本大阪府立大学(Osaka Perfeture University)和中国农业大学等少数大学而已。

记得我们在 20 世纪 90 年代初期开始，集体编写《中国农业百科全书·观赏园艺卷》时，就讨论过在全书条目中，应否包括观赏植物采后生理与技术方面的条目问题。当时的结论是仅国外有少数成果与技术报道。国内的工作刚刚起步，不如暂时缺如，等待以后再行补充。现在时间过去才 10 年左右，这本丰富多彩、既有国外又有国内成果与情况介绍的专业书已编成。此举不啻填补了多年空白，使观赏园艺中全部学科与产业内容更为完整。因此，当我从主编高俊平教授处见到全书原稿并通读一遍时，心中欣悦之情实难言喻——这是个填平补缺的重要之举啊!

为何说这是一门理论联系实践的重要学科？因为关于观赏植物采后生理与技术的各个方面，在这门学科中都已罗列尽致。仅以切花采后而论，如不将鲜切花的呼吸生理、水分平衡生理、落花落叶和衰老生理、鲜花保色机理等研究清楚，则采后技术、保鲜剂处理技术、预冷技术、分级包装技术、贮藏运输技术等，就缺乏理论依据而仅成为经验的探索与积累，大大降低了成功率和科学保证；反之，如只有理论研究而缺乏实践的验证与查核，则采后事业将成为无根之木，无源之水，必将停滞不前，难以不断发展向前的。

为何说观赏植物采后生理与技术是一门大有发展前景的综合学科？因为一切科学研究的最终目的，都是要找到客观规律和技术，为生产和群众服务。在采收

(切花、切叶、种苗球等)之前，一切研究与技术都是为了丰产、优质；而在采收之后，则通过科学的生理原理的指导并应用技术成果与措施，可使丰产优质的产品到达市场、园林和消费者手中，这才在最后达成了初衷，较好地完成为国内外人民与园林服务的意愿，使生产者得利，使消费者满意。这是一门综合性很强的学科，涉及面很广，影响因素很多，故须认真对待，精心研究，一点都大意不得的。

这样看来，《观赏植物采后生理与技术》一书之编写与出版，实在是我国乃至世界观赏园艺界一桩喜事和大事，我谨为此著作的问世，致以衷心的祝贺。

不过，本书篇幅似嫌过大，建议再版时适当压缩精练，或今后分为几本书出版，以便更好地切合教材之用。

是为序。

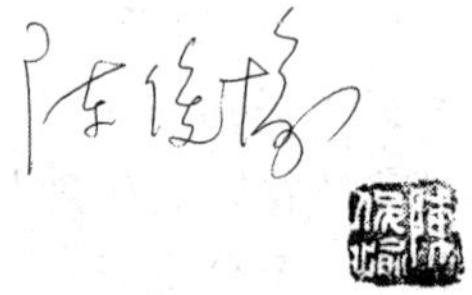

2002年5月11日于

北京林业大学园林学院

序

进入21世纪，我国国运更加昌盛，不断发生的喜事、大事举世瞩目，每个中国人为之鼓舞。加入世界贸易组织是我国社会经济生活的一件大事，人们清醒地认识到极好的机遇也是严峻的挑战，必须认真对待。近年来，我国花卉事业蓬勃发展，南北各地形成了专业村、乡、县和企业，成为农民致富、市场繁荣、出口创汇的重要资源。然而，要获得理想的效益，必须付出艰辛的努力，从地域的选择，栽培管理，采后技术、贮藏运输以及营销策略等各方面都要有全盘周密的计划和措施，遵循科学规律，才能使产品符合当前消费水平日益增长的需要，所出口的产品更符合世界贸易组织商品规格及营销规则，才能顺利地与外商交流，并获得应有的回报。发展花卉产业是发展我国经济的良好途径之一，而加强相关学科理论和技术的传播，则是从事花卉事业的首要任务。花卉的采后技术是花卉收获后，上市场前极其重要的环节，处理不当将会使栽培中辛苦劳动的成果白白浪费。改善采后处理技术、减少损失无疑会增加产量、提高产品质量，从而获得更好的经济效益。当前科学技术进步极其迅速，且渗透到多个学科领域。花卉生产、经营同样离不开现代科学的支持。用理论知识指导和总结实践经验，成功才有把握。我国花卉事业作为学科技术门类，称得上是年轻的学科，特别是花卉采后理论技术的著作很少见到。自20世纪50年代以来，我国各园艺学科院系即开设园艺产品采后技术课程，但教学与教材内容只局限在果品和蔬菜方面。直到21世纪初才加进少量的花卉产品内容介绍。高俊平教授主编的《观赏植物采后生理与技术》是作者多年教学与科研实践经验的积累，内容以切花、盆花、花卉种球、种苗、种子等产品的采后生理为理论基础，阐述各种环境条件对产品采后的影响，从而创造保证产品以高质量、安全供应市场应采取的技术措施和应注意事项，该教材内容既广泛又深入，可操作性强，并为学习者提供极有价值的考文献和思考问题，是我国针对观赏植物（广义的花卉）采后理论与技术的首部著作，该教材的出版为花卉园艺学科增添了光彩。

周山涛

2002年5月6日

前　言

近 20 年来，我国的花卉产业从无到有，从小到大，成为一个调整农业结构的高效产业，与此同时，我国的花卉教育也获得飞速发展。全国各地农林院校纷纷恢复或增设观赏园艺与园林专业，为我国的花卉产业和事业培养人才。“观赏植物采后生理与技术”课程，与观赏植物育种学、观赏植物栽培学并重，是观赏园艺与园林专业本科生教育的主干课程，在不少院校已经相继开设。但是迄今为止，还没有一本相应的教材供学生参考。

为了弥补教材建设上的不足，我们组织了全国 13 个院校的有关教师组成了教材编写组。以我们十多年讲授这门课的内容为基本骨架，在借鉴果品和蔬菜贮运学教材体系的基础上，结合观赏植物产品的特点，确定了本教材的内容体系。

我们希望本书有如下特点，即内容的全面性、系统性和新颖性，概念的准确性，资料的实用性，阅读的亲切感，查阅的方便性。

首先根据教科书的基本要求，我们在内容的全面性和系统性方面下了功夫，已如上述。名词术语力求表述准确，并附有相应的英文翻译，便于学生查阅有关英文资料。如今的科技发展速度极其迅速，在内容编写上尽可能紧跟时代步伐，纳入较新的科技成就。考虑到是一门应用学科，也考虑到扩大读者面，各论部分加大了适用内容。本书应用了大量的图和表格，力求使读者易学易懂，并有亲切感。此外，考虑到查阅方便，书的最后附有中英文主题索引。

感谢著名花卉专家、中国工程院院士、北京林业大学园林学院陈俊愉先生为本书作序并对观赏植物的拉丁学名进行了统审，感谢著名园艺产品贮藏加工专家、中国农业大学食品学院周山涛教授为本书作序。

感谢我的博士后导师、中国农业大学园艺学院观赏园艺与园林系教授孙自然先生统审书稿。

感谢我的博士导师、日本国冈山大学农学院农产品采后试验室教授中村怜之辅先生、稻叶昭次先生和久保康隆先生为本书提供宝贵资料和建议。

感谢肯尼亚籍学者 Mr. Willis Owino 统校本书的英文索引词汇。

感谢观赏园艺系硕士生（按姓氏拼音排序）陈菊、单宁伟、李永红、吕娟飞、马祎、马男、彭勇政、孙延智、王海琴、张云、赵喜亭、朱旭晖等同学为本书收集资料。其中单宁伟同学为本书绘制了手绘插图。

观赏植物涉及的种类极其繁多，采后生理特点非常复杂，要求的采后技术也是多样化的。虽然教材编写组全体成员尽了很大的努力，但是，该学科即使在科技发达国家也刚刚形成雏形，加之于我们掌握的资料有限，一定存在不少缺点，甚至是错误之处。我们衷心期待着同行专家学者的批评指导，以便使这一教材体系尽快建设好。另外，书中彩图部分摘自胡绪岚编译，中国农业出版社出版的《切花保鲜新技术》及冷晓壮等编，中国轻工业出版社出版的《迷人花色》，在此表示感谢。

高俊平

2002年4月24日

目　录

0 绪　　论

【内容提要】

观赏植物通常包括观赏树木与花卉,是园艺作物的一个重要组成部分。观赏植物采后生理与技术是从园艺产品采后生理与技术中逐步独立出来的一个新的分支,是 20 世纪 80 年代以来逐步走向成熟的一个新的学科。本章从介绍观赏植物采后生理与技术的概念入手;在系统分析国内外观赏植物分类依据和方法的基础上,提出了本学科的分类依据和方法,以及各类观赏植物的流通损耗和重点研究内容;介绍了国际上观赏植物采后生理与技术的研究历史和现状,系统归纳和汇总了自 1978 年以来观赏植物采后生理和技术方面的研究成果;最后介绍了与观赏植物采后生理和技术有关的信息和情报来源。

0.1 观赏植物采后生理与技术的概念

观赏植物采后生理与技术(postharvest physiology and technology of ornamental plants),通常称为花卉保鲜,是研究观赏植物采后生理生化变化规律、与环境因子之间的关系、以及延缓衰老进程、提高流通质量的技术措施。主要包括两大范畴,即观赏植物采后生理(postharvest physiology)与观赏植物采后技术(postharvest technology)。其中观赏植物采后生理主要包括:

- 与品质保持有关的采后生理生化变化,如观赏植物呼吸生理、切花水分平衡生理、球根花卉种球休眠生理、切花(盆花)开花和衰老生理、种苗贮运生理、花色护色机理等;
- 影响这些生理生化变化的内因,即观赏植物本身的因素如种类、品种、品系等;
- 影响这些生理生化变化的环境因素,主要包括温度、光照、湿度、气体成分等。

观赏植物采后技术主要包括:

- 从采收到销售所有的与观赏植物品质有关的技术措施,如采收技术、保鲜剂处理技术、分级包装技术、预冷技术、贮藏技术、运输技术、批发和营销技术等;
- 各项采后流通技术的理论基础;
- 观赏植物的品质评价基准,即观赏植物产品质量和产品质量等级标准;
- 各类观赏植物的贮运综合保鲜技术。

广义的观赏植物采后技术还包括干燥花的加工技术。本书对于干燥花的加工技术不作介绍。

由上述可见,观赏植物采后生理与技术是以植物学、植物解剖学、化学、物理学、植物生理学、生物化学、分子生物学、花卉学、观赏树木学等学科为基础的一门新的应用性学科。

0.2 观赏植物采后生理与技术研究对象的分类方法

全球观赏植物共约3万种,其中较常用者约6 000种,栽培品种40万个以上;我国原产观赏植物共约2万种,较常用的近2 000种(陈俊愉,2000)。这些种类众多的观赏植物在形态、习性、生育周期、生理生化特点等方面差异很大。根据观赏植物的特征进行归类对于从事观赏植物采后生理与技术的人员是非常重要的。

0.2.1 观赏植物常用分类方法

综合国内外观赏植物的分类方法有下述几种，见表 0-1。

表 0-1 观赏植物常见分类方法比较

分类方法	分类依据	分类细节
植物学分类	门、纲、目、科、属、种	先将观赏植物分为蕨类植物、裸子植物、被子植物三大类，每类中再按科、属进一步划分
按环境条件要求分类	水分要求	水生花卉如荷花，湿生花卉如风车草，中生花卉如月季，旱生花卉如仙人掌类
	温度要求	耐寒花卉、喜凉花卉、中温花卉、喜温花卉、耐热花卉
	光照要求	光照强度——喜光花卉、耐荫花卉和喜荫花卉 光照时间——短日性花卉、中日性花卉和长日性花卉
按主要观赏部位分类	产品器官	观花类如月季，观果类如金柑，观叶类如苏铁，观茎类如仙人掌，赏根类等
生态与习性的综合分类	以观赏植物的生态习性和生活习性为主，结合植物分类系统的地位与栽培方法	一二年生花卉、球根花卉、宿根花卉、多浆及仙人掌类、室内观叶植物、兰科花卉、水生花卉、木本花卉
按园林用途分类	按照观赏植物在园林中的应用来分类	庭院树、行道树、绿篱植物、草坪草、地被植物、花坛花卉、室内花卉等
花卉市场产品分类	在花卉产品经营批发销售过程中的产品形态	切花类（含切叶、切枝）如菊花，盆花类如仙客来，盆栽观叶植物类如榕树，种球如百合种球，种苗如香石竹种苗，种子如一串红种子等

注：参考资料有鲁涤非（1998）和北京林业大学（1990）分别编著的花卉学。

植物学分类的优点是把各种观赏植物按照各自在植物分类系统中的地位进行排列，分门别类。同一科、属的植物，在采后生理特性上往往有相近之处，如石竹科和兰科的植物对乙烯敏感。但是，有些源自不同科属的植物，在采后处理技术上也有很多相近之处，如肉质多浆观赏植物竟来自 40 多个科。又如，温带起源的月季、香石竹、菊花等花卉在采后温度上有相近的要求，但是却属于不同的科。

依环境条件要求分类，主要基于观赏植物生长发育对水分、温度以及光照的要求。相同的环境条件要求，特别是温度要求，其产品往往可以在相同或相近的温度条件下进行采后处理。因此，这一分类方法对观赏植物采后生理与技术研究是有意义的。

按观赏部位分类，其优点是以其产品（商品）形态分类，便于与市场接轨，在采后研究方面也有其可取之处，如观花植物的采后技术要点是使其花期延长。

按照生态和习性的综合分类是目前花卉植物栽培学中普遍采用的分类方法。其特点是以观赏植物的生态习性和生活习性为主，结合植物分类系统的地位与栽培方法进行分类。不过该分类方法没有与产品直接衔接，采后生理与技术研究很难采用该分类法。

按照园林用途分类与观赏植物采后生理与技术研究关系较远。

花卉市场产品分类是按观赏植物在花卉市场交易中的形态进行归类。如上所述，观赏植物采后生理与技术的研究对象是其产品即花卉产品，因此这一分类方法与观赏植物采后生理与技术研究最接近。本课程所采用的分类方法就是依据这一方法而展开的，分类结果见表 0-2。

表 0-2 观赏植物采后生理与技术研究花卉产品分类方法

类别	产品形态特征	亚类	举例
切花类 (cut flowers)	切割的花枝		菊花、月季、香石竹、唐菖蒲、非洲菊等
切叶类 (cut foliage)	切割的枝条，但不开花	蕨类切叶 木本切叶 草本切叶	肾蕨 山茶、石松、桉树叶、棕榈叶 天门冬、龟背竹等
盆栽花卉类(pot plants)	装在盆中的观赏植物	盆花类(flowering pot plants) 盆栽观叶植物类(foliage pot plants)	一品红、仙客来、杜鹃花、凤梨等 绿萝、橡皮树、榕树等
种球类(bulbs)	球根类播种材料	鳞茎类(bulbs) 球茎类(corms) 块茎类(tubers) 根茎类(rhizomes) 块根类(tuberous roots)	百合、水仙、郁金香等 唐菖蒲、小苍兰等 马蹄莲、仙客来、球根秋海棠等 鸢尾、荷花等 大丽花、花毛茛等
种苗类(nursery stock)	各种用于栽植的苗木	裸根苗(低温黑暗贮藏) 营养钵苗(照光低温贮藏)等	涵盖了切花种苗、盆花种苗、观叶植物种苗，以及园林绿化用种苗等
种子类(seeds)	各种植物形态上的种子		草花种子等

0.2.2 观赏植物采后生理与技术研究花卉产品分类方法

从表 0-2 看出,本课程将花卉产品分为切花类等 6 大类,分述如下。

切花类 是指花朵开放到一定的阶段剪切下来的、具有一定观赏期限的离体花枝。鲜切花是制作插花、花篮、花束等花卉装饰品的主体材料。鲜切花又分为木本切花和草本切花。

切叶类 是指剪切下来的叶色多样、叶形多姿的叶片或枝条。切叶是花卉装饰的辅助材料。

盆栽花卉类 是指栽培于花盆、花槽等容器中以观花、观果、观叶、观茎为目的的植物材料。

种球类 是指用做播种材料的各种变态肥大的地下器官,包括鳞茎、球茎、块茎、根茎和块根。

种苗类 是指用来培育成品花卉的幼苗。种苗包括播种苗、扦插苗、嫁接苗、分株苗、组培苗等。从采后运输特性划分为裸根苗和营养钵苗。

种子类 是指用从胚珠发育而成的繁殖器官。种子包括正常型和顽拗型(也称异端型)两大类。

0.3 观赏植物采后生理与技术研究内容

0.3.1 流通中的损耗

花卉属于鲜活易腐商品,在从采收到消费者瓶插的各个流通环节,从数量到质量上都会不可避免地产生一定的损耗,影响其商品价值和观赏性。在花卉产品流通中造成损耗的原因是多方面的,既有花卉本身质量的原因,有设施设备的原因,处理技术的原因,更有衔接各个运输环节管理效率的原因。

一些技术发达国家如荷兰、美国、日本、以色列花卉产品损耗率较低,通常低于 20%;而发展中国家损耗率普遍很高,通常在 30%以上。这给花卉生产和经营者带来了很大的损失,也是花卉成本较高的一个主要原因。各类花卉产品在流通中常见的损耗症状以及与采后技术之间的关系归纳为表 0-3。

表 0-3 花卉产品采后流通中的损耗症状、原因以及防止措施

花卉种类	常见损耗症状	损耗的主要原因	防止措施
切花类（含切叶和切枝类）	花朵不能正常开放，花瓣过早萎蔫、脱落，花颈弯曲，茎叶黄化，叶片干枯、脱落，花朵折断，落果，腐烂	采收期掌握不当，采后操作粗放，采后技术不当	适期采收，精细操作，科学地贮藏运输
盆栽花卉类	叶片黄化脱落，新梢过度生长，花蕾和花朵脱落，花蕾不能开放	贮运技术不当	合理的贮运环境条件
种球类	过度失水，老化，腐烂	环境条件控制不当，机械损伤，病虫害侵染	合理的温、湿度控制，精细操作，防止病虫危害
种苗类	徒长，黄化，老化，根系劣变	环境条件控制不当，病虫害侵染，贮运期过长	适宜的温度和适时的补光处理，防止病虫危害
种子类	霉变、劣变、发热、老化、机械损伤	贮藏环境条件控制不当，病、虫、鼠害	适宜的温度和湿度控制；防止病虫鼠害

0.3.2 研究内容

各类观赏植物采后生理和技术的主要研究内容简述如下。

切花类 采后生理研究包括呼吸生理、水分平衡生理、落花落叶生理、开花和衰老生理、花色保色机理以及采后分子生物学与生物技术等内容；采后技术研究包括采收技术、保鲜剂处理技术、预冷技术、分级包装技术、贮藏技术、运输技术以及批发和营销技术等。

切叶类 采后生理研究包括呼吸生理、水分平衡生理、落叶和衰老生理、叶色保色机理等内容；采后技术研究内容与切花基本相同。

盆栽花卉类 采后生理研究内容包括呼吸生理、落花落叶生理以及开花和衰老生理等；采后技术研究包括采收技术、分级包装技术、运输技术以及批发和营销技术等。

种球类 采后生理研究内容包括呼吸生理和种球休眠生理等；采后技术研究内容包括采收技术、分级包装技术、预冷技术、贮藏及打破休眠技术、运输技术以及批发和营销技术等。

种苗类 采后生理研究内容有呼吸生理、种苗贮藏生理等；采后技术研究内容有包装技术、贮藏技术、运输保鲜技术以及批发和营销技术。

种子类 采后生理研究包括呼吸生理、水分平衡生理以及种子休眠和萌发生理

等;采后技术研究内容有种子采收技术、分级包装技术、贮藏技术、批发和营销技术等。

0.4 观赏植物采后生理与技术的研究历史和现状

0.4.1 国外

观赏植物采后生理与技术是园艺产品采后生理与技术的一个分支,随着科学的发展而逐步独立出来,迄今只有近 20 年的历史。根据我们所掌握的信息,在世界范围内独立开设这门课程的国家(大学)并不多,如以色列希伯来大学(Hebrew University of Jerusalem)、以色列巴伊兰大学(Bar-Ilan University)、日本静冈大学(Shizuoka University)、日本大阪府立大学(Osaka Prefecture University)等。

关于园艺产品采后生理与技术的研究历史,可以追溯到 100 年之前。1880 年美国芝加哥市首先开始利用低温冷库贮藏苹果,这是公认的世界上第一座冷库,是果品贮藏技术研究的起始。1908 年,Crocker 和 Knight 从温室管理员那里得知,燃烧产生的气体对香石竹切花产生了危害。其实,该气体中影响植物生长、形态建成的主要成分是乙烯,这一情况当时已经查明了(Neljubow,1901)。于是,Crocker 和 Knight(1908)进行了下述试验。将开放的香石竹置于 25 mg/L 的该气体中,花朵在 12 h 内完全闭合,然后没能再度开放。这一报道被认为是观赏植物采后生理研究的首例。1917 年英国的 Franklin Kidd 发现高浓度 CO_2 和低浓度 O_2 能够抑制种子的呼吸活性和发芽,1920 年他们又发现苹果果实在成熟过程中有呼吸跃变现象。基于这一原理,1928 年在英国建造了世界上第一座商业用 CA 贮藏冷库。这被认为是将采后保鲜原理应用于采后技术的第一个例子。Franklin Kidd 也因此被荣称为气调(controlled atmosphere,CA)贮藏之父。

采后生理研究的实质性进展主要归功于微量乙烯测定装置——气相色谱仪的问世。1966 年 Nichols 用气相色谱仪测定了香石竹花朵开放过程中乙烯的变化动态,明确了花朵开放和衰老与乙烯之间的关联。Mayak 和 Dilley(1976)给香石竹花朵施用脱落酸(ABA),促进乙烯生成和花朵萎蔫,而用 4%CO_2 处理花朵后抑制乙烯生成,同时延缓萎蔫进程;进一步在减压条件下去除花朵产生的乙烯,使内源乙烯浓度降低,结果延长了花朵寿命。这些结果,说明 20 世纪 70 年代观赏植物采后生理研究已经涉及植物激素之间的平衡,特别是内源乙烯对开花和衰老的影响。

1979 年 Shang Fa Yang 证明了乙烯生物合成的直接前体是氨基环丙烷基羧酸，同时发现了乙烯生物合成的途径，使采后生理研究深入到激素调控水平（Adams 等，1979）。正是从那时起，园艺产品采后生理作为一门学科开始获得了飞速发展。

Halevy（1986）在归纳大量的切花衰老与乙烯相关的研究报道的基础上，提出根据在开花衰老进程中花瓣乙烯的大量生成与否，可以将花卉植物划分为跃变型和非跃变型两大类。这一建议使观赏植物采后生理研究与果蔬采后生理研究之间的关系进一步密切，使观赏植物采后生理研究更大程度地借鉴了果蔬采后生理的研究成果。

20 世纪 80 年代末，ACC 合成酶基因克隆成功，番茄转基因植株问世。这一成果，很快在典型的乙烯敏感型香石竹切花上得到应用（Bovy 等，1995；Savin 等，1995）。自此，观赏植物采后生理研究逐步深入到分子生物学水平。

0.4.2 国内

0.4.2.1 历史回顾

我国古代就有利用果实采后生理变化的特性来延长贮藏期的知识与技术。比如公元前 5 世纪至前 3 世纪战国时期《周礼》中就有关于果实贮藏的记载。但是，真正作为一门学科，是近十多年的事情。

1966 年之前，我国没有商品花卉生产，也涉及不到观赏植物采后生理与技术研究。那时我国有少数几所高等农业院校和科研机构从事果品蔬菜贮藏和加工技术的研究工作，如华南农业大学园艺系、中国农业大学园艺系、沈阳农业大学园艺系、中国农业科学院蔬菜研究所等。

1967—1976 年，在以人民公社集体生产和以城市蔬菜果品公司经营为特色的果品蔬菜供应体制下，我国果蔬采后研究的重点是以通风库为主的大宗果蔬的贮藏技术开发。由于高等教育几乎处于停滞状态，也谈不上果蔬采后学科建设和教材建设问题。

我国果品蔬菜采后方面的研究和教育，在 1976 年后得到了实质性的发展。1977 年高考制度的恢复，在各个农业院校园艺系大学生课程中相继开设了果品贮藏加工学（果树专业）和蔬菜贮藏加工学（蔬菜专业）课程。与此同时，对教材产生了急切的需求。为了顺应时代的发展，由农业部教育司组织，华南农业大学和华中农业大学分别牵头主编了《果品贮藏加工学》和《蔬菜贮藏加工学》，并由农业出版社出版，这标志着我国果品和蔬菜的贮藏加工的学科建设真正建立。与此同时，在全国范围内兴起了主栽果品（如苹果、梨、柑橘、猕猴桃、杧果、香蕉等)、蔬菜(如大白菜、甘蓝、蒜薹、萝卜等)贮藏和精细果品蔬菜运输的研究。20世纪80年代我国果品和蔬菜采后研究获得一大批成果,如果品碳分子筛气调贮藏技术、苹果双维变动气调贮藏技术及其理论、自然冷资源低温库及其配套贮藏技术,以及白菜贮藏技术等。进入20世纪90年代,果品和蔬菜采后生理和贮运技术及其机理研究获得进一步发展,并从各自的加工中独立出来,学科名称改为果品贮运学和蔬菜贮运学。就在这一时期,我国的花卉商品化生产每年以30%以上的速度发展,社会的需求促进了林业院校园林学院由传统单一的城市园林向城市园林与观赏园艺并重的方向转变;在农业院校园艺学科内,纷纷增设观赏园艺专业。为满足商品化生产对教学科研的需求,以南京农业大学观赏园艺学科为先导,中国农业大学、华中农业大学、内蒙古农业大学等单位先后开设了观赏植物采后生理与技术课程。

0.4.2.2 研究成果回顾

观赏植物采后生理与技术研究在我国起步要晚于果品和蔬菜,起步于20世纪80年代初,经历了由实用技术研究为主向实用与理论相结合的过程(熊运海等,2000;郭维明等,2001)。切花采后生理与技术研究对象涉及20余个种类,最集中的研究对象是月季、唐菖蒲、菊花、香石竹和郁金香等大宗切花,中国传统名花如牡丹、梅花、芍药、蜡梅等。研究内容侧重于三个方面,即切花贮运保鲜技术的开发、保鲜剂生理效应与作用机制以及切花开花与衰老机理研究。

(1)切花冷链流通综合保鲜技术 20世纪90年代初我国采后研究学者基于我国极其丰富的气候资源等情况,提出了解决我国鲜切花供给的基本途径是异地之间的余缺互补,而不是一地的周年生产,应当把切花保鲜研究的重点放在解决运输中的技术开发和有关的机理探讨上。并且提出适合我国国情的冷链流通综合保鲜技术开发是减少鲜切花远距离运输损耗的基本途径。

①物理方法保鲜:物理方法保鲜(physical methods used to preserve freshness)是指用物理的方法如降低温度、创造适宜气体条件、辐射处理等。在研究常规预冷措施——冷库空气预冷的基础上,系统研究了新的预冷技术——真空预冷过程中花材的降温特性,在国内外首次开发了茎基吸水措施,解决了真空预冷中失水的难题,同时还解决了花材茎秆降温速度慢、降温难的问题。在此基础上,将真空预冷与预处液吸收相结合,同时达到快速预冷、补充失水和快速吸收预处液三重目的,也为真空预冷机增加了新的用途。

以远距离运输技术的开发为目的,在保冷技术上进行了研究。其中,隔热方面采用了聚苯乙烯材料作包装箱或作衬里,在蓄冷剂开发方面,采用塑料容器装水制冰,根据内装花材的种类和数量、对温度的要求以及外界环境温度等因素获得了最经济的用量。

在创造低 O_2 和高 CO_2 气调环境的研究方面，利用切花是以花朵和叶片为主要观赏器官，而这两种器官呼吸作用都相对较强的特点，研究了月季等大宗切花的聚乙烯薄膜包装保鲜效果，在鲜切花上提出了用较高的 CO_2 来部分代替低温的设想和措施，为切花节能运输技术的开发奠定了理论基础。目前已将这一理论成功地用于月季、香石竹、满天星等切花节能运输实践。

此外，有研究发现，γ射线处理月季、菊花、大丽花，可延长花期，辐射处理香石竹还可提高开花率。磁场对不同品种切花有不同影响，分析认为磁场影响花内乙烯生成。

②化学方法保鲜：化学方法保鲜（chemical methods used to preserve freshness）是指用化学手段，如利用化学药剂处理观赏植物，达到保持产品质量的目的。在我国，研究主要集中在采后的预处理和瓶插期间药剂的应用上。我国学者在积极介绍和引进国外切花化学保鲜经验的基础上，结合各地实际，筛选出适合菊花、月季、香石竹、唐菖蒲、牡丹、芍药、蜡梅、郁金香、朱顶红、金盏菊、小苍兰等一批比较有效的预处液和瓶插液配方，并探索出氨氧基乙酸（AOA）、顺式丙烯基磷酸（PPOH）、油菜素内酯（BR）、亚精胺，多效唑、甲哌啶、三环唑、苄基异硫氰酸盐（BITC）等新型药物，分别对香石竹、月季、唐菖蒲、郁金香、切花菊有保鲜效应。

③综合配套技术保鲜：综合配套技术保鲜（comprehensive techniques used to preserve freshness）是指将物理的、化学的以及生物的方法结合起来，进行保鲜的技术措施。这方面我国学者根据国情系统开发并成套组装了月季、香石竹、菊花、唐菖蒲等大宗切花的综合保鲜运输技术。具体包括真空预冷或冷库空气预冷、预处液吸收、聚乙烯膜包装限气（MA）运输、有害气体吸收、蓄冷剂和聚苯乙烯隔热板保冷等主要技术环节。这一技术应用于常温下空运或在铁路空调车厢内远距离运输月季、香石竹等切花，使损耗由通常的40%以上降到20%以内。

（2）鲜切花保鲜剂及其作用机制研究　在保鲜剂研究开发方面，在通用成分的基础上，结合各种花材的开花衰老特点添加相应的关键成分。在保鲜剂作用机理方面也做了较多的研究工作。归纳迄今为止的研究报道，保鲜剂的主要生理功能有缓解切花水分胁迫，改善水分平衡；延缓可溶性糖的下降速度；延缓蛋白质的降解，推迟脯氨酸的上升；调节呼吸强度，抑制花瓣中丙二醛（MDA）的产生，降低过氧化物酶活性，维持细胞正常结构和功能，减小花瓣电导率的上升幅度；降低乙烯生成等多方面的生理效应和作用。不过在保鲜剂配方中，不同组成成分却有不同的生理效应和作用。

(3)切花开花和衰老机理研究 在切花从生产者采收到消费者购买的广义流通中,不同环节有不同的质量要求。其中批发商和零售商希望花朵开放速度慢,货架期长;而消费者不仅希望花朵开放速度慢,也希望盛开期长。于是延缓开花和延缓衰老便成为切花采后流通的两个重要方面。为此,科研人员以月季切花为试材,以花朵充分展开为基准,将整个瓶插寿命划分为瓶插至盛开期和盛开持续期,为研究切花开花和衰老进程提供了形态学参考。系统研究了月季切花花朵衰老生理和水分胁迫生理,在花朵衰老机理方面着重研究与乙烯之间的关联,在众多的月季切花品种中发现了伴随着花朵的开花和衰老进程,乙烯生成量分别呈现跃变、非跃变以及末期上升三种不同的变化类型。并对这三种类型进行了比较深入地探讨。在月季切花失水胁迫机理研究方面,以对瓶插寿命的影响为基准,将不同品种划分为耐水分胁迫、中度耐水分胁迫以及不耐水分胁迫三种类型,提出了叶片水势可以作为失水胁迫耐性极限的指标。目前正在探讨失水胁迫耐性差异的生理机制和抗氧化剂对改善失水胁迫的作用效果和作用机理。

同时在菊花、唐菖蒲等切花衰老机理方面进行了深入的研究,在梅花、蜡梅、牡丹、芍药等传统名花开花衰老机理方面也做了较多的研究工作。

0.5 观赏植物采后生理与技术的信息来源

0.5.1 图书

迄今为止,国外出版的直接与观赏植物采后有关的书籍很少,Salunkhe D. K.等编著的《Postharvest Biotechnology of Flowers and Ornamental Plants》是最具代表性的一本。其他多是在园艺产品贮运学方面的书籍中包含有观赏植物采后方面的内容,如 Adel A. Kader 编著的《Postharvest Technology of Horticultural Crops》,(Second edition, 1992),Shewfelt R. L. 编著的《Postharvest Handling》等。此外,在学习与研究观赏植物采后方面的内容时可参考的书籍还有 Vaughan 等著的《The Complete Book of Cut Flower Care》(1998),Desai 等著的《Seeds Handbook-biology, Production, Processing, and Storage》(1997),Stevens 等著的《Harvest Systems:the Collection of Activities for Gathering and Handling Field-grown Specialty Cut Flowers》(1995),Rogers 著的《The Australian Cut Flower Guide:for All Lovers of Freshly Cut Flowers》(1994),Gast 等著的《Cold Storage:

for Specialty Cut Flowers and Plant Material》(1994),Sass 等著的《International Symposium on Postharvest Treatment of Horticultural Crops, Kecskemét, Hungary, 30th August-3rd September 1993/Convener and Editor Pál Sass》(1993), Saltveit 等著的《International Symposium on the Physiological Basis of Postharvest Technologies》(1993),Armitage 等著的《Specialty Cut Flowers:the Production of Annuals, Perennials, Bulbs, and Woody Plants for Fresh and Dried Cut Flowers》(1993),Maddock 等著的《Potential Cut Flower and Foliage Crops》(1991),Kader 等著的《Postharvest Technology of Horticultural Crops: Plant Science 196 Syllabus》(1984)等。

国内与观赏植物采后保鲜技术方面有关的书籍有:胡绪岚编译的《切花保鲜新技术》(1996),熊兴耀等编著的《切花保鲜实用技术》(1996),韦三立编著的《花卉贮藏保鲜》(2000),车代弟编著《北方花卉栽培与保鲜技术》(1995)以及何生根和冯常虎编著的《切花生产与保鲜》(1996)等。可参考的相关图书还有:由中国农业大学主编的《果品贮藏加工学》,华中农业大学主编的《蔬菜贮藏加工学》,周山涛主编的《蔬菜贮运学》,杜玉宽和杨德兴主编的《水果、蔬菜、花卉气调贮藏及采后技术》(2000)等。

0.5.2 期刊

与观赏植物采后生理与技术相关的期刊(Scientific Journal)有各国的园艺学报,如 Journal of American Society for Horticultural Sciences(ISSN:0003—1062, web site:www.ashs.org),Journal of Japanese Society for Horticultural Sciences(ISSN:0013—7626),园艺学报(ISSN:0513—353X)等;各国的关联刊物有 Hortscience(ISSN:0018—5345), Scientia Horticulturae(ISSN:0304—4238), Plant Physiology(ISSN:0032—0889),植物生理学报(ISSN:0412—0922),中国农业科学(ISSN:0578—1752),中国花卉盆景(ISSN:1003—2142),中国园林(ISSN:1000—6664)及各大学学报等。

0.5.3 网络资源

随着互联网技术的发展,网上关于观赏植物采后生理与技术的资料越来越多,其中应用较多的网站有 http://www.gardenguides.com/flowers/annuals/babyblue.htm,http://dirp4.pids.gov.ph/ris/pdf/pidsdps0008.pdf,http://www.erieshores.com/等。相关的大学观赏园艺系的网站有 Cuyamaca College 观赏园艺系

http://cuyamaca. gcccd. cc. ca. us/ohweb), University of California 观赏园艺系 http://envhort. ucdavis. edu, University of Nebraska at Lincoln 观赏园艺系 http://hort. unl. edu, Adelaide University http://www. waite. adelaide. edu. au/aklieber 等。

思考题

1. 简述观赏植物采后生理与技术的概念。
2. 简述观赏植物采后生理与技术的研究历史。
3. 简述观赏植物采后生理与技术研究花卉产品分类依据和方法。

（高俊平 洪 波）

1 观赏植物采后生理概论

【内容提要】

观赏植物产品如鲜切花、切叶、盆花、种球、种苗、种子等都是具有生命力的活体,在采后仍进行着一系列代谢活动。这些代谢活动与产品的采后品质、耐贮运性、抗病性等都有密切的关系。本章根据各类观赏植物采后的生理代谢特点,分别讲述观赏植物采后呼吸生理、切花水分平衡生理、切花开花和衰老生理、切花落花落叶生理、球根花卉种球休眠生理、种苗贮运生理、观赏植物采后花色生理等的基本理论和相应的调控因素。这些是制定观赏植物采后技术的重要理论基础。

1.1 观赏植物采后呼吸生理

呼吸生理(respiratory physiology)是植物生理学研究中最基础、最重要的内容之一。呼吸是所有观赏植物产品共有的生理代谢过程,一方面提供观赏植物维持生命活动所必需的能量;另一方面却带来营养物质的自身消耗,同时还是使产品发热变质的热量源泉。考虑到知识的系统性,这里从介绍呼吸作用的基础知识入手,讲述各类观赏植物的呼吸特征和影响呼吸代谢的内外因素。

1.1.1 呼吸作用基础知识

1.1.1.1 呼吸作用的概念

呼吸作用(respiration)是指底物在一系列酶参与的生物氧化下,经过许多中间环节,将生物体内的复杂有机物分解为简单物质,并释放能量的过程。呼吸底物在氧化分解中形成许多中间产物,其中一些是合成其他新物质的原料,而合成新物质及维持细胞结构和功能所需能量由呼吸形成的高能化合物提供(潘瑞炽和董愚德,1998)。植物的呼吸主要有两种类型,即有氧呼吸和无氧呼吸。

(1)有氧呼吸及其过程　有氧呼吸(aerobic respiration)是植物进行呼吸作用的主要形式,是指生活细胞在 O_2 的参与下,把某些有机物质彻底氧化分解,放出 CO_2 并形成 H_2O,同时释放能量的过程。一般来说,葡萄糖是植物细胞呼吸最常用的底物。基于此,呼吸作用过程表示如下:

$$C_6H_{12}O_6+6H_2O+6O_2 \longrightarrow 6O_2+12H_2O+\text{能量} \quad \Delta G'=2\,870(\text{kJ})$$

葡萄糖经生物氧化分解成 CO_2 和 H_2O 要经历许多中间环节,每一步骤都需要一种专门的酶来催化。这一过程大体分为两部分:糖酵解和三羧酸循环。

(2)糖酵解(glycolysis)　在细胞质中进行,又称 embden-meyerhof-parnas (EMP)途径,是淀粉或葡萄糖及其他六碳糖在酶的作用下转变为丙酮酸的一系列反应。EMP 途径是有氧呼吸和无氧呼吸的共同历程。在形成丙酮酸后,在 O_2 充足的条件下,丙酮酸完全氧化形成 H_2O 和 CO_2。糖酵解反应可以归纳为:

$$\text{葡萄糖}+2NAD^{+}+2ADP+2Pi \longrightarrow 2\,\text{丙酮酸}+2NADH+2ATP+2H^{+}+2H_2O$$

(3)三羧酸循环(tricarboxylic acid cycle,TCA)　在细胞的线粒体中进行,又称 Krcbs 环,是在有氧的条件下,糖酵解产生的丙酮酸充分氧化分解形成 CO_2 和 H_2O,并大量释放能量的过程。TCA 反应可以归纳为:

$$2\text{丙酮酸}+8NAD^{+}+2FAD+2ADP+2Pi+4H_2O \longrightarrow$$
$$6CO_2+2ATP+8NADH+8H^{+}2FADH_2$$

TCA是糖、脂肪、蛋白质和核酸及其他物质的共同代谢过程。这些物质可以通过TCA发生代谢上的联系,循环中一系列的脱羧反应是呼吸作用释放CO_2的来源。并通过5次脱氢一系列呼吸传递体的传递释放出能量,最后与氧结合成水。在TCA过程中,不断地有一些中间产物从循环中退出,为保证循环的顺利进行,细胞通过TCA的回补机制(replenishing mechanism)向循环中补充草酰乙酸。

(4)无氧呼吸(anaerobic respiration) 指在无氧条件下细胞把某些有机物分解成为不彻底的氧化产物,同时释放能量的过程。这一过程在高等植物中习惯上称为无氧呼吸,在微生物中则习惯称为发酵(fermentation)。在高等植物中,无氧呼吸反应式可以分别表示如下:

$$C_6H_{12}O_6 \longrightarrow 2C_2H_5OH+2CO_2+\text{能量} \quad \Delta G'=100\ \text{kJ}$$

$$C_6H_{12}O_6 \longrightarrow 2CH_3COCOOH+4H \longrightarrow$$
$$2CH_3CHOHCOOH+\text{能量} \quad \Delta G'=100\ \text{kJ}$$

观赏植物产品在缺氧(如水淹等)的情况下,可进行短时期的无氧呼吸,以适应不利环境。但是,观赏植物产品采后无氧呼吸释放能量比有氧呼吸少,同时还容易造成酒精或乳酸的大量积累,对产品品质产生严重危害。

1.1.1.2 测量呼吸作用的指标

(1)呼吸强度(respiration rate) 是指在一定温度下单位时间内、单位重量产品呼出的CO_2或吸入的O_2量,单位通常用mg CO_2/(kg·h)或mg O_2/(kg·h)来表示。呼吸强度是表示观赏植物产品新陈代谢能力的重要指标,是估算采后寿命的依据。

(2)呼吸系数(respiration quotient) 又称呼吸商,是植物呼出的CO_2和吸入的O_2之间的容积比,用RQ表示。根据呼吸系数可大体估算出呼吸性质和底物类型,参照图1-1。

$RQ=1$	葡萄糖
$RQ<1$	脂肪或蛋白质
$RQ>1$	有机酸
RQ很大	无氧呼吸

图1-1 不同呼吸底物和呼吸类型的RQ值

三个与贮运有关的呼吸指标将叙述如下。

(3)呼吸作用的温度系数(temperature quotient of respiration)(Q_{10}) 是指温度每提高或降低10℃时化学反应速度增大或减小的倍数。观赏植物在生理温度范围内的Q_{10}是温度的函数,一般在10℃以上时Q_{10}为2~3。

(4)呼吸热(respiration heat) 观赏植物产品进行呼吸作用要释放能量,此能量除一部分用于维持生命活动外,释放到体外的大部分能量以热的形式散发到体外,这部分能量称为呼吸热。呼吸热的估算(heat evolution)可分别用公制单位焦耳(joules in the metric system)和英制系统英制热单位(British thermal units in English system)来表示。呼吸热是计算制冷负荷(refrigeration load)的重要参考依据。

(5)呼吸跃变(respiration climacteric) 切花在发育过程中,呼吸作用不都是平稳的。根据呼吸强度的变化模式,可将切花分为呼吸跃变型和非呼吸跃变型两大类。呼吸跃变型切花如香石竹,呼吸强度伴随着花朵开放进程逐渐上升,在盛开之前出现高峰,然后随着花朵衰老逐渐下降。因此,呼吸跃变的出现是跃变型花朵走向衰老的标志。非呼吸跃变型切花如菊花,呼吸强度在开花和衰老过程中无显著变化。关于这一点将在"切花开花和衰老"部分详细讲解。

1.1.2 影响观赏植物产品采后呼吸强度的因素

观赏植物产品在贮运过程中,呼吸强度与产品消耗密切相关。因此,在保障正常代谢的前提下,应尽量减小呼吸强度,这就要求对影响呼吸强度的因素有所了解。

1.1.2.1 产品自身因素

(1)种类和品种(species and cultivars) 观赏植物产品因种类不同,呼吸的量与质往往有很大差别。其中以花、叶为主要观赏器官的鲜切花类,呼吸强度最大,并且根据鲜切花采后呼吸特点,可以划分为呼吸跃变类型和非呼吸跃变类型;装饰叶(florist green)因叶面保护结构的差异,呼吸强度差异很大;球根类产品多数有休眠特点,相对来说呼吸强度最小。

同一种类不同品种之间呼吸强度差异也较大。如月季切花,栽培品种有5 000个以上,各品种间呼吸强度差异最大的能达到数倍。

(2)采收成熟度(harvest period) 观赏植物产品的采收成熟度与呼吸强度有关。以鲜切花为例,采收成熟度反映切花花蕾的发育状况,成熟度低的呼吸强度相对较低,成熟度高的则相对较高。

1.1.2.2 环境因素

(1)温度(temperature) 温度是影响观赏植物产品呼吸作用最重要的因素。

在生理温度范围内(physiology temperature,5～35℃),呼吸强度因温度的升高而加强,基本上符合化学反应的温度系数,即 $Q_{10}=2\sim2.5$ 的规律。这意味着降低温度可以减少呼吸消耗。但是,当温度低于某一值时,产品因温度过低而出现呼吸代谢异常严重影响到整个生理代谢,即出现冷害(chilling injury)。冷害是高于冰点(ice-point)的低温条件下观赏植物产品所出现的生理异常现象。而冻害(freezing injury)则是冰点温度下使产品遭受的伤害。最适低温因产品种类而异,通常是起源于热带的观赏植物如热带兰最适低温相对较高(10～13℃),低于最适低温范围容易出现冷害,带来呼吸异常。起源于温带的观赏植物如月季最适低温接近0℃,也不容易遭受冷害而使呼吸出现异常。起源于亚热带的观赏植物如唐菖蒲最适低温介于上述两者之间。此外,在某一温度下的持续时间也影响到产品的呼吸强度和物质代谢,进而影响到观赏植物的品质。表1-1列出了不同温度及其持续时间对花烛花朵中还原糖含量、呼吸速率及花色的影响。

表1-1 低温及其持续时间对花烛花朵中还原糖含量、呼吸速率及花色的影响

处理		还原糖/[mg·g^{-1}(F·W)]	呼吸速率/[mg(CO_2)·h^{-1}·kg^{-1}(F·W)]	花色变化等级
温度/℃	时间/h			
4	3	5.31±0.9	180±20	1.0
	6	5.63±0.1	165±24	1.0
	9	3.97±0.3	180±8	1.8
14	3	3.75±0.2	273±7	1.3
	6	2.91±0.3	240±5	2.0
	9	3.14±0.6	243±16	2.6
20	3	3.42±0.2	225±25	1.6
	6	2.84±0.3	220±26	2.5
	9	1.62±0.3	250±31	4.0

注:资料来自王合理,1999。

(2)相对湿度 相对湿度(relative humidity)与观赏植物呼吸强度之间的关系鲜见报道。从理论上讲,相对湿度对呼吸作用的影响是间接的,主要通过影响蒸腾作用而影响到呼吸作用。从果蔬方面的研究结果来看,环境中相对湿度较低时呼吸强度较小。

(3)环境气体 环境气体成分(environmental gas components)主要包括 O_2,CO_2 以及 C_2H_4 等。在正常空气中,O_2 和 CO_2 对植物呼吸不产生任何抑制或促进效果,但是当环境中 O_2 和 CO_2 浓度降低或升高时,对植物组织的呼吸作用就会产生影响,这两种气体的浓度与呼吸作用之间的关系概括为表1-2。需要指出的是，较高的 CO_2 质量分数(20%以上)对观赏植物采后呼吸作用的影响实际上可分为促进、抑制及无反应三种类型；较低的 O_2 浓度可降低观赏植物呼吸强度和底物的氧化作用；低 O_2 浓度和高 CO_2 的综合作用可明显降低观赏植物呼吸强度。

表 1-2 不同浓度的 O_2 和 CO_2 对观赏植物呼吸作用的抑制效果

气体种类	质量分数/%	抑制呼吸效果
CO_2	3	开始产生抑制效果
	5	抑制效果显著
	10	抑制过度
O_2	5	产生抑制效果
	3	抑制效果显著
	2	抑制过度

一般说来，在不干扰正常代谢的前提下，适当地降低环境中的 O_2 浓度，或提高 CO_2 浓度，能在一定程度上降低呼吸作用。但 CO_2 和 O_2 的临界值取决于花材种类、温度及该温度下持续时间。

此外，环境中乙烯浓度超过阈值时可刺激跃变型花材提前出现呼吸跃变，加速其衰老。

(4)机械损伤和病虫害　机械损伤通常称为物理伤害，观赏植物产品在整个流通过程中是难以避免的。机械损伤程度不同，对呼吸的影响不同。轻度机械损伤(mechanical stress)促进呼吸作用，但经过一段时间能够恢复正常。重度机械损伤(mechanical wound)，是指产品出现明显的伤害，引起呼吸强度大幅度提高，经过一段时间也很难恢复，往往对产品品质造成一定影响。由重度机械损伤引起的呼吸称为伤呼吸(wounded respiration)。

病虫对观赏植物造成的危害是不同的。其中虫害包括两方面内容，一方面造成开放性伤口，这一点类似于重度机械损伤；另一方面昆虫本身的分泌物对产品的影响，往往引起呼吸强度增加。

病害又包括两种类型，一是专性寄生菌引起的危害，植物为了抵抗专性寄生菌危害，往往加大呼吸强度，合成有毒物质，在寄生菌的周围形成坏死斑，使专性寄生菌无法蔓延；二是兼性寄生菌引起的危害，植物主要通过加强呼吸来分解毒素，并达到防御侵害的目的。

(张常青　刘晓辉　高俊平)

1.2 切花水分平衡生理

观赏植物产品的价值主要体现在"新鲜"上，而新鲜直接与水分平衡有关。在观赏植物产品中，鲜切花和切叶类产品品质与水分平衡密切相关。本节以鲜切花为主系统阐述观赏植物水分平衡生理。

1.2.1 切花水分平衡与花朵的开放和衰老

1.2.1.1 切花水分平衡的概念

切花的水分平衡(water balance，或 coater relation)是指切花的水分吸收、运输以及蒸腾之间保持良好的状态。切花因种类和品种不同，采收时花朵的开放程度也不同。以月季为例，按照商业标准采收后瓶插时，都要经历蕾期、初开、盛开和衰老的过程。在这期间，花枝鲜重先是逐渐增加，达到最大值之后又逐渐降低。在正常情况下，切花从瓶插至盛开期间花瓣鲜重增加明显，花枝吸水速度大于失水速度，保持着较高的膨压，花枝充分伸展，花朵正常开放。但是如果水分供应不足，花朵就无法正常开放，出现僵蕾、僵花等现象。当花朵盛开后，花枝的吸水速率逐渐下降，水势降低，当失水明显大于吸水时，花朵便出现萎蔫。

离体切花与在体花枝的衰老现象有所不同。在体花朵的寿命是以花色变化、花朵闭合、花瓣萎蔫，或者花瓣脱落等自然衰老而结束。当花枝一旦从母体采切下来，置入水中时，通常观察不到上述自然衰老特征，代之而来往往是水分胁迫的症状，比如花朵和叶片的未熟萎蔫。容易出现这一症状的较典型的花卉有月季、落新妇、满天星、金合欢等，而其他花卉如郁金香、小苍兰、鸢尾等并不表现类似的早期水分胁迫症状。

1.2.1.2 花瓣发育进程中的水分平衡状况

切花花瓣发育来自细胞数量和体积的增加，其中以细胞体积的增加为主。花瓣细胞体积的增加需要两方面的协同作用，一是由细胞壁机械特性的变化或新的细胞壁材料的合成引起的细胞壁膨大；二是由渗透活性物质的积累引起的物理驱动力使水分进入细胞，使细胞内含物充实。花瓣细胞体积的增加通常是在很短的时间内实现的。细胞的膨大与蔗糖含量的降低和还原糖浓度的增加有关(Nichols，1976)。Doorn Van 等(1991)观测到月季切花花瓣伸长过程中淀粉含量降低和还原糖含量的瞬时增加。此外，在花瓣伸长中也积累一些渗透物质，如无机离子、有机酸、氨基酸等。不良的水分平衡状况会通过影响膨压和渗透物质的浓度直接影响花瓣的伸长。如把干藏后的月季切花进行瓶插，花朵的最大直径小于未经干藏者；当延长干藏时间时，花朵不能正常开放（Halevy 和 Mayak，1975）。

此外，植物生长调节物质，如植物激素也能影响花瓣的伸长。光敏色素对花瓣伸长也有重要的作用。

1.2.1.3 水分状况与花瓣方位变化

花朵开放通常包括花瓣的伸长和方位的变化。花瓣方位的变化又分为如下三种类型：第一种类型是由花瓣基部特殊细胞可逆性的渗透变化引起的，如郁金香花朵可逆性的开放与闭合运动；第二种类型是由中脉内表皮细胞的差速生长和不对称的膨压变化引起的，如裂叶牵牛；第三种类型是由花瓣上下端的差速生长引起的。水分亏缺对花瓣细胞的差速生长及膨压变化均产生重要的影响。

1.2.1.4 水分状况与花瓣寿命

花瓣寿命因植物种类不同差异很大，如从几小时的牵牛花到数个月的蝴蝶兰。花瓣寿命通常由以下几个方面来决定：一是花瓣脱落，即脱落导致花瓣寿命的终结，在花瓣脱落之前还可以从脱落花瓣细胞观测到溶质的少量损失和细胞离子渗透率少量的增加（Stead 和 Moore，1977）；二是花瓣萎蔫，一些植物种类在花瓣衰老之前的症状是萎蔫或枯萎。花瓣在这些症状出现之前，往往伴随着切花水分状况影响的无机离子、有机离子、还原糖、氨基酸以及花青苷等渗漏的剧烈增加。

1.2.2 切花水分吸收和堵塞

1.2.2.1 水分吸收、水势以及渗透调节

（1）水分吸收速率　切花的水分吸收（water absorption）通常用水分吸收速率（water absorption rate）来衡量。切花由初开、盛开、盛末到衰败的过程中，水分吸收速率由低到高，达到最大值后逐渐降低。切花因种类不同，开花和衰老过程中水分吸收速率变化类型有所不同，主要分为两种变化类型。其中第一种，也是最常见的类型：刚刚采切的切花水势低，水分吸收速率高，并且吸收大于蒸腾。然后水分吸收速率与蒸腾速率逐渐达到一致，即达到一个稳定的状态；吸收速率迅速降低，并且小于蒸腾。如月季、落新妇、菊花、晚香玉、马蹄莲、红毛菜属、银桦属、薄子木属等。切花采收后水分吸收的另一种类型是其水分吸收速率在整个开花衰老进程中变化不剧烈，即水分吸收增加和降低的变化都很平缓，如蝎尾蕉植物。

（2）影响水分吸收的因子　影响切花水分吸收的外界因子包括蒸腾拉力、温度、瓶插液中的离子组成等。温度影响溶质黏性，提高水温可以增加切花干藏后的茎秆的水合作用。但处理时间过长，如用 40℃ 以上的温水处理数小时，会导致切

花瓶插寿命的缩短。硬水往往降低切花茎秆水分吸收速率，去除硬水中的离子可以改善月季切花的水分吸收，延缓萎蔫进程。瓶插液中的离子组成也影响切花的水分吸收，如0.1%～0.2%的硝酸钙溶液可以延长月季切花的瓶插寿命，降低溶液 pH 会明显促进花枝吸水。瓶插液中加入表面活性剂可以促进花枝吸水。

(3)水势概念、水势计算公式　水势(water potential)是指水分的化学势，是反应或运动所需能量的度量指标，数值为负值。其绝对值越大，说明花朵失水越多，水分亏缺程度越严重。水势通常用下列公式表示：

$$\Psi_w = \Psi_\pi + \Psi_p + \Psi_m$$

式中：Ψ_w 为水势，负值；Ψ_π 为渗透势，负值；Ψ_p 为压力势，正值；Ψ_m 为衬质势，负值。

假设压力势在由正数向零的变化范围内，衬质势是恒定的常数，上面的公式可以改写为：

$$\Psi_w = P + \Psi_\pi$$

P 是水压，进一步改写为：

$$P = \Psi_\pi - (-\Psi_w) = \frac{(sRT)}{V} + \Psi_w$$

式中：s 为溶质含量(用渗透压摩尔单位表示)；R 为气体常数；T 为绝对温度；V 为容积。

当水分吸收速率低于蒸腾速率时，其花朵、叶片或两者都出现膨压损失。伴随着水势变化而发生的膨压变化率与细胞壁的弹性(用弹性模量 ε 表示)和渗透势有关。

(4)渗透调节(osmotic regulation)　对一般植物细胞来讲，当发生水分胁迫时，能够增加单位细胞的溶质浓度，进行渗透调节；并以此来部分或完全防止膨压降低。这些分子包括无机和有机离子、可溶性碳水化合物、氨基酸等。切花的渗透调节，分为以下三种情况：

①没有渗透调节，如以色列露地栽培的完整的唐菖蒲，植株叶片水分含量在上午降低时，其渗透压与水分损失成比例地降低。

②水分胁迫增加了细胞的弹性模量，如生长在温室内的月季植物，当进行缓慢的水分胁迫时，叶片没有观察到渗透调节现象。

③叶片与花瓣之间的调节，如一些菊花品种花瓣的渗透势低于叶片，因此当切花遭到中度水分胁迫时，叶片出现萎蔫，花瓣则不出现相应的症状。而用蔗糖喂饲切花茎秆基部，结果是叶片的渗透势降低速度要慢于花瓣。

1.2.2.2 切花瓶插过程中的水分吸收堵塞

水分吸收堵塞(water absorption block)是切花瓶插过程中最常见的问题。切花茎秆堵塞有以下几种情况：

(1)茎秆基部或木质部内部的堵塞　茎秆基部或木质部内部的堵塞是许多切花早期膨压降低的主要原因。但不同种类的切花花茎的堵塞对水分吸收的影响不一样。Doorn Van 等(1989)用刀片切入花枝，且固定，把月季切花茎 2/3 的横截面积堵住，没能降低切花的吸水，因此认为只有在木质部系统绝大部分被堵塞时，月季切花的水分吸收能力才会降低。

(2)茎秆基部创伤反应引起的堵塞　鲜切花采切，即切割引起的伤反应(wounded reaction)往往激活植物防卫机理反应，导致木质素、木栓质以及单宁等堵塞木质部导管的物质的生成与沉积。切割引起伤反应通常是综合的，如乙烯的生物合成，过氧化物酶和苯丙氨酸裂解酶的合成及其活性的激活，与木质素等生物合成有关酶的合成以及在细胞壁或微管空腔内的沉积等。Doorn 等(1989)基于多酚氧化酶在 pH4.0 时聚合作用为零的原理证明了月季切花切割导致的酚类物质在微管中的沉积。

(3)胶质软糖在木质部中沉积造成的堵塞　胶质软糖(gum)在木质部管道中的沉积与其在植物学分类中的科属有关。木质部导管中发现胶质软糖的植物有锦葵科、山龙眼科、芸香科、紫菀属。胶质软糖是由维管束射线细胞沉积，而不是由划分管道的薄壁细胞。射线细胞通过介于导管和射线细胞的纹孔膜的孔口分泌胶质软糖物质。沉积在木质部导管中的胶质软糖，是由已糖和戊糖相联系的葡糖醛酸的多糖。已糖和戊糖分别为葡萄糖、甘露糖、阿拉伯糖、木糖、鼠李糖。一些胶质软糖含有果胶阿拉伯半乳聚糖。金合欢等豆科植物分泌胶质软糖于木质部管腔，成为引起豆科植物采后萎蔫的主要原因。但是关于胶质软糖形成与萎蔫的原因还未见到报道。用乙烯利处理，促进植株分泌胶质软糖，说明胶质软糖形成可能与乙烯生成有关。

(4)切面分泌乳汁和其他物质造成的堵塞　许多植物当茎秆切割时，切割表面通常分泌一些物质，如黏液、松脂、乳汁等。这些物质的分泌是植物对切割伤害的一种保护反应。其中黏液是一种液体多糖混合物，有许多科植物的切割表面分泌，如仙人掌科、芦荟属等。松脂是由带有挥发油的萜烯的混合物组成，具有流动特性。当暴露于空气中时，其中的油性成分挥发，基质变成固体。松脂的硬化进程通常很快，有时从花枝切割到置入水中之前这一短暂的时间就已经变干。分泌松脂的代表植物有裸子植物中的南洋杉科、柏科以及被子植物中的蔷薇科、漆树科等。乳汁含有有色沉淀，造成茎秆堵塞，分泌乳汁的植物有夹竹桃科、百合科等。

(5)侵填体造成的堵塞　侵填体(tylose)(图 1-2)主要存在于木兰科、木樨科、玄参科等科的切花中。低浓度的乙烯和生长素能够促进切花茎秆中侵填体的形成。不过侵填体形成对切花水分吸收的影响是有限的。

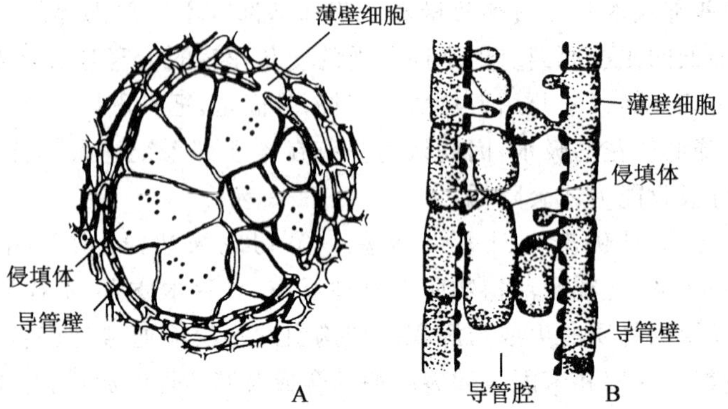

图 1-2　由侵填体造成的植物导管堵塞示意图(徐汉卿,1995)

A. 导管及其周围薄壁细胞的横切面;B. 导管及其周围薄壁细胞的纵切面

1.2.3 切花体内水分运输和堵塞

1.2.3.1 切花体内水分运输途径

水分主要靠渗透作用进入切花茎基部,顺着水势梯度向上运行。切花花枝没有根压,水分向上运输的动力主要是叶面和花朵的蒸腾拉力。水分在切花花枝内的运输与普通植物一样,都有质外体和共质体途径。

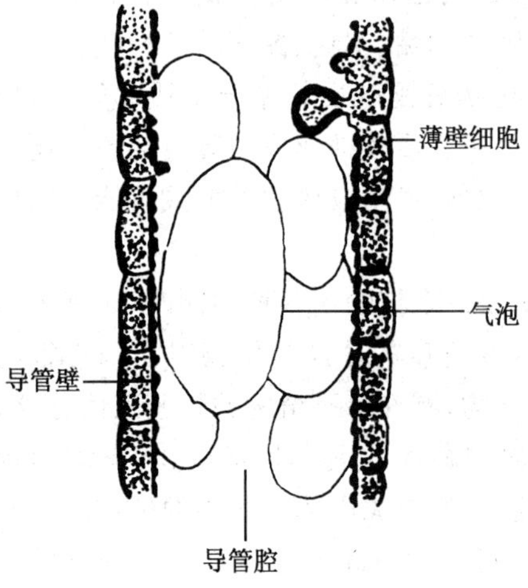

图 1-3　切花水分运输通道空腔化示意图

1.2.3.2 切花体内水分运输中的堵塞

(1)空腔化(cavitation)　当花枝从母体上剪切下来时,切口处会产生一个短暂的负压,空气很容易进入茎秆。同时,切花在采后流通过程中,花茎中空气的吸入与滞留会形成空腔化(图 1-3)。空腔化也是引起切花瓶插过程中水分运输堵塞的一个重要原因。如切花月季茎秆切割后,短时间内空气吸收速率最高;

带叶的茎秆最初的空气吸收速率与叶片的蒸腾速率有关。当只留最接近切割表面的叶片时,该茎秆吸收空气的量与叶片大小有关,并且只有当叶片完全脱水时,空气的吸收能终止。Evans(1995)认为切花月季采后茎秆的复水性与吸入的空气、气孔孔径、环境条件之间存在着动态性的互作关系。

切花不同种与品种之间对空气暴露的敏感性差异很大。以月季切花不同品种为例,'Cara Mia'最敏感,'Medelon'次之,而'Sonia'和'Frisco'最弱。气孔关闭速度、表皮蒸腾速率是敏感性差异的可能原因(Doorn 和 Reid,1995)。

(2)空腔化的形成 空腔化的形成可以用植物体内水分上升的内聚力学说来解释。

①在完整植物中,空腔化可以自然发生。植物茎秆中的水柱因中间的某一部分变为水蒸气而断裂,水蒸气将立刻充满管腔,并与溶解在水流中的空气汇合到一起。

②在有堵塞物的切花导管中,空腔化容易发生。这是因为被堵塞的管腔中空气保持常压,而用水充满的接近被堵塞的管道为低压。压力的不同和膜孔直径的差异导致汽水的内表面横穿网纹膜向接近管道的方向移动。

1.2.4 切花蒸腾和萎蔫

切花蒸腾(transpiration)根据蒸腾部位和性质可以划分为气孔蒸腾(stomatal transpiration)和表皮蒸腾(cuticular transpiration)。其中,前者是蒸腾失水的主要方式。但是,切花种类不同,蒸腾部位和方式差别很大,有的种类后者成为主要方式。这里分别讲述。

1.2.4.1 切花蒸腾与气孔开放

(1)切花蒸腾与气孔分布 如上所述气孔蒸腾通常是切花蒸腾的主要方式。气孔通常存在于所有的绿色表皮组织,例如叶片,有时也存在于非绿色组织的表皮,比如花瓣。关于一些商业切花种类花瓣上气孔的存在和分布情况见表 1-3。

需要指出的是花瓣上的气孔通常被认为缺乏生理功能或者根本没有生理功能。不过关于切花花瓣上气孔的作用是否与叶片上的相同,还有待进一步研究。此外,Esau(1965)发现切花雄蕊和雌蕊上也有气孔存在,在蜜腺上的气孔并没有发现有气体交换的功能。

叶片上的气孔(图 1-4)通常对光照、水势、激素平衡以及 CO_2 浓度等都有反应,并且在一些植物中对空气的相对湿度也有反应。关于气孔开放规律,生长在光照条件下的植物气孔通常在早晨开放;中午之前由于蒸腾失水使水势降低,气孔有时部分关闭;下午仍然关闭或再度开放。月季切花采切后直接放置在水中,叶片气孔开闭的昼夜节律与采前相同,并且这一节律性变化即使在黑暗条件下也能持续数日。

表 1-3 大宗切花花瓣气孔分布

种类	品种	气孔数量	资料来源
Aranda	Christine	38 个/cm^2(近主叶脉处)	Hew 等,1987
	Wendy Scott	45 个/cm^2(近主叶脉处)	
兰属(*Cymbidium*)	Alexalban	无	M. G. J. Mensink(个人通信,1993)
	Sirius	无	
	Tapestry	无	
	King Arthur	远轴处有少量分布	
菊属(*Dendranthema*)	品种未命名	少量	Troll,1959
	Reagan,Cassa	约 20 个/cm^2(近主叶脉处)	
石竹属(*Dianthus caryophyllus*)	White Sim	无	
	Scaniaq	无	
扶朗花属(*Gerbera*)	Mickey	无	
	Liesbeth	无	
	Tamara	无	
百合属(*Lilium*)	Enchantment	10 个/cm^2(近主叶脉处)	
月季属(*Rosa*)	Laday Steon	无	Stubbs 和 Francis,1971
	Golden Wave	无	Mayak 和 Halevy, 1974
	Sonia	无	
	Madelon	无	
	Ilona	无	
	Motrea	无	
	Frisco	无	
	Cara Mia		
郁金香属(*Tulipa*)	Apeldoorn	存在于内层和外层花瓣	

注:资料来源为 Doorn V. (1997)。

(2)气孔调节 通常有以下几种情况。首先是水分供给不足即水分胁迫。完整植株的气孔开放通常因水分胁迫而延迟,这一现象在切花中也能看到。切花月季 Frisco 和 Sonia 两品种,采切后干置于实验桌上 3 h,然后插入水中,气孔再次开放;而将花枝持续干置 24 h,然后放入水中,在以后的 2 d 期间没有观察到气孔的再度开放。有人指出植物受到水分胁迫而使气孔快速闭合是因为积累了脱落酸(ABA)及其衍生物的缘故,而水分胁迫后气孔的再度缓慢开放可能是因为 ABA

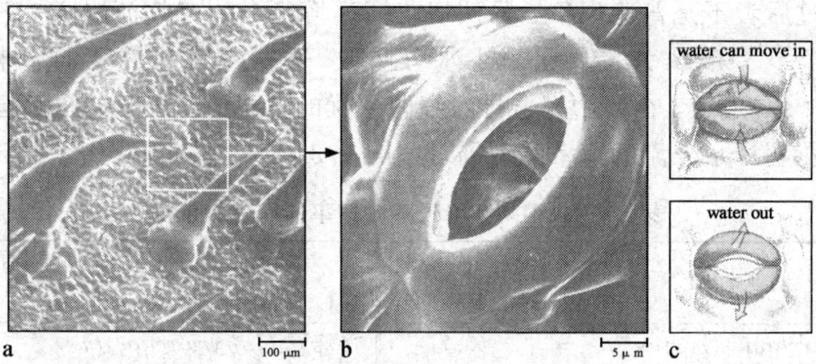

图 1-4 植物叶片气孔结构与功能示意图(Starr, Cecie, 1991)

的缓慢降解,不过有关这一假设的目前证据还不充分。

已经明确外源细胞分裂素能够诱导气孔开放,促进切花萎蔫。也有例外,如将带有叶片的月季切花茎秆插入含有细胞激动素的瓶插液中,促进蒸腾速率和气孔开放。但是,细胞激动素却延迟了带有叶片的和不带有叶片的花朵的萎蔫。关于这一点,可能还有其他更重要的作用。

(3)影响气孔蒸腾的环境因素

①界面层植物表面静止空气层即界面层的厚度伴随着风速的增加而减少,但是风的影响往往因表皮毛的存在而减弱。当切花进行强风预冷时,往往引起水分的较多损失。但是在室内即使空气流动速度快,插入水中的切花也不会有强烈的水分损失。Noble(1991)指出当气孔完全开放时,界面层的阻力可以成为蒸腾速率的限制因子。

②保鲜液溶质浓度蒸腾速率依赖于所处的空气水势与茎秆基部溶液水势之间的水势梯度。通常空气中的水势在温度为 20℃、相对湿度为 50%时约为−100 MPa,而去离子水的水势为零,两者的差值是 100 MPa。保鲜液中含有 200 mg/L 的蔗糖溶液时,在 20℃条件下,水势为−1.55 MPa,这与通常空气水势(100 MPa)相比实在微不足道。可见,由于溶质浓度变化而引起切花器官水势的变化是很难影响到与空气之间的水势梯度,也很难进而影响到器官表面水分蒸腾的。

③保鲜液中主要溶质

碳水化合物 常用的是蔗糖,有时用白砂糖代替。糖对气孔蒸腾的影响,主要通过增大溶液黏度来发挥作用。例如,20%的蔗糖溶液所具有的黏度是纯净水的 2 倍。

糖的添加虽然能够降低蒸腾,但是其副作用是导致细菌的生长,有时引起气孔关闭。不过后者不是普遍现象。降低切花糖蒸腾速率的有效糖浓度一般为3%～6%(表1-4)。一般认为主要是减少水分吸收,这一点比对气孔的影响还重要。Durkin(1979a)报道,在一个完全排除细菌干扰的情况下,40 g/L的蔗糖溶液能够使月季切花茎秆水分流动速率降低到对照的1/3。

表1-4 各种切花降低蒸腾速率的有效糖浓度

切花名称	糖质量分数/%	切花名称	糖质量分数/%
金鱼草 *Antirrhinum majus*	0.7	香豌豆 *Lathyrus odoratus*	4～6
菊花 *Chrysanthemum*	2	碧冬茄属 *Petunia* sp.	4～6
大花天人菊 *Gaillardia grandiflora*	1	月季 *Rosa chinensis*	3～4
黑种草 *Nigella damascena*	4～6		

羟基喹啉化合物 是常用的杀菌剂,还可以引起气孔的关闭(Stoddart 和 Miller,1962)。

铝化合物 通常加在水溶液中阻止细菌生长,并降低切花的蒸腾速率。Schnabl 和 Ziegler(1974)把带有表皮的一段枝条浸在含有1 mmol/L的铝盐溶液中,导致气孔的关闭。铝盐通过降低气孔的导度而降低蒸腾速率。

外源激素 ABA能有效减缓气孔的开放。将月季切花插入1 mg/L ABA水溶液中,或插入10 mg/L ABA水溶液中1 d可以延缓其萎蔫。ABA通过维持较高的水分蒸发来延长切花的寿命。

1.2.4.2 表皮蒸腾

表皮蒸腾是指植物表面除气孔以外的整个外表的蒸腾作用。这里从以下几个方面作介绍。

(1)*皮孔蒸腾* 通过皮孔进行的水分蒸腾叫作皮孔蒸腾(lenticular transpiration),木本类切花多具有这种现象。但是皮孔蒸腾的量非常小,只占全部蒸腾的0.1%,所以植物的蒸腾作用绝大部分是在叶片上进行的。

(2)*表皮蒸腾* 一些切花即使气孔关闭水分损失依然很快,并且水分损失主要通过花朵。例如,落新妇有很多小花,其叶片和茎秆的水分损失只占失水总量约40%。这是因为表皮细胞通常向外隆起,使得花瓣的下部分表皮往往很光滑,而上部分表皮却很粗糙,进一步增加了表面积。具有这种特征的花卉种类还有三色堇、豆瓣菜属、月季、香雪球、草莓属。

(3)*角质层蒸腾* 植物器官表皮角质层发达,成为限制水分蒸腾的一个重要屏障。关于切花花瓣的角质层,很少见到报道(Martin 和 Juniper,1970)。Blanke(1991)发现草莓花瓣表面缺乏角质层。另有报道,月季切花花瓣有像是花瓣彩虹的角质层。角质层的水分蒸腾系数一般很低,其大小与聚丙烯塑料相近。对于特定切花的角质层来说蒸腾速率与厚度有关;但是不同种类之间,并不依赖于厚度,而是与化学组成、孔和洞的存在、表皮蜡质以及表皮结构有关。

1.2.5 切花水分胁迫及其生理反应

1.2.5.1 水分胁迫的概念及其衡量指标

(1)水分胁迫的概念 水分胁迫(water stress)是指植物体失水大于吸水,引起体内水分亏缺,并进而对植物体正常生理功能产生干扰。切花在从采收、集货、分级包装、预冷、贮藏、运输、批发、销售等各个环节中,都不可避免地要遭受水分胁迫。水分胁迫往往影响到切花的流通质量和瓶插品质。

(2)水分胁迫程度的衡量指标 衡量水分胁迫程度的指标主要包括鲜重损失率、器官水势、切花的瓶插寿命缩短百分率等。

鲜重损失率(fresh weight loss):是指胁迫前后的鲜重之差与胁迫前鲜重的比值,常用百分比表示。通常切花流通中的鲜重损失率在5%~10%之间。

器官水势(water potential of organs):是反映花卉器官水分饱满状况的指标,数值为负值,绝对值越大,表示花朵失水越多,水分亏缺程度越高。

切花瓶插寿命缩短百分率:切花的瓶插寿命(vase life 或 longevity)是指花朵从瓶插之日起到失去观赏价值前一天的瓶插天数。瓶插寿命缩短百分率(decreased percentage of vase life)是指切花在一定条件下失水胁迫引起的瓶插寿命的减少值与对照的比值,是衡量花朵水分胁迫程度的内在指标。一般来说,小于10%为轻度胁迫,大于50%为重度胁迫,介于两者之间的为中度胁迫。

1.2.5.2 水分胁迫引起的生理反应

(1)对花枝水分状况的影响 花枝水分状况通常用水分平衡值(water balance point)来表示。水分平衡值是花枝的吸水量与失水量之差,水分胁迫直接影响切花的水分平衡值,当这一指标为正值时表明吸水大于失水,并且数值越大表明花枝持水状况越好。一般花枝从蕾期到盛开期,水分平衡值为正值;盛开期以后转为负值。当切花遭到水分胁迫时,随着胁迫程度的加大,花枝水分平衡值逐渐减小,花枝的瓶插寿命亦缩短。

(2)对叶片气孔阻力的影响 切花叶片气孔是水分散失的门户,对水分、空气具有很好的调控能力。当植物遭受水分胁迫时,会引起气孔的收缩,气孔阻力(stomatal resistance)加大。并且随着水分胁迫程度的加大,花枝叶片气孔阻力也逐渐增大,即通过叶片气孔散失的水分减少。但是如果水分胁迫程度超过某一极限时,气孔阻力反而减小,甚至完全消失,气孔也就失去了对水分的调节能力。在花卉的生产流通实践中，一定要设法减轻水分胁迫，以确保花卉的商品质量。

(3)对花朵和叶片的相对电导率的影响　花朵和叶片的相对电导率(conductivity 或 ion leakage)是细胞膜透性大小的指标，同时也是膜完整性的指标。电导率越大，表明细胞膜的透性越大，细胞内含物质的渗漏也越多。花朵和叶片细胞的电导率随水分胁迫的增强而增大。轻度水分胁迫对花朵和叶片的相对电导率影响不大；中度水分胁迫使相对电导率的增大幅度较小；重度水分胁迫使细胞膜遭受不可修复的损伤，电导率急速增加。

(4)对酶的影响

①与细胞膜氧化有关的酶类：植物在正常的生长条件下，本身存在着自由基的产生和清除的平衡系统。切花在受到失水胁迫时，植物细胞产生并积累 O_2^-，OH^-，H_2O_2 等自由基，同时细胞相应的保护酶系统也得到加强，避免剧烈膜脂过氧化作用对切花品质的破坏。植物体内分解和降低活性氧的保护酶系统包括：过氧化物歧化酶(superoxide dismutase，SOD)，过氧化氢酶(catalase，CAT)和过氧化物酶(peroxidase，POD)。其中 POD 和 CAT 主要清除 H_2O_2，SOD 主要是清除 O_2^-，酶活性和活性氧的含量密切相关。在相同失水胁迫强度下，不同失水胁迫耐性的切花膜脂过氧化保护酶活性不同。如耐失水胁迫月季品种'萨蔓莎'和不耐失水胁迫品种'加布里拉'经过 24 h 胁迫处理后，花瓣和叶片中 SOD 和 POD 活性均高于对照，但'萨蔓莎'比'加布里拉'增加的幅度大。当切花萎蔫衰老时，保护酶系统遭到破坏，花朵和叶片 SOD，CAT，POD 活性都下降。

②与蛋白质水解有关的酶类：内肽酶(endopeptidase)是生物体内分解内部肽键的酶类，又称蛋白酶。切花在遭受失水胁迫促进衰老时，提高内肽酶活性，导致切花体内大分子蛋白的水解和可溶性蛋白含量及游离氨基酸的增加。根据内肽酶活性中心的催化机理分为丝氨酸蛋白酶(serine proteinases)、巯基蛋白酶(thiol-proteinases)、天冬氨酸蛋白酶(aspartic proteinases)、金属蛋白酶(metallo-proteinases)以及类型未确定的蛋白酶(unclassified proteinases)等。不同切花在特定时期起主导作用的内肽酶种类和活性不同。如在 37℃下用专一性抑制剂法分别鉴别出，切花月季'萨蔓莎'和'贝拉米'花瓣中至少存在两类三种内肽酶，在 pH 6.0 条件下活性较高的是巯基蛋白酶类和丝氨酸蛋白酶类，在 pH 10.0 条件下活性较高的是丝氨酸蛋白酶类。

(5)对激素的影响

①乙烯：切花根据花朵开放和衰老进程中乙烯的代谢类型，可以划分为乙烯跃变型和非乙烯跃变型两大类(详见切花开花与衰老生理有关内容)。其中前者在遭到水分胁迫时，往往促进花朵的乙烯生成，进而促进整个花朵的开放和衰老进程，

并且这一进程是不可逆的。后者虽然通常只生成微量乙烯，但是在水分胁迫达到一定程度时，也能诱发产生大量乙烯，并对开花衰老产生影响。如月季切花进行水分胁迫处理时，发现‘萨蔓莎’和‘加布里拉’乙烯生成量明显高于对照，并且随着胁迫程度的增强而增加，见表1-5。

表1-5 水分胁迫处理对‘萨蔓莎’和‘加布里拉’花朵乙烯生成量的影响

品种	胁迫处理/h	乙烯生成量/[nL·(g^{-1}·h^{-1})]			
		瓶插后天数			
		0	1	3	5
萨蔓莎	0	0.25	0.13	0.15	0.46
	24	0.35	0.16	0.30	0.41
	36	0.43	0.50	0.51	0.31
	48	0.45	0.60	0.66	0.35
加布里拉	0	0.22	0.31	0.23	0.75
	12	0.44	0.22	0.54	0.83
	24	0.53	0.70	0.59	1.01
	36	0.88	0.77	0.99	0.53

②脱落酸：水分胁迫往往引起切花ABA含量的增加。如切花月季‘Superstar’品种，干藏处理4 h引起ABA水平的提高。这时如果切花转入水中，18 h后ABA水平恢复正常。但是，这期间如果继续干藏处理，ABA水平将提高3倍。

③细胞激动素：水分胁迫通常引起细胞激动素含量的下降。如月季切花在瓶插期间花瓣细胞激动素含量逐渐下降(Mayak 等，1972)。

(高俊平　丛日晨　张常青)

1.3 切花开花和衰老生理

1.3.1 切花开花和衰老的概念

1.3.1.1 切花开花

商业用切花一般是在花蕾期采切。切花开花(opening)是指鲜花采切后从蕾期、经初开到盛开的花朵的开放过程。被子植物的花有的是单生，但多数是花序。花序可分为无限花序和有限花序两大类。无限花序的小花开放顺序是由花序基部向上依次进行的；当花序轴短缩，各小花密集排列在一个平面或球面时，开花顺序则是由边缘开始向中央依次开放。有限花序是顶点或中心的花先开，限制了花序轴顶端继续生长，因而以后开花顺序渐及下边或周围。

1.3.1.2 切花衰老

衰老(senescence)是指植物个体发育的最后阶段，是导致死亡的衰退过程。自然界中，植物种类繁多，衰老类型也是多种多样的。Leopold (1961)曾提出植物衰老的四种类型：a. 整株衰老：由于系统生理机能丧失，整株植物衰老死亡，季节性或一年生草本植物多属此种类型；b. 地上部衰老：由于一定季节的到来，地上部衰老死亡，而后由地下部生长更新，大部分多年生草本和球茎类植物属此种类型；c. 落叶衰老：由于季节性胁迫造成所有叶子衰老脱落，而茎和根仍保持生活力，落叶木本植物便属于这种变化；d. 渐进衰老：生理年龄相对较大的叶片和器官组织逐渐衰老退化或脱落死亡，新的器官和组织逐渐取而代之，大多数多年生木本植物便是如此。

这里着重介绍切花的衰老。花朵是一个复合器官，一般由萼片、花瓣(花冠)、雄蕊和雌蕊等组成。其中花瓣寿命一般比较短；而花萼在花瓣萎蔫或脱落时仍维持正常的生命活动；雌蕊内的胚珠则常在其他花部衰老时发育成为果实。由于各花部结构和生理过程差别较大，所以人们很少把整朵花作为衰老研究的对象，而常取花瓣为研究花衰老的材料。因此，切花的衰老通常可定义为花瓣充分展开到出现萎蔫、或脱落等失去观赏价值为止的过程。在切花采后流通中，由于操作、管理措施不当造成的花瓣不能正常展开，红色花瓣出现蓝变等，也被归入衰老的范畴。切花在进入消费者手中后，通常进行水养或添加保鲜剂水养，这时以开花和衰老进程体现了其观赏价值，称为观赏寿命或瓶插寿命(vaselife, longevity)。瓶插寿命是指从瓶插之日起到失去观赏价值为止的天数，包括切花瓶插后的开花和衰老进程。在商品花卉流通中常以花瓣寿命作为有效寿命的指标，对花瓣衰老及其调控的研究，可为制定延长切花寿命的技术措施提供理论依据。

1.3.2 切花开花和衰老进程中的生理生化变化

1.3.2.1 细胞膜的变化

花瓣衰老时细胞膜的结构和功能都会发生一系列的变化。总的来说，衰老时花瓣中膜的流动性减小，透性增加，膜开始从液晶相向凝胶相转变，从而引起衰老组织的物质渗漏，导致花瓣萎蔫。

1.3.2.2 糖类、蛋白质和核酸的变化

随着衰老，花瓣干重下降，这一方面是因为大分子物质如淀粉、蛋白质和核酸的水解及相应的水解产物重新分配到花的其他部分；另一方面是因为呼吸的消耗。

随着淀粉的水解,可溶性糖含量的上升。由于花瓣中蔗糖水解酶保持较高活性,因此大多数成熟和衰老花瓣中所含的糖主要是还原性糖,而不是蔗糖。

1.3.3 切花开花和衰老与乙烯生成

1.3.3.1 切花开花和衰老中乙烯变化类型的划分

(1)呼吸跃变概念的由来和类型划分 呼吸跃变的概念最初来自果实呼吸作用变化的时间进程是果实成熟中众多生理生化变化中的一个重要标志,1922年英国科学家Kidd和West研究苹果采后呼吸强度变化时发现,在不同温度条件下,采后呼吸强度都出现上升形成峰形的现象,他们称之为呼吸跃变(respiratory climacteric)。

1960年J. Biale总结了大量的研究结果,把果实划分为呼吸跃变型和非呼吸跃变型两大类。岩田(1969)进一步补充了末期上升型这一新的类型。这三类果实的呼吸变化动态见图1-5。

①跃变型(climacteric type):如苹果、香蕉和番茄等,果实采收后经过一定时间,呼吸强度开始升高,不久达到峰值,然后逐渐降低。或者解释为在进入成熟阶段时,呼吸强度有突然升高的现象。

②非跃变型(nonclimacteric type):如柑橘,果实在整个成熟过程中呼吸强度一直呈现减少趋势。

③末期上升型(increase during later stage):如草莓,呼吸强度随果实的成熟衰老进程而逐渐增加。

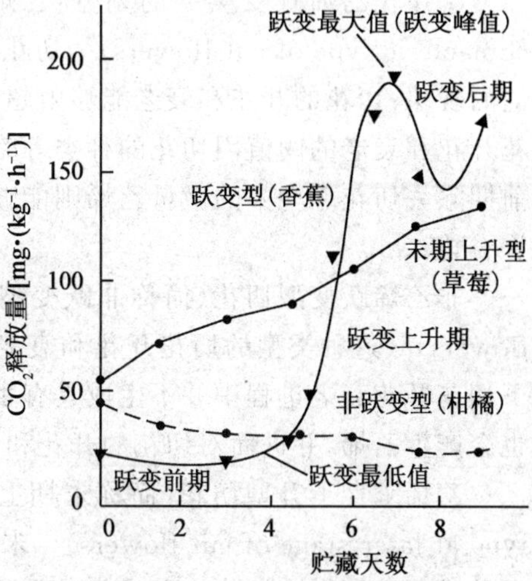

图1-5 呼吸跃变类型模式图(稻葉,1991)

注:①贮藏日期单位:香蕉1~2 d;草莓,柑橘1~1.5 d。②资料来源:香蕉:稻葉等,1984;草莓:稻葉等,1978;柑橘:岩田等。

(2)呼吸跃变与乙烯的关系 呼吸跃变型果实的最大特征是果实的成熟过程是由果实本身生成的乙烯来诱导。对跃变前期的果实进行乙烯处理就能诱导成熟进程。因此,果实跃变类型的划分基准,与其采用呼吸强度变化动态,倒不如采用在成熟过程中是否与乙烯生成有直接联系来划分。实际上,当今国际上已经很少采用呼吸强度这一指标,而是采用乙烯生成量和对乙烯的反应作为衡量果实成熟类型的划分标准,又称为乙烯跃变(ethylene climateric)。

(3)切花的衰老与乙烯 大量研究结果表明,切花的衰老与果实成熟类似,通常与乙烯的大量生成有关。Halevey(1986)建议根据在开花和衰老进程中花瓣乙烯的大量生成与否，将花卉植物划分为跃变型和非跃变型两大类。事实上，和许多跃变型果实一样，有多种切花在开花衰老过程中，呼吸强度呈现典型的跃变上升现象。多数情况下，乙烯生产量的变化动态与呼吸强度的变化动态相吻合，并且早已证明乙烯作为植物衰老激素，启动呼吸跃变和整个衰老过程。迄今为止已报道的跃变型切花有香石竹、满天星、香豌豆、金鱼草等，概括起来包括石竹科、兰科、锦葵科等植物，这类植物的开花和衰老与乙烯关系密切；非跃变型切花有菊花、唐菖蒲、石刁柏、千日红等，概括起来包括百合科、天南星科等植物，这类花卉的开花和衰老通常对乙烯不敏感(Hyodo,1989)。

①切花乙烯跃变类型的划分：乙烯跃变型切花(简称跃变型切花，ethylene climacteric type of cut flowers)　切花在开花和衰老进程中乙烯生成量有突然升高的现象；切花的开花和衰老能够由超过阈值的微量乙烯的处理而启动。诱导切花开花和衰老的阈值因切花的种类等略有差异，大多为 0.1～0.3 mg/L。在跃变前期除去切花环境中的微量乙烯则能够延缓切花的开花和衰老进程。代表种类为香石竹。

非乙烯跃变型切花(简称非跃变型切花，ethylene nonclimacteric type of cut flowers)　这种类型的切花开花和衰老进程与乙烯没有直接的关联，在健全状态下切花开花衰老进程中并不生成具有生理意义的乙烯。但是，在遭到各种胁迫时，也会产生乙烯，并进而对切花的开花和衰老产生影响。代表种类如菊花。

乙烯末期上升型切花(简称末期上升型切花，ethylene production increasing type at later stage of cut flowers)　末期上升型的切花乙烯生成量随着开花和衰老的进程逐渐升高。代表种类如月季品种'黄金时代'。

下面以月季切花为例进行划分，参考 Kuiper 等(1991)的标准，将月季切花蕾期至盛开末期划分为 6 个级数：0 级，萼片垂直；1 级，萼片水平；2 级，萼片下垂，花瓣开始松散；3 级，初开，外层花瓣展开；4 级，盛开，多层花瓣展开，但尚未露心；5 级，盛开末期，花朵露心。衰老标准为盛开前提前萎蔫、蓝变或弯头，以及盛开后花瓣翻卷萎蔫或下垂、花朵弯头等。月季切花开花衰老进程见图 1-6。

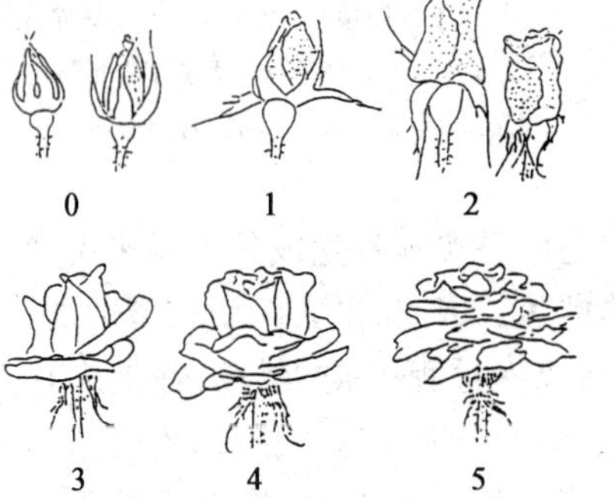

图 1-6　月季切花开花和衰老进程图示意图

注：数字表示开花指数。

近年来，通过对50多个国内外商业用切花月季品种不同开花级数花朵乙烯的生产量的测定，明确了月季切花在开花和衰老进程中乙烯生成量变化类型，结果见表1-6。根据上述划分标准可将月季切花划分为三种类型：类似乙烯跃变型、类似乙烯非跃变型和类似乙烯末期上升型。不过，这些类型的生理特性有待进一步研究证实。

表1-6 14个切花月季品种不同开花级数乙烯生产量

类型 types	品种 cultivars	开花级数 opening index					
		0	1	2	3	4	5
类似跃变型 like climacteric	萨蔓莎 Samantha	4.42	4.89	5.47	6.29	6.50	2.07
	天使 Angelique	6.30	5.93	5.09	7.31	9.42	3.14
	墨西德斯 Mrtrfrd	2.47	2.62	2.43	2.42	6.31	4.83
	加布里拉 Gabriella	3.09	2.69	2.76	2.65	5.10	4.03
	雅典娜 Athena	2.99	2.65	2.58	2.44	16.33	8.07
类似非跃变型 like nonclimacteric	唐娜小姐 Prima Donna	2.47	2.22	2.38	2.68	2.20	2.50
类似末期上升型 like increase during later stage	坦尼克 Tineke	2.21	1.31	1.36	6.24	7.06	7.16
	黄金时代 Golden Times	2.73	2.70	3.11	3.84	11.10	79.78
	金徽章 Golden Emblem	1.80	1.75	1.32	1.64	5.30	22.36
	金牌 Golden Medaillon	5.06	5.66	5.29	6.29	18.34	21.35
	火鹤 Flamingo	1.53	0.98	1.35	1.72	9.46	10.08
	红衣主教 Karolinal	2.63	2.23	2.18	2.08	4.07	6.44
	红成功 Red Success	6.07	2.80	1.59	3.77	6.34	6.63
	玛丽娜 Marina	4.87	4.92	4.70	4.76	4.71	8.75

注：表中每一数据为3次重复的平均值；标准误差小于平均值的20%。

②切花呼吸跃变与乙烯跃变之间的关系：多数情况，两者是一致的，少数情况不一致，月季切花就是一个典型的例证。图1-7显示了不同类型切花月季品种瓶插期间开花级数、花朵直径、乙烯生成量以及呼吸强度的变化情况。

③各种切花对乙烯的敏感性：Funakoshi(1993)根据切花对外源乙烯的敏感性将切花进行了归纳，结果见表1-7。由表中可以看出，多数跃变型切花对乙烯敏感性也强；而非跃变型切花多对乙烯敏感性弱。但同一科或同一种植物的不同品种也存在敏感性上的差异。

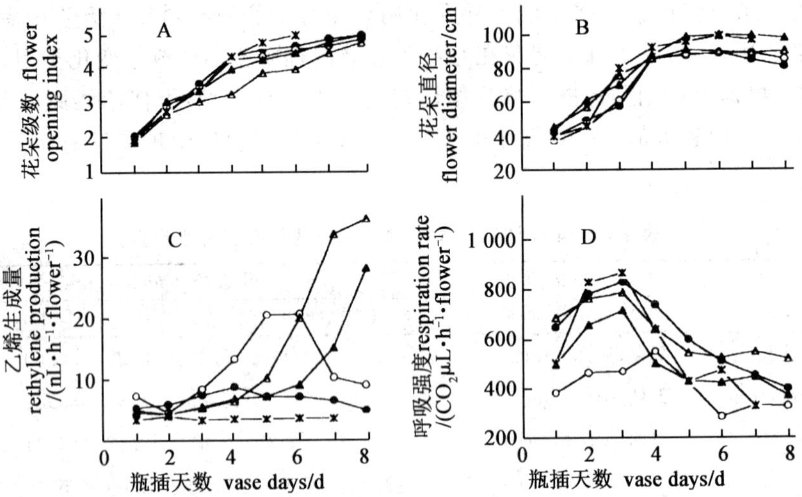

图 1-7　开花指数、花朵直径以及呼吸强度的变化图(高俊平等,1997)

●萨蔓莎,○天使,▲红衣主教,△坦尼克

表 1-7　各种切花对乙烯的敏感性

种　类	敏感性
石竹科(Caryophyllaceae)	
香石竹(*Dianthus caryophyllus*)	····
瞿麦(*Dianthus superbus*)	····
高雪轮(*Silene armeria*)	····
满天星(*Gypsophila*)	····
兰科(Orchidaceae)	
卡特兰(*Cattleya hybrida*)	····
石斛兰(*Dendrobium*)	····
春兰(*Cymbidium goeringii*)	····
兜兰(*Paphiopedilum*)	····
蝴蝶兰(*Phalaenopsis* spp.)	····
毛莨科(Delphinium Grandiflorum)	
乌头(*Aconitum*)	····
花忍科(Polemoniaceae)	
天蓝绣球(*Phlox paniculata*)	····
豆科(Leguminosae)	
香豌豆(*Lathyrus odoratus*)	····

续表 1-7

种类	敏感性
玄参科(Scrophulariaceae)	
金鱼草(*Antirrhinum majus*)	····
十字花科(Cruciferae)	
紫罗兰(*Matthiola incana*)	···
桔梗科(Campanulaceae)	
风铃草(*Campanula medium*)	···
蓝雪科(Plumbaginaceae)	
补血草(*Limonium sinuatum*)	···
蔷薇科(Rosaceae)	
月季(*Rosa hybrida*)	0～···
榆叶梅(*Amygdalus triloba*)	···
石蒜科(Amaryllidaceae)	
水仙(*Narcissus*)	···
六出花(*Alstroemeria aurantiaca*)	0～···
百合科(Liliaceae)	
文竹(*Asparagus plumosus*)	·
百合(*Lilium* spp.)	··～·····
百子莲(*Agapanthus*)	····
郁金香(*Tulipa gesneriana*)	·～·····
夏风信子(*Galtonia*)	···
嘉兰(*Gloriosa*)	·
鸢尾科(Iridaceae)	
小苍兰(*Freesia refracta*)	··
唐菖蒲(*Gladiolus hybridus*)	··
苋科(Amaranthaceae)	
千日红(*Gomphrena globosa*)	·
菊科(Compositae)	
非洲菊(*Gerbera jamesonii*)	·
菊花(*Dendranthema morifolium*)	0～·

注:0 乙烯气体处理和对照(0 mg/L)之间没有差异;· 乙烯气体处理产生不明显的伤害,瓶插寿命比对照缩短 10%;·· 乙烯气体处理产生伤害,瓶插寿命比对照缩短 20%～50%;···或····乙烯气体处理,对花材伤害明显。

1.3.3.2 乙烯的生物合成与信号传导

(1)乙烯生物合成的途径　植物组织中乙烯的生物合成是在严密的代谢控制下进行的,并由诱导因子如切花衰老和果实成熟所启动。切花的乙烯生物合成和其他高等植物一样，根据生成量的大小和性质可以划分为微量乙烯(System Ⅰ-ethylene)和大量乙烯(System Ⅱ-乙烯)。所谓微量乙烯指的是非跃变型花卉或跃变型花卉在跃变前期所释放出的微量乙烯，对切花的开花和衰老不产生直接的作用，而大量乙烯指的是跃变型花卉进入跃变后所释放出的大量乙烯，对开花和衰老产生直接的影响。当 System Ⅰ-乙烯达到一定程度会诱导 System Ⅱ-乙烯生成，进而启动跃变型切花的整个衰老进程(Gao 等，1992)。乙烯生物合成途径和调节模式见图 1-8。

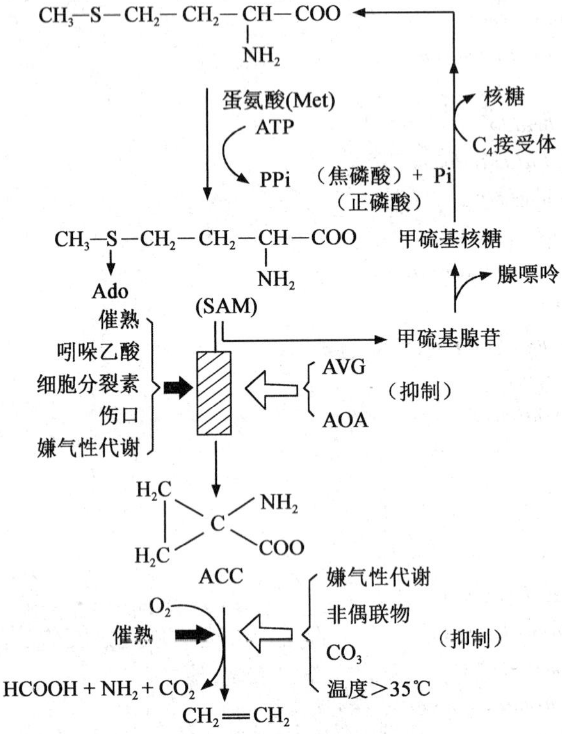

图 1-8 乙烯生物合成途径示意图

(稻葉昭次和久保康隆，1996)

在 System Ⅱ-乙烯的生物合成中，前体蛋氨酸(Met)是由 Liberman 于 1966 年在苹果上首次证实的(Yang 和 Hoffman，1984)。1979 年 Yang 和 Adams 利用乙烯生物合成过程中需氧这一特征，给苹果饲喂 L-Met-^{14}C，追踪其在空气和氮气中的代谢，巧妙地证明了 1-氨基环丙烷-1-羧酸(ACC)是乙烯生物合成的直接前体物质。接着他们又开发了简便、高精度的 ACC 含量测定方法(Lizada，Yang，

1979)。目前应用的方法在此基础上有所改进(Nieder 等,1986)。

(2)乙烯生物合成的主要酶类

①ACC 合成酶(ACC synthase,ACS):美国加州大学杨祥发(Shangfa Yang)研究小组于 1979 年阐明 ACC 是乙烯生物合成的直接前体后,又分别从番茄果肉组织匀浆中首次证明了 ACS 的存在。该酶是可溶性酶,存在于细胞质中,酶 K_m 值为 13 μmol/L,需磷酸吡哆醛作为辅基,能被 AVG(氨基乙氧基乙烯基甘氨酸,K_i=0.2 μmol/L)、AOA(氨基氧乙酸,K_i=0.2 μmol/L)抑制。ACS 是一种以磷酸吡哆醛为辅基的酶,对底物 SAM(S-腺苷蛋氨酸)的磺酰中心和蛋氨酸半体的 α-碳具有立体专一性,在乙烯合成过程中起关键作用,是乙烯生物合成的限速酶。该酶具自杀特性,即高浓度的 SAM 对 ACS 具有抑制作用。ACS 在多数情况下限制乙烯的生成速度,当受到生长素诱导和各种促进乙烯生成的胁迫因子作用时,其活性会得到相应提高(Yang 和 Hoffman,1984)。

随着乙烯在果实成熟和鲜切花衰老中作用机理研究的深入,ACS 的纯化和活性表达便成为人们研究的热点之一。但是起初该酶的纯化和定性较为困难,首先是因为组织中 ACS 的浓度非常低,一般为总蛋白的 0.000 1%;其次是稳定性差,半衰期短,一般为 30~50 min(刘愚,1992)。

ACC 合成酶最初的定性纯化工作是用创伤和 LiCl 处理,促进番茄果肉组织酶活性条件下进行的,以后经过多次改进,目前已很成熟。已经明确,ACS 是多基因家族(multigene family),已经鉴定的同功酶有:成熟和衰老诱导型,生长素诱导型,伤害诱导型等。香石竹上鉴定 ACC 合成酶 cARACC3 和 cARAS 分别在花瓣和花柱中表达,说明 ACC 合成酶的差异性也表现在同一种植物不同的器官水平上(Van Altorst 和 Bovy,1995)。

目前已从多种观赏植物中克隆了 ACS 基因,从荷兰石竹、兰花、天竺葵、香石竹等提取并鉴定了 ACS。被研究的所有植物都存在一个以上的 ACS 基因。克隆的所有 ACS 基因的编码区都有一定的同源性,其 DNA 序列同源性约为 60%,氨基酸序列同源性约为 70%。ACS 基因之间存在很大的差异性,这有利于形成多种结构和性质,以适应各种生理条件。受不同生理条件诱导的不同的 ACS 基因的 5′ 和 3′端非编码区同源性较低,这说明存在不同的调控机理。

Jones 和 Woodson(1999)从香石竹花瓣中克隆出了 3 个 ACS 基因,这些基因的表达呈现组织特异性。ACS_2 和 ACS_3 在柱头(styles)中表达,而花瓣中则富含 ACS_1,有趣的是这 3 种基因的表达与叶片中伤害和生长素引起的乙烯生成量增加无关,说明可能还有其他调控叶片等营养组织乙烯生成的 ACS 基因。

②ACC 氧化酶(ACC oxidase,ACO):曾被称为乙烯形成酶(EFE),是乙烯生

物合成途径中最后一个酶,催化 ACC 向乙烯的转化。ACO 对底物具有高度的立体专一性。

以前由于植物组织一经匀浆,ACO 活性立即丧失;影响细胞膜功能的试剂 Tritonx-100、渗透胁迫、磷酸胆碱等都能抑制 ACC 转化为乙烯。因此,一直认为 ACO 要求组织和细胞膜完整性,且可能是膜结合酶(Yang 和 Hoffman,1984),ACO 纯化和生化鉴定工作因此而一直停滞不前。对 ACO 取得突破性的认识,来源于与成熟有关的 cDNA 克隆。ACO 最初是在凭借果实成熟和伤诱导促进乙烯生成的情况下进行系统查找与定位的。Amilton 等(1991)从与番茄成熟有关的基因克隆中筛选到一个克隆 pTOM13 并置于花椰菜花叶病毒 355RNA 启动子的控制之下,通过农杆菌转化番茄,获得转基因植株。这种番茄在成熟过程中乙烯释放被抑制了 97%;在伤害处理叶片中,ACO 活性被抑制了 93%。因此,人们认为 Ptom13 可能与 ACO 有关(Hamilton,1991)。经过校正的 Ptom13 在酵母中得到表达,其蛋白质可以像植物一样立体专一地将 ACC 转化成乙烯(Hamilton,1991)。Spaua 等(1991)利用 Ptom13 从番茄细胞培养物中克隆了 ACO cDNA,将其注入爪蟾卵母细胞后,导致爪蟾卵细胞 ACO 的合成。根据 pTOM13 的核苷酸序列推导出氨基酸序列具有黄烷酮-3-羟化酶的同源序列。根据黄烷酮-3-羟化酶的测定方法,Ververidis 和 John(1991)首次从甜瓜中分离到了有活性的 ACO。在提取过程中,需要加入 Fe^{2+} 和抗坏血酸,并证实 ACO 是一种类似黄烷酮-3-羟化酶的可溶性酶,进一步研究表明 ACO 是一种依赖于 2-酮戊二酸的与双加氧酶类似的酶。ACO 不需要酮戊二酯作辅助因子。在一些植物系统中,活体 ACO 活性因 CO_2 处理而提高,但离体 ACO 活性却完全依赖于 CO_2 的存在(Dong 等,1992)。该酶 K_m 值为 60 μmol/L,最适 pH 为 7.5。ACC 转化为乙烯的化学反应式如下:

$$\text{ACC}+1/2O_2+\text{抗坏血酸}\xrightarrow{Fe^{2+}\quad CO_2} C_2H_2+CO_2+\text{HCN}+\text{脱氢抗坏血酸}+2H_2O$$

目前,在香石竹上克隆了 ACO 的 cDNA pSR120。伴随花瓣衰老产生乙烯跃变的同时,pSR120 相应的 mRNA 也相应增加。TenHave 和 Woltering(1997)从香石竹花瓣中分离出了 ACO 基因。与前述 ACS 基因的表达不同,ACO 基因在所有花器官中都有表达,不呈现组织特异性。香石竹花瓣的 ACO 是可溶性酶(Wang 和 Woodson,1991;Mariska 等,1994)。在天竺葵(Tzam-wei 和 Arteca,1995)、矮牵牛(Wang 和 Woodson,1993)、兰科(Nadeau 和 O'Niell,1995)中分离鉴定了 ACO,并且酶基因的表达存在差异性,由此明确,ACO 基因属于多基因家族。

(3)乙烯的信号传导　近 10 年来,乙烯信号传导方面的研究获得飞速进展。模式植物拟南芥突变体研究报道表明,乙烯信号沿着 $ETR_1 \rightarrow CTR_1 \rightarrow EIN_2 \rightarrow EIN_3$/EIL 方向传导,见图 1-9。不过,关于信号传导机理尚有很多不明之点。已经明确的是,ETR 是乙烯的受体(Schaller 和 Bleecker,1995);CTR_1 与介于蛋白质之间进行信息传导的蛋白酶具有同源性,其主要功能是从 ETR 中接收信息,传给 EIN。EIN 位于信号传导的下游,调控与成熟、衰老乙烯有关的基因。

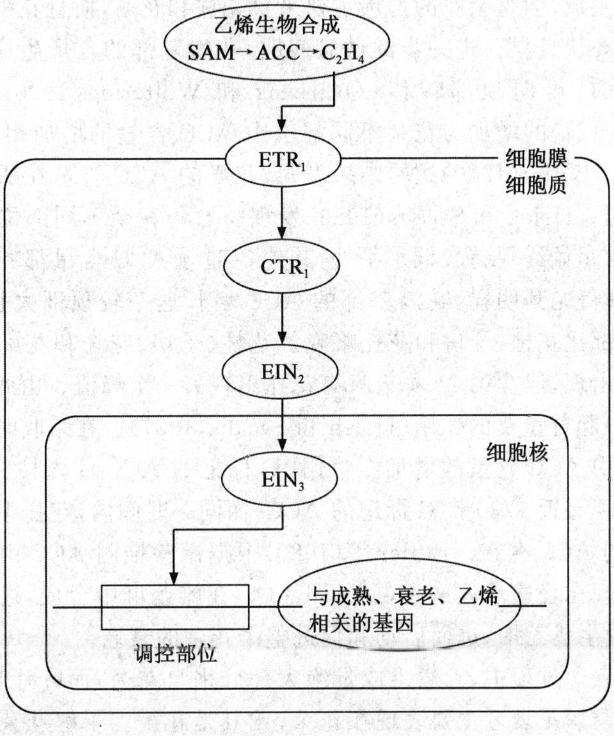

图 1-9　拟南芥乙烯信号传导模式图(Chang 和 Shockey,1999)

在观赏植物方面,近年也有相关报道。Waki 等(2000)和 Shibuya 等(2002)分别从香石竹中克隆出了 EIN_3 基因和 ETR 基因,并研究了这些基因在自然衰老进程中的表达和调控。此外,我国最近在月季切花'Samantha'和'Kardinal'两品种上克隆出了 ETR_1 和 EIN_3 两个基因(高俊平等,2001)。

1.3.3.3　切花乙烯生物合成的调节

(1)花器官各组织之间乙烯生成的调节　以香石竹为例,从花器官各组织生成的乙烯所占花朵乙烯生成总量的份额来分析，香石竹花朵乙烯大部分（约 80%）是由花瓣生成。但是按单位鲜重乙烯的生成量来计算，则雌蕊的乙烯生成量大于花瓣的乙烯生成量，并且雌蕊的乙烯生成早于花瓣的乙烯生成（Hyodo，1989）。Charlesdeng（1984）试验结果表明，香石竹花瓣乙烯生成量变化动态呈现典型的跃变特征，跃变峰值较前期要高出 1 000 倍；外层花瓣和内层花瓣的乙烯峰值出现时间较为一致，但外层花瓣较内层花瓣的乙烯峰值要高。Nickols（1977）发现香石竹开花和衰老过程中，雌蕊群和花托的乙烯生成量与乙烯跃变相一致，花柱、子房和花瓣都有乙烯生成，但整朵花的乙烯主要来自花柱和花瓣，而且花瓣基部的乙烯生成速率较顶部要快且早。进一步的试验表明，花瓣基部的乙烯生成量是顶部的 4 倍，基部的 ACC 可向顶部转移（Overbeek 和 Woltering，1990；Woltering 等，1991）。乙烯生成量的增加与花朵不同部位中 ACC 含量的增加相一致（Hsieh 和 Sacalis，1987）。Bufler（1980）试验结果表明，花瓣的 ACC 含量在跃变峰期较跃变前增加了 30 倍。Hsieh 和 Sacalis（1986）发现香石竹花朵不同部位中除花萼在整个期间 ACC 含量始终保持较低水平外，其他各部分 ACC 含量都有较明显的峰值出现，花托表现得尤其明显，花瓣基部的 ACC 增长速率较顶部大且早，但二者峰值出现的时间都比花柱、子房和花托略晚。花柱、子房、花托和花瓣在第 6～10 天都有明显峰值出现，但在第 2～4 天只有花托出现另一个峰值。由此推测花托可能在 ACC 转移中起着重要的作用（Hsieh 和 Sacalis，1987）。在采收时去除花瓣会导致子房和花托中 ACC 含量的增加。将用 ^{14}C 标记的 ACC 注入柱头，24 h 内就可以在花瓣中发现有近 1/3 带 ^{14}C 标记的 ACC，而同一时间内，花托中却几乎没有发现带 ^{14}C 标记的 ACC 存在。Bufler 等（1980）根据试验推测 ACC 由雌蕊群合成并向花瓣转移。现在普遍承认这一观点，即 ACC 在雌蕊群中合成，通过花托向花瓣转移，在花瓣中生成乙烯，进而启动和促进整个花朵的衰老。

月季切花衰老过程中，乙烯生成量绝大部分来自花朵，而叶片只占很少比例，可以忽略。月季切花衰老主要表现在花朵，尤其是花瓣。了解花朵乙烯生成的主要来源和 ACC 合成的部位，花瓣和花瓣以外其余部分对花朵衰老的影响是研究月季切花衰老的内容之一。

以上结果表明，花朵的各个部位都能合成 ACC 并生成乙烯，花瓣乙烯生产量在整朵花中所占比例最大；花托和子房次之；雄蕊、花柱和花萼较低，可见完整花朵从蕾期至衰老期乙烯生成主要来自花瓣，花瓣与整朵花的开放和衰老关系密切，而花瓣以外其余部分可能通过调节花瓣的乙烯生物合成来影响整朵花的开花衰老进程。

（2）各种胁迫对乙烯生成的调节　鲜切花在采收、预处理、包装、运输、贮藏、销售等各个流通环节中，不可避免要遭受到各种胁迫（stresses）。胁迫种类很多，有物理的(创伤、挤压、辐射、冻结、低温和高温伤害),化学的(重金属离子,CO,O_3 以及其他污染)以及生物的(昆虫和病原菌的侵入)(Yang 和 Hoffman,1984)。当切花遭到胁迫后,即使是通常只生成 system Ⅰ乙烯的花卉,也能诱发产生 system Ⅱ乙烯,进而促进衰老进程。胁迫诱导乙烯生成一般只有 10～30 min 的滞后期,数小时后达到高峰,然后逐渐降低(Yang 和 Hoffman,1984)。Imaseki(1992)指出,创伤诱导合成的 ACC 合成酶基因不同于成熟和生长素诱导的。Inaba 等(1991)发现了一种新的胁迫即直流电诱导乙烯的生物合成。他们以非跃变型果实为试材,用 0.5～3.0 mA 直流电进行处理,在诱变黄瓜果实乙烯生成的同时,ACC 合成酶和 ACC 氧化酶活性也都被诱导,但是同样强度的交流电却没有诱导效果。从而证明,直流电诱导的乙烯生成遵循 ACC-乙烯途径。

(3)温度、O_2 和 CO_2

①温度:与呼吸不同,乙烯生成量与温度之间没有明确的相关关系。这里着重介绍冷害(chilling injury)和冻害(freezing injury)对乙烯生成的影响。

热带植物和亚热带植物在遭受一定程度的低温时容易发生冷害。如黄瓜在发生冷害的温度下,只能积累 ACC 但不能生成乙烯。当把受到冷害的组织放回到不受冷害的温度时,产品便生成大量的乙烯。胁迫乙烯的产生是初期冷害的一个很好的标志。冷害作为引起乙烯产生的一种胁迫方式,对乙烯的产生有两种影响,第一种是增加 ACC 的合成,另一种是破坏膜结构,降低 ACC 氧化酶的活性。不同植物对冷害的忍受力差异较大,比较敏感的热带草本类只能忍受 1 h 低温,而黄瓜和热带水果则能忍受数日。

②低浓度 O_2:Lieberman and Spurr(1955)报道苹果在无氧条件下抑制乙烯生成;Burg 和 Thimann(1959)发现在 O_2 质量分数低于 3%时,苹果果肉切片乙烯生成显著降低,但从无氧条件返回到空气中时,乙烯生产量突然增加,且远高于放置前的量。Adams 和 Yang(1979)证实,在乙烯生物合成的最后步骤 ACC 向乙烯的转变是一个氧化过程,低浓度 O_2 直接抑制乙烯的生物合成。同时,低浓度 O_2 也通过抑制呼吸间接影响乙烯生成。

③高浓度 CO_2:高浓度 CO_2 对切花衰老的影响,一部分归因于降低园艺产品的呼吸强度。糖酵解作用和 TCA 循环中一些酶活性的降低支持这一观点。高浓度 CO_2 对切花衰老影响的原因可能主要在于抑制切花的乙烯生成和作用。到目前为止,在观赏植物产品方面的研究报道相对很少,这里以园艺产品为例作介绍。高浓度 CO_2 对园艺产品乙烯生成的反应可以划分为三种类型:

A. 乙烯生成量降低。主要是呼吸跃变上升期产生大量乙烯的跃变型果实和青花菜;

B. 乙烯生成量无反应。主要是跃变前期的跃变型果实，非跃变型果实以及一些蔬菜，如胡萝卜；

C. 乙烯生成量增加。即 CO_2 显著诱导乙烯生成，包括黄瓜、茄子等。

(4)乙烯对乙烯生成的调节 乙烯对切花乙烯生成的调节，包括乙烯的自我催化(ethylene autocatalysis)和乙烯的自我抑制(ethylene auto inhibition)(Yang 和 Hoffman，1984)。前者又称为正反馈调节(positive feedback)，指乙烯对乙烯生物合成的诱导，是跃变型切花衰老和跃变型果实成熟的重要特征。如用乙烯激活类似物丙烯处理香石竹，增加了乙烯生成量。乙烯处理香石竹花瓣增加了乙烯生成量和 ACC 含量的积累。用乙烯处理香石竹，发现 ACC 合成酶活性增加了 90～100 倍。用乙烯处理未衰老香石竹花瓣，6 h 后测得 ACC 合成酶和 ACC 氧化酶基因的转录。香石竹花瓣经乙烯处理后，乙烯生成能力增强，处理 1 h 后测得 ACC 氧化酶活性增加，约 5 h 后乙烯生成量开始增加，ACC 合成酶活性提高，这都依赖于外源乙烯的存在，用 α-鹅膏菌素(α-amanitin)和环己酰亚胺预先处理的花瓣该酶活性会受到部分抑制，由此可以推测香石竹对外源乙烯的反应首先表现为酶活性的提高，其次是与此相关的 mRNA 的增加。利用这一原理，人为地用乙烯处理香石竹、满天星等跃变型切花，促使花朵整齐一致开放。

早在 1931 年，Zimmerman 等(1930)指出照明气体中高质量分数乙烯会引起月季切花有些品种过早开放，而使另外一些品种在开放之前花蕾和叶片脱落。高质量分数的乙烯利(500 mg/L)促进切花月季'Sonia'和'Victory Parade'花瓣和叶片脱落，低质量分数乙烯利无同样的作用(Serek，1993)。但低质量分数乙烯(1～10 mg/L)促进'Forever Yours'开花，抑制'Sonia'开花；更低质量分数(0.1 mg/L)乙烯可以促进'Sonia'花蕾达到商业成熟，不减少其瓶插寿命。切花月季'Merecedes'开花衰老进程中乙烯生成量有峰值出现，峰值出现的时间早于离子渗透的出现，也早于衰老症状的出现。乙烯处理促进该品种离子渗透率增加，并促进衰老。Reid(1989)用 0～1 mg/L 乙烯处理不同切花月季品种，结果发现不同品种反应不一，从彻底抑制开放到明显促进开花，有的开花衰老进程则不受影响，还有些品种出现花朵变形或萼片和花梗黄化。而跃变型切花香石竹则不然，从低质量分数乙烯(0.1 mg/L)到饱和质量分数(850 mg/L)反应都很一致，表现为乙烯促进衰老(Wolteering 等，1993)。

乙烯的自我抑制又称为负反馈调节(negative feedback)，是指由乙烯作用抑制剂或乙烯感受突变体使乙烯生物合成解偶联，并且乙烯处理反而抑制乙烯的生成(Kende，1993)。用降冰片二烯(NBD)处理促进柑橘叶片外植体和深水稻节间的乙烯生成；硫代硫酸银(STS)和硝酸银以及乙烯作用拮抗剂也促进绿色番茄果实组织、拟南芥的乙烯生成。一般认为乙烯的自我抑制是因为乙烯抑制 ACC 合成和促进 ACC 生产丙二酰基 ACC(MACC),从而导致 ACC 供给不足。

(5)其他激素

①细胞激动素(cytokinin,CTK):细胞激动素通常被当作延缓衰老的激素。在花瓣衰老过程中,其含量逐渐降低。外源 CTK 能延缓乙烯跃变。分离的香石竹花瓣用 BA 处理,抑制了 ACC 转化成乙烯。类似的结果在整个花器中也观察到。香石竹中,CTK 抑制 ACC 合成酶和 ACC 氧化酶的活性;也有人认为,CTK 并不直接抑制酶活性,而是抑制酶的合成;或者可能是因为降低了花瓣对乙烯的敏感性。

②脱落酸(abscisic acid,ABA):除乙烯外,ABA 也是促进衰老的重要激素,ABA 处理能够促进花瓣衰老和乙烯跃变。月季和香石竹伴随着花瓣衰老,ABA 含量增加。ABA 的主要作用机制是诱导 ACC 合成酶和 ACC 氧化酶的活性。

③生长素(auxin,IAA):内源生长素的变化动态:一品红(poinsettia)花瓣内源生长素的水平伴随花瓣衰老而减少。低质量分数 2,4-D(4～20 mg/L)促进香石竹花瓣乙烯生成,加快衰老进程;高质量分数 2,4-D(500 mg/L)并不促进香石竹乙烯生成,相反有延缓衰老效果。促进乙烯生成原因已经明确,生长素诱导 ACC 合成酶的生物合成;但抑制乙烯生成机制尚不明确。

(高俊平　蔡　蕾　陆旺金)

1.4 切花落叶、落花生理

脱落(abscission)是指植物细胞、组织或器官脱离母体的过程是植物自然衰老进程中的最后一步。植物器官的脱落包括芽、叶片、花、果实等的脱落,其中,叶片和花朵的脱落分别称为落叶(leaf abscission)和落花(flower abscission)。切花在采收后的贮运和流通过程中,由于自身的生长发育或各种环境胁迫的影响,常常发生不同程度的落花落叶现象,从而影响切花的品质。切花的落叶、落花可分为三种情况:a. 由于成熟和衰老引起的脱落。切花一般在初花期或蕾期采收,采后的生命过程包括生长发育(花瓣增大、开放、胚珠发育)及成熟和衰老等采后逐渐凋谢过程;b. 因切花自身的生理活动引起的生理脱落。切花采收后的生理活动依赖于其体内所贮藏的化学物质的分解、转化等过程,而当贮藏物质逐渐因消耗而减少时,切花开始衰老并出现落叶、落花现象;c. 逆境条件引起切花的落叶、落花。大多数花卉产品含水量在 90%以上,离体切花失去母体水分供应后,即使插在水中或保鲜液里，长时间后也会由于维管束被不断堵塞，而不能从环境中获得足够的水分；同时，切花采后由蒸腾作用而造成的水分丧失是难以避免的。采后失水又加快切花衰老、促进叶和花的脱落。花卉产品在采后最易受到的是机械损伤，例如挤压、碰撞、修剪、摩擦等。机械损伤会引起创伤呼吸，进一步加快切花有限的贮藏物质的损耗，促进切花的衰老而引起花、叶的脱落。在缺水、低温、机械损伤等逆境的环境下所产生的"逆境乙烯"，也会促进切花衰老而导致落叶、落花。

1.4.1 叶片的脱落

切花的脱落叶有其特定的生物学意义。首先切花脱叶可减少叶片的蒸腾作用，这是对水分胁迫的重要保护性反应。同时，叶片的衰老脱落，又能减少养分的消耗，并把其中所贮藏的养分转运给花朵，供花朵生长发育。然而切花的落叶会使切花的观赏品质下降，应设法延缓或防止。脱叶现象可用以判断某些环境胁迫或生理病变的发生，以便及时采取相应的对策。所以，了解切花落叶机理和调控方法，具有积极的实践意义。

1.4.1.1 离区的形态特征

器官脱落常是由其基部特定部位中的细胞分离而引起的，该部位被称为离区(abscission zone，见图 1-10)。离区由 5～10 层细胞组成，包括离层(separation layer)和保护层(protective layer)两部分。其中，离层为 1～3 层细胞宽，是分离的直接部位；保护层是脱落后暴露而形成的一层木栓化的保护组织，可使暴露面免受干燥和微生物的侵染。

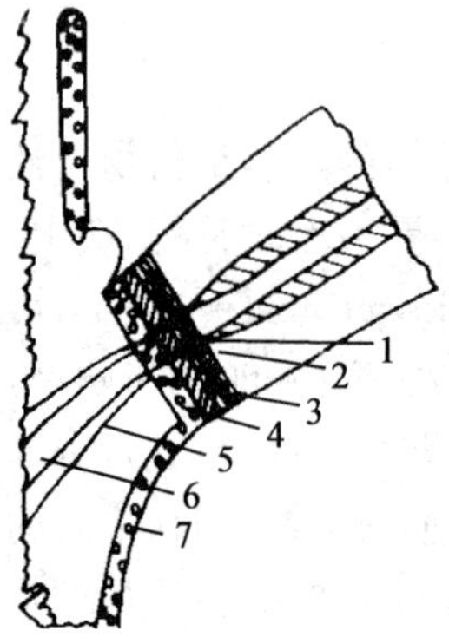

图 1-10 植物叶柄离区模式图
1～7 代表细胞层(陆宝志等，1997)

离区细胞与邻近细胞相比较，细胞体积小，缺少扩大能力，并保持分生组织状态。这一区域细胞常在叶片达到最大面积之前形成，认为可以感受脱落的信号。离区中常缺少纤维和石细胞等木质化结构，而代之以厚角组织。厚角组织比木质化细胞壁容易降解，从而使细胞分离，发生脱落现象。

离区中只有离层细胞能感受分离信号，其他细胞则不能。但离层细胞和邻近细胞外观十分相似，在形态学上极难分辨。离层细胞具有某些"隐蔽"的特点可供辨认。Polito 和 Lavee(1980)曾用一些染色反应来鉴别橄榄叶切片通过皮层的离层细胞。但还没有找到通过所有组织的离层细胞的特征。

离区是在植物生长发育过程中逐渐形成的，只是处于潜伏状态，一旦离层活化，即引起脱落。植物并不是在任何部位都可产生离区，只是在遗传限定的特定位置上产生，例如叶片的离区可形成在叶片与叶柄之间，也可以在叶柄与茎之间，复叶还可形成于每片小叶的基部。一二年生禾本科植物叶子不形成离区，所以它们也不脱落。

1.4.1.2 离区的显微结构

切花的落叶从诱导开始至分离完成的过程，一般可分滞后相和分离相两个时期。在滞后相期间，细胞没有明显弱化，离区折断强度（初始值的10%）未发生可察觉的下降；而分离相期间则以细胞迅速发生明显弱化、折断强度迅速线性增强为特征。

（1）滞后相时期的变化　滞后相期间可检测的变化，首先是离区细胞中细胞质和细胞器的积累，与此相关的变化是呼吸作用增强。使用呼吸抑制剂、RNA和蛋白质合成的抑制剂均可明显抑制脱落的发生，认为在滞后相早期首先形成必要的RNA和蛋白质。

滞后相后期从组织学的角度看，离区细胞呈现出可见的变化：细胞壁被逐步分解，并强烈地被呼吸酶着色；具有明显的核和核仁；通过放射性自显影可显示出RNA和蛋白质合成最高速率的位点，所有这些都是代谢活性增强的特征。此时尽管与脱落有关的生理活动已经启动，但离区的折断力并未降低。

（2）分离相时期的变化　分离相时期离层细胞壁的分解更趋明显，离区折断强度开始下降。在光学显微镜下可见细胞壁膨大，果胶质染色反应失灵。在超微结构水平下，这一时期的特征是中胶层和附近区域的初生壁膨大，最后壁中心的区域消失。此期离区除了皮层薄壁细胞外，所有沿折断面的活细胞都可发生胞壁降解，其中传递细胞和厚角组织较为明显，表层细胞受影响较少。最大分解发生在离层细胞。

当细胞壁开始分解时，离区细胞的细胞质仍然十分正常。且内质网、高尔基体和小泡都增多。小泡主要来自高尔基体，也有些植物的小泡来自内质网和液泡。小泡聚积于质膜，释放酶到细胞壁和中胶层，最后细胞壁和中胶层分解并膨大，且以中胶层最为明显。

折断常沿着中胶层进行，使折断面上的细胞仍保持完整。通过离层内部巨大的力使细胞分离而脱落。在分离部位，由于离层近轴端细胞分裂和扩大，使断口封闭，形成保护层，切花的叶脱落过程完成。

1.4.1.3 脱落的生物化学

脱落的生物化学过程主要是离层的细胞壁和中胶层水解，促使细胞分离；细胞壁物质的合成和沉淀，形成保护层，保护分离的断面。参与脱落的酶类较多，其中纤维素酶和果胶酶与脱落关系密切，此外过氧化物酶和呼吸酶系统与脱落也有一定关系。

(1)纤维素酶　纤维素酶(cellulase)是与脱落直接相关的酶,菜豆、棉花和柑橘叶片脱落时,纤维素酶活性增加。菜豆叶离层的纤维素酶有两种同功酶,分别为PI 4.5 和PI 9.5 纤维素酶(PI是isoelectric point,即等电点)。前者与细胞壁木质化关系密切,受IAA控制,而后者的活性受乙烯控制与细胞壁分解和脱落关系密切。它们在器官脱落中的作用机理见图1-11。

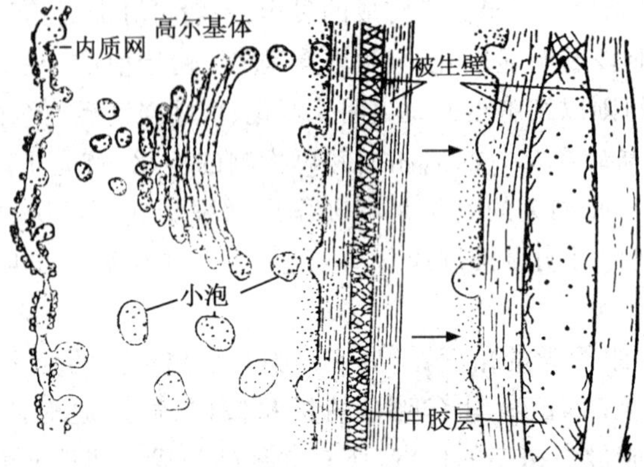

图1-11　纤维素酶参与器官脱落的作用机理(潘瑞炽,2001)

测定叶片离层的各个不同区段的纤维素酶活性,发现活性最高的部位在离区的近轴端(靠近茎的0.22 mm处),由此可见纤维素酶的活性未必与离区细胞的分开有直接关系,而可能与离层分离后保护层的发育的关系更为直接。也有人证明秋海棠花梗完全脱落后,离层区纤维素酶活性才达到最高,这也说明纤维素酶不一定是直接引起器官脱落的酶。

(2)果胶酶　果胶是中胶层的主要成分,主要是多聚半乳糖醛酸,脱落期间胞壁丧失了碳水化合物总量的4%,而丧失的主要是可溶性果胶。脱落初期,果胶酶(pectinase)活性几乎随脱落同步增加,而此时纤维素和半纤维素酶基本维持恒定。果胶酶有两种:a.果胶甲酯酶(pectin methyl esterase,PME),主要催化水解果胶酸的甲酯键,去甲基后果胶酸易与Ca^{2+}结合成不溶性物质,从而抑制细胞的分离和器官的脱落;b.多聚半乳糖醛酸酶(polygalacturonase,PG)。中胶层的主要成分是多聚半乳糖醛酸,PG主要催化多聚半乳糖醛酸的糖苷键,生成半乳糖醛酸,使果胶解聚,进而促进脱落。实验证明,随着菜豆外植体叶片脱落,PME活性下降,而PG活性上升,乙烯则可抑制PME活性,促进PG活性,从而表现促进脱落。

(3)过氧化物酶(peroxidase,PO)　对过氧化物酶活性与脱落的关系研究较少。Addicott(1982)研究了烟草花梗离层区外植体过氧化物酶活性与脱落的关系

(图 1-12),发现过氧化物酶活性与脱落性外植体的脱落有关,它可使吲哚乙酸钝化,这可能是发生脱落的原因。

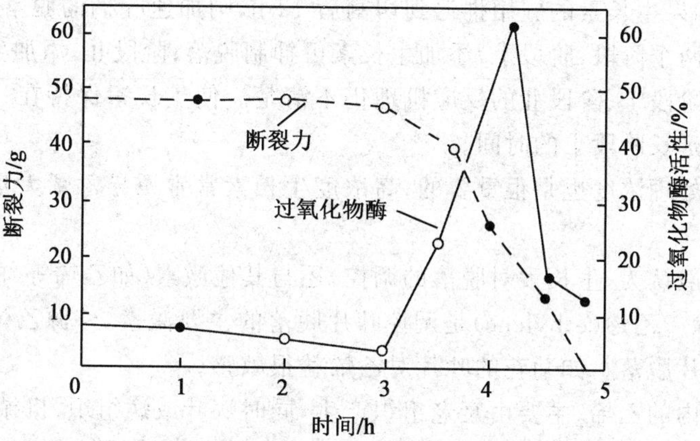

图 1-12 烟草花梗离层区外植体过氧化物酶活性与脱落的关系(陆宝志,1997)

1.4.1.4 生长调节物质与落叶

切花的落叶和其他生理活动一样,也受到激素(hormone)的调控。

(1)生长素 生长素(auxin)是影响落叶的主要激素类物质,其中吲哚乙酸(IAA)是脱落的抑制剂。叶片产生的生长素运至叶柄后,可抑制离层的形成,从而抑制脱落。当切花采收后,随着叶片的衰老,生长素的产生和运输速率均下降,由此启动离层发生变化,导致脱落。对叶片施用生长素类物质,如 NAA,IAA 和 2,4-D,可使叶柄细胞保持正常代谢活动而延缓脱落。但是,生长素的处理效应因处理部位、浓度和时间的不同而差异很大,甚至会得到截然相反的结果。生长素调节脱落的三大特点是:近轴端效应、浓度效应和时间效应。

如将生长素施于叶柄的远轴端(位于离层的近叶侧),可以抑制离层的形成;但将生长素施于叶柄的近轴端(位于离层近茎侧),则可加速叶的脱落。这种现象可以解释为:在远轴端施用生长素,有利于有机物质运输到叶片;在近轴端施用,有助于有机物质从叶流入其他器官,从而间接地促进了离层的形成。Addicott 等(1995)提出"生长素梯度"学说(auxin gradient theory)来解释生长素与脱落的关系,认为决定脱落的不是生长素绝对含量,而是相对浓度,即离层两侧生长素浓度梯度起着调节脱落的作用。当远轴端浓度高于近轴端时,器官不脱落;当两端浓度差异小或不存在时,器官脱落;当远轴端浓度低于近轴端时,加速脱落。

在不同时间对外植体施用外源生长素,发现对脱落的作用效应不同。将外植体叶片除去后，短时间内对叶柄切口供应生长素，可延缓叶柄的脱落；推迟处理时间，则逐渐丧失抑制效应。Rubinstein 和 Leopold(1963)在菜豆中也观察到同样现象，并发现如果生长素的施用推迟到切割后 12 h，则加速叶柄的脱落。因此，脱落过程可分为两个阶段：阶段Ⅰ，添加生长素可抑制脱落；阶段Ⅱ，添加生长素可促进脱落。但对阶段Ⅰ、阶段Ⅱ的反应机理仍不清楚。使生长素保持在一定的阈值以上可有效地延长阶段Ⅰ的时间。

生长素处理浓度也是很重要的，高浓度生长素常常诱导乙烯大量产生而造成脱落。

目前一般认为，生长素对脱落的调控，还与其他激素(如乙烯等)的协调有关。

(2)乙烯　乙烯(ethylene)是调控叶片脱落的主要激素，外源乙烯达到一定浓度时诱导叶片脱落。如菊花的叶片对乙烯就很敏感。

切花体内的乙烯，主要由衰老组织产生，同时病叶或病组织、机械损伤、内部能源耗竭等都可诱导产生乙烯，甚至花朵在缺水枯萎时，也会产生大量乙烯。在贮藏环境中，由于通风不良，少量的乙烯即可导致切花的一些器官脱落。乙烯促进脱落的效果是双重的：a. 乙烯加速了离层细胞衰老；b. 引起离层细胞的分解。这是因为乙烯促进纤维素酶、多聚半乳糖醛缩酶的合成，这些酶释放到细胞壁上，促进细胞壁的分解，同时引起离区近侧细胞的膨胀，结果叶柄远端部分(向着叶片的方向)被机械地分开。

乙烯对脱落的效应依赖于组织的敏感性，即植物种类以及器官和离区的发育程度不同对乙烯的敏感性差异很大。当离区细胞处于敏感状态时，低浓度乙烯即能促进纤维素酶及其他水解酶的合成与转运，导致叶片脱落；而且离区的生长素水平是控制组织对乙烯敏感性的主导因素，只有当其生长素含量降至某一临界值，组织对乙烯的敏感性才得以发挥。由此，1952 年 Hall 提出一个脱落的生长素-乙烯平衡假说(auxin-ethylene balance theory)，主要内容如下。

一方面生长素能刺激乙烯生产。在阶段Ⅰ添加生长素，由于此时离区仍处于对乙烯不敏感状态，生长素抑制脱落的效应便显示出来；如延至阶段Ⅱ添加，此时组织已不受生长素的影响，被诱导产生的乙烯又促进了脱落。将菜豆叶外植体培养在含较高水平(50 μg/g)乙烯的空气中，分别于叶片切割后 0，6，11，18，27 h 添加 IAA。结果是在阶段Ⅰ(0，6，11 h)，IAA 抑制脱落的效应仍很明显(折断强度未因乙烯存在而显著下降)，而在阶段Ⅱ初期(切割后 18 h 左右)添加 IAA，抑制脱落的效应明显减退，如延至 27 h 添加，则效应几乎等于零，折断强度与不添加 IAA 的对照相差无几。

另一方面，乙烯对 IAA 也产生影响。乙烯能使 IAA 钝化，减少 IAA 通过叶柄的运转，从而减少了到达离区的IAA数量和抑制脱落的强度。

(3)*脱落酸* 脱落酸(abscisic acid, ABA)也是一种能加速器官脱落的激素。很多研究表明，植物在水分、高温、创伤等胁迫条件下，都遵循着共同适应机制模式进行自我保护。当这些胁迫出现时，往往诱导脱落酸的增加是一种普遍存在的物质。一般说来，处于旺盛生长时期的叶片中脱落酸含量极低，而当叶片衰老时会产生大量的脱落酸。

脱落酸促进切花的叶脱落的原因是脱落酸抑制叶柄内IAA的传导，促进分解细胞壁的酶类的合成，并刺激乙烯的合成，增加组织对乙烯的敏感性。但ABA促进脱落的效应低于乙烯。

ABA对脱落的加速作用还可被高浓度IAA减弱或完全抵消。IAA含量高的组织对外源ABA的敏感性就相对较差，例如处于阶段Ⅰ的外植体对ABA没有响应，而阶段Ⅱ的外植体则可被ABA加速脱落。ABA对幼叶脱落的诱导不如对老叶有效。

(4)*细胞分裂素和赤霉素* 细胞分裂素(cytokinins,CTK)是最早被发现具有延缓衰老作用的内源激素。CTK主要在根部合成，经茎部转运，送到叶片等器官，调节叶片的生长发育过程。切花的叶片由于切断了根部CTK的供应，因而容易衰老变黄。CTK与脱落的关系方面的报道较少。有资料表明，它可通过调节乙烯产物合成影响脱落。

在大多数情况下，赤霉素(gibberellin)GA能刺激外植体脱落，但效果不及ABA和乙烯。Abeles(1967)认为GA的促进效应是由于加强了乙烯合成的缘故。

一般认为GA和CTK均能影响脱落，但都是通过对衰老的影响而不是直接对脱落起作用。Addicott和Wiatr(1977)认为脱落主要由生长素、乙烯和脱落酸调控；赤霉素和细胞分裂素的影响是次要的。总的来说，器官的脱落是由各种激素间的平衡调节的。

1.4.2 花的脱落

花的脱落包括花序和花朵的脱落，以及花的各组成部分(如苞片、花瓣、萼片、花柱和雄蕊)的脱落，其中主要是花冠的脱落。花冠的脱落主要有三种形式：花冠在萎蔫之后脱落，如夜来香、牵牛、香石竹等；花冠在萎蔫同时或在萎蔫之前脱落，如香豌豆、金鱼草、月季等；还有少数花如百合的某些品种，花冠变绿而不脱落。

花或花蕾脱落所伴随的生理、生化、解剖和超微结构变化，与叶片脱落时的离层的变化相同。与叶脱落相比较，对花瓣脱落的生理生化了解较少。和叶脱落类似，花瓣脱落也与细胞壁水解酶活性升高有关，不同的是花瓣脱落没有离层形成。

早在1911年Fitting就注意到，振动、外伤、高温和一些气体等外界因子均能使敏感性品种的花瓣迅速脱落，而且花瓣比叶的反应速度快。切花在采收和贮藏过程经常受到上述外界因子的影响。

花瓣脱落的激素调控方面的研究发现，乙烯对花瓣脱落的调控最为显著。切花处在逆境中产生的"逆境乙烯"可加快花的脱落。各种花对乙烯敏感性不同，香石竹在极低浓度下，便发生花瓣萎缩，而菊花和扶郎花几乎不受乙烯影响；甚至同一物种的敏感性也随发育时间而变化，幼蕾敏感性低，随着时间的推移，其敏感性逐渐增加。这些差异与脱落区乙烯的靶细胞分化有关，相对于其他细胞而言，靶细胞的细胞核DNA含量高。

花脱落与外源和内源乙烯有关，使用乙烯合成抑制剂或作用抑制剂均可以减少或抑制脱落。硫代硫酸银(STS)是常用且有效乙烯作用抑制剂，STS通常用于天竺葵、香豌豆、百合、金鱼草等，可防止花的脱落。

对生长素在花瓣脱落中的作用了解还很少。施用生长素类物质(特别是萘乙酸)在某些情况下可控制花的脱落。然而，Amitage等(1990)注意到生长素对天竺葵杂交种(*Pelargonium*×*Hortorum*)的花瓣脱落没有效应。

细胞分裂素处理毛叶薄子木(*Leptospermum scoparium*)和金波玫瑰(golden wave roses)可延迟花瓣脱落。

外源脱落酸可以促进秋海棠等一些花的脱落，内源脱落酸含量与脱落无关。然而，内源脱落酸与羽扁豆花的脱落有关，外源脱落酸反而没有促进脱落的作用。脱落酸作为花脱落剂的作用仍不清楚。

(刘晓辉　孙洪波　沈红香)

1.5 球根花卉种球休眠生理

作为鲜切花产业的重要组成部分，球根花卉(bulb flowers)在国内已受到广泛重视。充分认识球根花卉的生长发育规律，尤其是种球休眠生理(bulb dormancy physiology)，可为种球的商品化生产以及球根花卉的周年生产奠定理论基础，促进球根花卉的产业化、规模化发展。

1.5.1 种球休眠的概念和类型

1.5.1.1 种球休眠的概念

休眠(dormancy)是指植物在生长发育过程中，为了适应不良环境条件而进入生长发育迟缓或无可见生长发育的相对静止的阶段。植物的休眠按起因和深度可分为自发休眠和强迫休眠两类。

(1)自发休眠　自发休眠(endodormancy)是植物在长期的系统发育过程中形成的一种对环境条件季节性变化的生物学适应性。自发休眠往往不单纯受环境条件的诱导,还要受植物本身内在节律,即基因的调控。自发休眠分以下几个阶段:前休眠、深休眠和后休眠。前休眠是休眠的准备阶段。不利于生长的外界环境,如秋季日照变短、气温下降等,会引发植物内部的变化,生长发育随之减缓,植物体逐渐进入休眠状态。深休眠又称生理休眠期或真休眠。在此阶段植物生长完全进入"静止"状态,植物生长发育处于最低水平,外层保护组织完全形成,此时即使给植物提供适宜生长的条件也不会打破休眠而进入生长阶段。大多数植物多在原产地气候最不利生长的时期,如深冬或高温干旱期进行深休眠。后休眠是自发休眠的最后阶段,此时植物自身已进入逐渐复苏的阶段,呼吸作用加强,酶系统也发生了相应变化。后休眠往往与外界条件转好同步。

(2)强迫休眠　强迫休眠(ecodormancy)又称相对休眠,是植物在生长发育期内遇到不良环境条件,迫使植物生长趋向缓慢甚至几乎停止的状态。强迫休眠与自发休眠的本质区别在于前者没有深休眠阶段,是伴随不利环境条件而表现的植物生命活动水平骤然下降,与其自身的生命节律无关。处于强迫休眠状态的植物只要给予适宜生长的条件便迅速恢复正常生长,如原产于热带、亚热带的常绿植物,其休眠始终处于强迫休眠状态。

植物休眠按发生的器官可大致分为三种类型:即种子休眠、芽休眠和贮藏器官休眠。本节主要讨论球根花卉贮藏器官的休眠,即种球的休眠。De Hertogh 和 Le Nard(1993)在综合诸多研究者的看法后,建议凡是种球的外部无明显的生长现象,即使种球内部有生理生化及形态的变化,仍称其为休眠状态。Le Nard(1993)和 Schuyler(1994)将休眠分为诱导、维持、解除及萌发四个阶段。迄今为止,对种球休眠的研究主要集中在休眠解除这一阶段。

(3)种球休眠的类型　具有自发休眠习性的球根花卉依其休眠时期分为冬休眠和夏休眠两种类型。

冬休眠球根花卉指冬季停止生长而进入休眠的球根花卉,如葱类、唐菖蒲、百合等。此类球根花卉通常在夏季生长旺盛并开花,到了冬季低温时生长停止或休眠。这类球根花卉休眠期较长,休眠期内新器官的分化和伸长几乎完全停止。在满足其低温需求后抽茎生长,故其生长周期需要冷—暖—冷的温度变化。

夏休眠的球根花卉指夏季停止生长而进入休眠的球根花卉,如小苍兰、风信子、郁金香等。在温带的自然物候下,此类球根花卉多于春季开花,夏季高温、干燥时叶片停止生长并老化枯萎，秋凉时种球内部又开始生长，故其完成生长周期需求温度变化为暖—冷—暖。此类球根花卉在子球充实后不久便进入花芽分化，所以其真休眠期很短。

此外，不利于生长的外界环境条件，例如日照减少、温度持续下降或遇高温干旱等，将引起原产于热带或亚热带的球根花卉生长暂时停顿，即进入强迫休眠。有些球根花卉如孤挺花、文殊兰、彩叶芋、石蒜等，若栽培的温度不过低（约为 15℃），且没遭遇干旱等水分逆境，其叶片将终年保持“常绿”，故属无休眠的球根花卉。但是为了调整观赏期，常通过控制水分或挖掘贮藏种球等措施，使此类球根的叶片枯萎或根停止生长而被迫休眠。

1.5.2 种球休眠期间的生理变化

休眠的种球外部虽没有明显的生长，但其内部仍然进行着一系列形态和结构的改变，如郁金香、风信子、番红花（*Crocus*）等花芽分化、营养芽的分化及根的启始均是在休眠期进行。这些改变进行得非常缓慢，常不易觉察。然而唐菖蒲、百合等在休眠期器官发生减少甚至停止，几乎没有形态和结构上的变化。种球休眠期的生理变化十分复杂，主要表现在以下几个方面。

1.5.2.1 抗性与呼吸的变化

随着休眠的加深，种球的呼吸强度逐渐下降、抗性逐渐增加，当达到深休眠时，呼吸强度降到最低，而抗性达最高。而随着休眠的解除呼吸逐渐加强，抗性相应减弱。事实上，植物体深休眠阶段也正好是处于夏季的炎热或冬季的寒冷时期，这说明球根花卉抗性变化与环境变化相协调。

1.5.2.2 贮藏物质的变化

对唐菖蒲球茎的研究表明其主要的贮藏物质是淀粉（Tsukamoto，1957）。唐菖蒲球茎中非还原糖含量在贮藏期间逐渐上升，淀粉与还原糖含量逐渐减少（Kim. K. W.，1991），并伴随着与物质降解有关酶的合成（Fairburn，1934）。在百合种球低温打破休眠时，淀粉和葡聚糖降解，可溶性糖含量上升。

1.5.2.3 核酸和蛋白质的变化

种球休眠期内也进行核酸和蛋白质的合成，但其合成的速度明显下降。有证据表明，休眠的启始与新蛋白质的合成有关。如处于休眠期的秋海棠，当用抑制核酸或蛋白质合成的药物处理时不出现休眠现象，而块茎的萌发率提高（Esashi 和 Leopold，1969）（表 1-8）。这表明使休眠开始的环境信号，可能影响核酸控制的某些蛋白质的合成，而这些蛋白质又能引发休眠程序的进行。

表 1-8 核酸和蛋白质合成抑制剂对秋海棠(*Begonia*)块茎休眠诱导的阻碍作用

处 理	块茎萌发/%	处 理	块茎萌发/%
对照/25℃	70	诱导+5-氟脱氧尿苷	87
诱导/15℃	4	诱导+放线菌酮环己亚胺	87

注:1) 15℃条件下暴露 20 d 可诱导休眠,此结果为诱导休眠的 20 d 期间供给 0.3 mmol/L 抑制剂溶液,70 d 以后测定萌发百分数。2) 资料来自 Esashi 和 Leopold(1969)。

目前多数研究者认为,由于控制特定性状 DNA 的作用受到阻遏,使得特定类型 RNA(mRNA)的产生中断,使某特定类型的蛋白质无法合成,最终抑制了种球的生长。目前认为这个控制程序的最初内因是内源激素。

1.5.2.4 内源激素的变化

植物休眠的进程常与一些内源激素含量变化有关。一般认为,植物体内积累抑制性激素会引起休眠,而积累某些生长促进性激素将解除休眠。目前可以肯定至少有两类内源激素对休眠与萌发起作用,一类是脱落酸,另一类是赤霉素和激动素。

对唐菖蒲、鸢尾等观赏植物的研究发现,刚开始形成新球时,ABA 类物质含量很低,而 GA 和 CTK 的含量很高;随着球茎的生长直到成熟,ABA 含量逐渐上升,并达到一个较高的水平,GA 和 CTK 含量则逐渐下降。在低温贮存期间,ABA 含量又逐渐下降,GA,IAA 含量上升(Suk. J. K.,1992;Hong. Y. P. 1988;Kim K. W.,1991)。但在低温贮存过程中检测不到 CTK 的活性,而当已解除休眠的种球种下后几天,很快就能检测到 CTK 的活性(Takashi,1989)。此外,GA 的含量在贮藏期间会有一定的波动(M. T. Patil,1992)。

一般认为,种球的休眠程度随着 GA 含量的增加而降低。用 GA 处理可以提高一些靠重新合成而产生的酶的活性,这些酶包括蛋白酶、核糖核酸酶、异柠檬酸酶等。从分子水平上推测,GA 可能与另一未知因子共同操纵特定基因而起作用,保证结构基因正常转录和 mRNA 的正常合成,进而促进解除种苗抑制状态的蛋白质合成。ABA 的作用与 GA 正好相反,因此植物体内 GA 与 ABA 含量的比值,决定了代谢的方向。

细胞分裂素类物质在打破休眠过程中也起一定作用。一般认为 ABA 与 BA 是相互拮抗的。目前有关细胞分裂素的作用机理的研究不断深入,但在不同植物中所得结果并不一致。此外,乙烯也有促进休眠的作用。如大丽花在块根发育前,体内乙烯可比原有水平增加约 3 倍(Biran,1972)。

1.5.3 诱导种球休眠的环境因素

1.5.3.1 温度

在自然条件下,低温和短日照、高温和长日照是相随出现的。已经知道,多数植物冬季休眠的诱导因子是短日照,而植物体整个休眠期是在冬季低温下通过。因此,低温与球根冬季休眠密切相关。球根花卉对低温的具体要求随原产地冬季低温条件的不同而异。那些长期适应寒冷地区的球根植物,其休眠期低温需要量较大;而温暖地区的球根植物休眠期低温需要量偏小。许多事实证明,采收前和贮藏期低温的程度对加深或是延长休眠起决定性的作用。Ryan(1955)和 Apte(1962)指出,在低温下发育的唐菖蒲球茎比高温下发育的唐菖蒲球茎休眠程度弱。Denny (1938)研究指出,采后贮藏期间高温(27℃)和高湿度共同作用加深唐菖蒲球茎休眠程度。

1.5.3.2 光照

多数情况下短日照有利于冬季休眠的球根植物地下贮藏器官的形成,加速球根休眠,如唐菖蒲、美人蕉、晚香玉、大丽花、荷花等;相反,那些原产于夏季干旱地区的球根花卉,则是在夏季的长日照条件下进入休眠,例如水仙、百合、仙客来、郁金香等。Tsukamoto 和 Konoshima(1972)的试验表明,与自然条件下生长的球茎相比,黑暗条件下生长的唐菖蒲球茎显著地提早萌发。

多数学者认为,短日诱导休眠是因为在短日条件下,叶内产生抑制性的物质,这种物质从光照感受的部位(叶片)转移至球茎生长点。最终决定休眠与否,由这种物质抑制性的强弱与球茎本身生长活性的大小来定。如果抑制物活性高于生长活性,球茎便进入休眠;反之球茎仍维持生长状态。

1.5.3.3 土壤水分

缺水既可以直接引起休眠也可以加速休眠。在夏季严重干旱地区,如地中海气候型地区,夏季的干旱是诱导球根植物(风信子、郁金香、洋水仙、鸢尾、仙客来等)进入休眠的直接原因。水分的变化又诱导了 ABA 的积累,而 ABA 参与了球茎的休眠。

1.5.4 延长种球休眠的方法

维持休眠是一个稳定的阶段,即促进生长的因素与抑制生长的因素处于平衡的阶段,直到打破这一平衡休眠状态才发生变化。对以贮藏器官进行休眠的球根植物而言,休眠的保持主要是指延长贮藏的时期。大量试验表明,在休眠的后期采用延长休眠的措施才有效果。

1.5.4.1 化学药剂法

利用化学药剂延长贮藏器官休眠在农业生产上应用较多。用NAA甲酯,2,4,5-T,丙基N-(3氯苯)-脲,MH,NAA或CIPC(氯苯胺灵)浸润块茎或喷施在收获前的叶片上或是贮藏的块茎上,都可以防止球根提早发芽,从而延长休眠。

1.5.4.2 低温贮藏法

在低温条件下贮藏球根,并在任意时期取出来进行抑制栽培,这在荷兰等国早已有研究,且在多种球根花卉上已达到实用阶段。在荷兰常通过微冻贮藏维持休眠,如对百合进行微冻贮藏时,采用里面填充稍潮湿的泥炭土或盆土的塑料薄膜包藏。冷藏温度的确定原则是高于种球的冰点亚洲杂种为-2℃,东方杂种为-1.5℃,麝香杂种为-1.5℃。亚洲杂种贮藏时间可达1年以上,后两种可达半年。而没有冷冻的百合仅能短期贮藏,如鳞茎在1℃时最长可贮藏2周,5℃时仅可贮藏1周。其他球根花卉如郁金香、唐菖蒲、小苍兰等也能够通过低温贮藏有效地控制种球的休眠期。

1.5.4.3 高温贮藏法

日本千叶暖地园艺实验所实验证实,鸢尾根在30℃高温下贮藏1年尚能开花,其操作是在30℃高温贮藏后,令其在15℃遭受4周的低温而后定植。

1.5.5 打破种球休眠的方法

种球休眠程度的强弱除受发育季节和栽培环境影响外,还因品种类型而异,打破休眠的方式也随之不同。

1.5.4.1 物理处理

(1)光照　球根植物贮藏器官的芽能接受光周期的诱导,如用红光和远红光处理的百合鳞茎产生子鳞茎的数量多于自然光下产生的。

(2)温度　强迫休眠的球根花卉,休眠期内始终处于被迫休眠的状态。而深休眠植物,休眠的前期与后期处于被迫休眠状态,休眠的中期却是处于深休眠状态。处于被迫休眠时期的球根花卉,内部的代谢活动仍在微弱进行,人为进行休眠期的调控也在这个时期进行。

①低温打破休眠:在自然界中,冬休眠的球根花卉主要靠冬季的低温解除自身休眠。对于贮藏器官休眠的植物,生产上也常将球茎或鳞茎在低温中存放一段时间以打破休眠。如鸢尾类球茎在1~3℃下处理60 d可解除休眠。唐菖蒲的球茎休眠需在2~10℃低温条件下处理2~5个月才能打破。郁金香若是自然生长或促成栽培,则可利用冬、春季自然低温或5~9℃ 6~10周处理以打破休眠。

低温处理后的球根花卉应置于适宜生长的温度下,才能解除休眠,并顺利转入生长阶段。休眠器官接受低温处理的部位是芽，而低温解除休眠的效应，仅保留在个别芽中，并不能在植物体内传导。

②高温解除休眠（温水浴或热处理）：高温打破休眠的处理温度和处理时间因植物种类而异。如唐菖蒲球茎浸泡在39℃温水浴中，需经历2周才能打破休眠；而铁炮百合采用40℃的温汤处理1 h即可解除休眠。

有人认为温水处理打破休眠的机理是在高温条件下氧气供应量不能满足消耗速率，以致植物无氧呼吸，而无氧呼吸的产物，如乙醛和乙醇等，起到"休眠打破剂"的作用。高温也与蛋白质的变性和类脂的分解等过程有关。

③变温处理：小苍兰品种'Ballerina'收获后先在30℃贮藏4～8周，随后降低温度，贮藏在20℃条件下直到根出现，可缩短休眠周期30%（Berghooef等，1986）。唐菖蒲种球先在小于10℃温度环境下贮藏4～8周，再转入20～30℃下贮藏4～8周，这样就能打破休眠（Nard，1993）。

1.5.4.2 化学处理

（1）植物激素

①赤霉素（GA）：目前已证明，多数树种在休眠期内用GA处理，可以代替长日照或是低温不足而打破休眠。一般GA只有和低温结合应用才能起到良好的效果。

②细胞分裂素（CTK）：Ginsburg（1973）报道用BA处理唐菖蒲子球，可以有效地促进子球萌发。Yazawa（1976）曾报道，BA的作用机理不是降低抑制物的含量，而是拮抗ABA的活性。

③乙烯（C_2H_4）：用乙烯处理可以破除芽、球茎、块茎和木本植物休眠（Pratt和Goeschl，1969）。新采收的唐菖蒲种球，在5℃贮存30 d后，再用乙烯处理（一般用0.05%的质量分数处理30 min），种下后可提前出苗。可是乙烯处理必须结合低温贮存才有效（Mukhamed，1985）。已经确定块茎可产生乙烯，而用GA处理增加了乙烯产量而打破休眠（Poapst，1968）。小苍兰在30℃贮藏期间（2～8周），用乙烯（0.75 nL/L）每天处理6 h，持续1～3 d，即可促进萌发（Imanishi，1986）。在日本每天用稻壳做燃料于密闭房间内熏烟处理荷兰鸢尾（*Iris hollandica*）1次，连续3 d可打破休眠。据分析，熏烟处理的效果来自烟中所含乙烯。

（2）硫化物　含硫的挥发性物质如硫化氢、丙烯基硫化物（allyl sulfide）、丙烯基异硫氰酸盐（allyl isothiocyanate）（T. Hosoki，1983，1986）及硫脲（T. Hosoki，1983，1986；Lal.，1982）等，均能在一定程度上打破唐菖蒲的休眠。用Metyl Disulfide（MeS2）处理春花球茎'charm'，可比对照提前30 d出芽，经过处理的球茎中，IAA类物质的含量有所上升，而ABA含量下降（T. Hosoki，1986）。

(3)乙醇 乙醇处理对唐菖蒲种球休眠的打破也有一定的促进作用(Takashi,1983),而在乙醇处理之前未采用低温处理的种球,要经过140 d才能发芽。这说明,只有在部分解除休眠的情况下,乙醇才能促进种球打破休眠。用乙醇处理时,要选择适当的熏蒸时间。如果处理时间过长,易对种球造成伤害而影响出苗率。

(4)空气组成与解除休眠 目前,有部分资料证明空气组成对球根休眠有影响。温暖潮湿的条件可以延长唐菖蒲种球休眠时间(Denny,1938;Apte,1962),干燥可以加速一些球根类植物解除休眠。但为保存唐菖蒲球茎的生活力,通常贮藏在70%～80%相对湿度条件下较好(Mager,1975)。Marousky(1963)研究表明,在高CO_2/O_2的气体环境中贮藏可以推迟唐菖蒲的发芽,但会造成后代子球数的减少。

1.5.6 种球的萌发

与种子的萌发相似,休眠种球的萌发也伴随着某些贮藏物质的分解,其前提是相应酶系统活跃和有关酶的合成与活化。萌发过程基本上包括种球吸水,贮存组织内物质水解并运输到生长部位合成细胞组分,细胞分裂,根、幼芽出现等过程。足够的水分、充足的氧气和适当的温度是种球萌发的基本外界条件。萌发的主要代谢活动可归纳为如下过程,见表1-9。

表1-9 种球萌发过程中的主要生理代谢

阶段1	阶段2
通过芽中PPP途径和NR系统进行的厌氧代谢	通过芽中TCA循环进行的有氧代谢
在芽中形成氨基酸库1	在养料贮藏库中的高分子化合物水解,形成氨基酸库2
在养料贮藏组织中的DNA转录	芽中的DNA复制和转录
芽中的赤霉素水平上升	养料贮藏组织中的细胞分裂素水平上升
有机酸转变为氨基酸	氨基酸转变为糖,生长素活性增加

注:资料来自A·A·卡恩(1989)。

(熊运海 夏宜平 高俊平)

1.6 种苗贮运生理

种苗(nursery stock)生产首先是在荷兰园艺中独立出来的产业,是继肥料、农药之后的重要生产资料。欧美发达国家的许多花卉生产者,种花不育苗,而是直接从专门的种苗生产商那里购买，这加快了花卉产业化进程。在美国，花坛植物(bedding plant)的种苗生产约有75%是以穴盘(plug)容器育苗方式培育的，从而便于实行机械化操作和移栽。穴盘育苗现已成为全世界园艺植物种苗生产中最重要的技术之一。种苗的贮藏是为便于生产和运输，对苗木的生长实行暂时性抑制，而且不降低苗木的生产力和质量的贮藏技术。通过种苗贮藏可以调节种苗生产和需求时间的不确定性，解决种苗需求的季节性和生产的周年性矛盾；满足地区间产品流通需要，避开不适宜的生产时段，还可以克服繁殖材料的生产与种苗生产的时间差。了解种苗贮运的生理特性对实施合理的种苗贮运措施有着积极意义。

1.6.1 种苗贮运中的生长特征

种苗的生长是指作为繁殖材料幼苗的根、茎、叶等营养器官形态建成及其数目、体积持续增加的一种营养生长状态。对于绝大多数花卉而言，其营养生长阶段在整个生活史中所占的比例相对来说是很大的，无论是经过有性繁殖、还是营养繁殖的花卉种苗，都要经历一段漫长的、自我积累养分的营养生长阶段。其主要特点是植株顶芽不断地进行生长，同时植株体积也在不断地扩大。从某种意义上说，植物的营养生长是开放式的，在生长过程中有以下规律性特征。

1.6.1.1 生长大周期

无论是种苗的根、茎、叶器官，还是整株植物，在其整个生长过程中，生长速率都表现出“慢—快—慢”的基本规律，即开始时生长缓慢，以后逐渐加快，达到最高点，然后生长速率又减慢以至停止。我们把生长的这三个阶段综合起来叫作生长大周期(grand period of growth)。如果以时间做横坐标，以生长增加的数量与经过时间的天数对比绘成图线，则可得到一条类似英文字母S的曲线，它可以清楚地表明植物生长大周期中生长量的变化规律。

种苗基本上都遵循着植物生长大周期规律进行生长的。因此，只要根据某一花卉的S形生长曲线，就可以科学地制定出种苗贮藏方案。在进入快速生长期之前的缓慢生长阶段，贮藏种苗是安全有效的，不会对后期生长和品质造成影响。

1.6.1.2 根冠比

植株地上部与地下部重量之比称为根冠比(shoot root ratio)。它反映植株地下部分与地上部分之间的协调关系。一般来说，根冠比的大小主要因植物种类有所不同。在自然状态下，很多环境因素和人为影响均会使根冠比发生显著的变化。通常，要根据种苗的生长阶段和不同的花卉种类对根冠比加以调控，以达到预期贮藏效果。例如，草花种苗，贮运时要保证幼苗生长健壮，则需通过光、温、水、肥的调控，设法增加其根冠比。而对于木本花卉幼苗，因起苗对根系造成部分损伤，则需适度地修剪地上部枝叶，以平衡根冠比。

1.6.1.3 顶端优势

很多植物在生长过程中，均有顶芽抑制侧芽生长，主根抑制侧根生长的现象，这就是顶端优势(apical dominance)。研究表明，顶端优势的产生是受植物体内多种激素的调节，由于植物顶部形成的生长素是通过极性输送的，因而侧芽附近的生长素浓度增加，侧芽对生长素反应比顶芽敏感，离顶芽越近生长素浓度越高，抑制生长则越明显。例如，摘去菊花的顶芽其侧芽便开始生长。在不同的植物中，影响顶端优势的植物激素也不尽相同。

在种苗贮运过程中，对许多花卉幼苗均要设法维护顶芽的完整性，以满足后期栽培过程中的种植要求。

1.6.1.4 休眠

在自然界中，当恶劣环境就要到来时，例如光照逐渐减少、温度逐渐下降的情况下，植物的生长就会明显减缓，最后处于暂时停顿状态，进入休眠(dormancy)以抵御不良环境。植株的休眠通常分为自发休眠和强制休眠两种类型。

自发休眠是由植物自身生长特点所决定的，处于自发休眠状态的花卉，即使给以适宜的条件植株也不会生长。强制休眠是不利于花卉生长的条件所引起的植株生长暂时停顿现象，当植株遇到适宜的条件则休眠结束恢复生长。在种苗贮运过程中，对种苗给以适度的环境胁迫，使其处于被迫休眠，对种苗以后的生长和品质不会造成影响。

1.6.1.5 向光性

植物随光的方向而弯曲的能力，称为向光性(phototropism)。植物感受光的部位是茎尖、芽鞘尖端、根尖、某些叶片或生长中的茎。多种试验表明，核黄素色素是向光性的最初受体。光受体吸收光后，引起组织不均等生长而产生向光性反应。在种苗贮运中，应注意均匀补光，防止单侧光照射，并随时调整苗盘位置和方向，防止种苗向光性弯曲，造成畸形生长。

1.6.2 种苗贮运中的品质变化

1.6.2.1 徒长黄化

已形成根团的成型穴盘苗，在未移植时呈滞留状态，此时植株间地上部会发生生长空间的竞争，叶片互相遮蔽，植株下位因光照不足、透气性差而发生叶片的徒长(succulent growth)、黄化(etiolation)。叶片黄化主要是因为叶绿素被分解。而由于在弱光下相对湿度较高，植株的叶柄及节间显著伸长，呈现白化(chlorosis)徒长现象。种苗贮运与一般离体果蔬和切花最大的不同点，在于其仍会继续生长，在贮运过程必须给予充足的光照和适当通风，以防止徒长黄化。

试验发现，在15℃和20℃时，100～500 mg/L 的 ABA 可明显降低黄瓜幼苗节间的伸长，且节间的伸长长度随浓度的增加而降低。在低温条件下（8℃），贮藏的种苗和室温下无贮藏的种苗应用 ABA 并不抑制节间的伸长，也不会发生黄化现象。在20℃，用 ABA 处理的种苗不发生黄化，未经处理的种苗将会出现黄化。研究发现，节间伸长的抑制并不是由于蒸腾的降低而引起，而是两个相互独立的过程（Yamaiaki 等，1995）。

1.6.2.2 老化现象

植物生长在不受限制的条件下，根系可向各个方向自由伸展以获取最适量的水分和养分。Marr 和 Jirak（1990）指出番茄在200，406，648，800孔穴的穴盘中生育6周，根系已互相缠绕；若以288孔穴的穴盘为例，将种苗种植在不足8 cm^3 的穴孔中，根系很快就缠绕成一团根球；在800孔穴的穴盘中，其穴孔容积小于1.5 cm^3，幼苗会快速形成根球充塞穴孔，水分、养分迅速耗尽，根团生长受限，导致根毛生长减缓和停顿。生长受到限制的根，乙烯生成量会增加，高浓度乙烯又会抑制根尖生长，造成根系老化（aging）。去除障碍之后乙烯量又会逐渐减少。因而穴盘苗充分生长后，必须尽快移出扩大根系的生长空间，才能培养强壮的植株。

Koranski 等（1989）以株龄相同的矮牵牛200，406，512，800穴格的穴盘成型实生苗为材料，置于21℃的温室0～3周，结果发现放置时间越久植株越矮，且株高随孔穴的减小而依次降低。置于21℃的温室亦会影响始花时间，经置留3周后200穴格矮牵牛苗，开花延迟近3周，而800穴格植株置留对其始花时间影响较小，且较200穴格早开花，显示穴盘苗置留时间越久，则会降低穴盘苗的品质，引起穴盘苗的老化。以单位体积较小的800穴格为例，即由于根系及地上部生长空间小，在较短时间内种苗生长即达限制状态，容易使营养生长停止而进入生殖生长开花，使幼苗出现老化的症状。

种苗的始花期也受低温贮藏的影响，但不同的植物种苗反应不同，主要表现为三种类型：一是经低温贮藏后种苗的始花期延迟，种苗贮藏时间越长，始花期越迟，一般推迟的天数与贮藏的天数相似。此外，在任一低温条件下贮藏的种苗的始花期都比贮藏在止常生长条件卜延迟，而由贮藏温度而造成的始花期的差异随贮藏时间的增长而变小。二是贮藏后种苗的始花期不变，贮藏（冷藏）过的种苗在正常环境中生长至开花的天数，与未贮藏过的种苗相似（Kaceperski 等，1992）。三是贮藏后始花期提前。如矮牵牛种苗经5℃下贮藏后，转到正常生长环境中其始花期比未贮藏的提前约10 d(Napp-Zinn,1984)。

种苗的苗龄直接影响到贮藏效果,这可以通过种苗移栽后的成活和生长状况来检验。多数种苗贮藏的最适苗龄为播种后4周龄,在7℃下贮藏,种苗的质量不降低。凤仙花和百日草的最适贮藏苗龄为播种后8周,石竹为7周(Yun Jae 等,1996)。

1.6.3 环境因素对种苗贮运的影响

1.6.3.1 温度

种苗生长温度具有3个基点:最低温度、最高温度和最适温度。为了减少呼吸消耗,降低代谢机能,种苗通常采用低温贮藏。但是温度过低或低温下贮期过长,种苗容易受到冷害;呼吸作用加强,乙烯生成加速,引发凋萎,成熟叶片光合能力低弱,最终造成植株丧失生长活力。因而,种苗贮藏温度最好略高于临界生长温度。如果种苗在穴盘苗期受到低温逆境,后期的生长发育和品质会受到影响。所以,只有不致发生冷害时,人们才尽量追求其温度下限。一般种苗的短期贮藏温度为0~15℃,若原本生长在较低温下的温带植物可在2~5℃贮藏,热带植物则可在8~13℃。当然不同的植物贮运温度不同,以矮牵牛和三色堇为例,在5℃低温下生长良好,穴盘实生苗在这一温度可以贮存21 d;而鼠尾草的生长适温较高,在低温下贮藏容易引起叶片黄化甚至落叶。

贮藏期温度过高对穴盘苗品质影响更大。因为在高温下种苗持续生长且生理代谢加速,营养物质大量消耗,容易造成植株形态细长。矮牵牛在低温下生长较慢,幼苗贮藏在5℃下给以任何水平的光照都不发生茎的延伸现象;但在10℃时生长就很明显,在10℃和12 μmol/(m^2 · s)的光照下,贮藏时间超过14 d时,节间就会有明显的伸长;而在正常的环境中,即温度18℃、光照105 μmol/(m^2 · s)时,贮藏的种苗在7 d以后,就开始发生茎的伸长现象,从而使种苗失去商品价值(Kaceperski 等, 1991)。

较高的贮运温度还会诱发幼苗大量产生乙烯和叶片黄花等其他不利的生理变化。Kays 等(1976)将辣椒(*Capsicum annuum*)幼苗包装贮运于8℃,14℃,20℃下,发现在贮运24 h内幼苗便产生大量乙烯,且温度越高乙烯生成量越大,导致种苗品质降低,植株移植后的生长发育也受到影响。Heins 等(1995)以18种花坛植物穴盘苗进行不同温度贮运,确定了这些植物的最适贮运温度和最长贮运期,见表1-10。

表 1-10 18 种草花穴盘苗在黑暗或 1 μmol/(m^2 · s)光照下的最适贮藏温度及最长贮藏期限

种类	学名	最适温度/℃	最长贮藏期限/周	
			0 μmol/(m^2 · s)	1 μmol/(m^2 · s)
霍香蓟	*Ageratum houstonianum*	7	6	6
秋海棠	*Begonia*	5	6	6
球根秋海棠	*Begonia tuberhybrida*	5	3	6
青葙	*Celosia plumosa*	10	2	3
仙客来	*Cyclamen persicum*	2.5	6	6
大丽花	*Dahlia*	5	2	5
凤仙花	*Impatiens*	12.5	2	3
非洲凤仙	*Impatiens walleriana*	7.5	6	6
半边莲	*Lobelia erinus*	5	6	6
香雪球	*Lobularia maritima*	2.5	5	6
番茄	*Lycopersicon esculentum*	7.5	3	3
天竺葵	*Pelargonium*	2.5	4	4
矮牵牛	*Petunia hybrida*	2.5	6	6
半支莲	*Portulaca*	7.5	5	5
一串红	*Salvia splendens*	5	6	6
万寿菊	*Tagetes patula*	5	3	6
马鞭草	*Verbena hybrida*	7.5	1	1
三色堇	*Viola tricolor*	2.5	6	6

注:资料来自 Heins 等(1995)。

1.6.3.2 光照

幼苗发育受光控制。光不仅提供种苗生长的能源物,而且还诱导种苗产生信息物质以防止黄化与老化,抑制节间伸长。试验表明,在光照下生长的玉米苗,其生长速率比黑暗处理降低 30%左右,自由 IAA 含量也降低 4%左右,但结合态 IAA 含量则显著增加。光线抑制玉米生长的原因有:a. 光线使自由 IAA 转变为无活性的结合态 IAA;b. 光线提高 IAA 氧化酶活性,IAA 含量就降低。同时,光线还会增加生长抑制物的含量。c. 红光增加细胞质中的 Ca^{2+},活化 CaM,分泌 Ca^{2+} 到细胞壁,细胞伸长减慢。

一般植物处于低温条件下,光强的水平并不重要。但种苗在低温贮藏下,黑暗或微弱的灯光下超过一定期限,苗的形态、生理亦会产生变化,如黄化现象。尤其当贮藏温度超过适当的范围时,光照与否对种苗贮藏寿命的影响更大(表 1-11)。

照光对植物叶片不论是切叶还是叶片，都具有延缓老化和脱落的效应。延缓老化的光强度要求都很低，将18种草花置于适温下进行贮藏，给以1 μmol/(m^2·s)的低光照即可延长种苗的贮藏寿命，这说明1 μmol/(m^2·s)的光就已足够维持种苗的品质。Lange等也指出在低温贮藏下给以1 μmol/(m^2·s)的低光照与给以25 μmol/(m^2·s)的较高光照度对幼苗品质保持效果无显著差异。

表1-11 18种草花穴盘苗在不同温度及0或1 μmol/(m^2·s)光照度下最长贮藏期限(周)

种类	学名	0℃		2.5℃		5.0℃		7.5℃		10.0℃		12.5℃	
		0	1	0	1	0	1	0	1	0	1	0	1
霍香蓟	*Ageratum houstonianum*	1	1	1	2	5	6	6	6	3	6	3	6
秋海棠	*Begonia*	0	0	4	6	6	6	5	6	0	6	0	4
球根秋海棠	*Begonia tuberhybrida*	3	3	3	4	3	6	4	6	3	4	3	4
羽状鸡冠	*Celosia plumosa*	0	0	1	1	1	1	1	1	2	3	2	3
仙客来	*Cyclamen persicum*	6	6	6	6	6	6	5	6	4	6	4	6
大丽花	*Dahlia hybrida*	1	1	2	4	2	5	2	6	2	6	2	5
凤仙花	*Impatiens*	0	0	0	0	0	0	0	0	2	0	2	3
非洲凤仙	*Impatiens walleriana*	0	0	2	2	3	3	6	6	4	6	4	6
半边莲	*Lobelia erinus*	0	0	5	5	6	6	5	5	0	4	0	4
香雪球	*Lobularia maritima*	5	6	4	6	4	6	2	6	1	3	1	3
番茄	*Lycopersicon esculentum*	0	0	1	1	2	2	3	3	1	1	1	1
天竺葵	*Pelargonium*	4	4	4	4	4	4	4	4	2	4	2	4
矮牵牛	*Petunia hybrida*	6	6	6	6	6	6	5	6	4	6	4	6
半支莲	*Portulaca*	1	1	3	3	5	5	5	5	6	6	6	4
一串红	*Salvia splendens*	0	0	0	0	6	6	6	6	4	6	4	6
孔雀草	*Tagetes patula*	0	0	1	3	3	6	3	6	2	5	2	3
美女樱	*Verbena×hybrida*	1	3	2	2	1	1	1	1	1	4	1	4
三色堇	*Viola tricolor*	6	6	6	6	6	6	6	6	6	6	6	6

注：表中每个温度下的0和1分别对应0或1 μmol/(m^2·s)光照度下的最长贮藏期限。

以植物光补偿点的光照度来保持贮藏苗的品质的方法，首先被利用在青花菜(*Brassica oleracea* cv. Ryokuriei)组织培养苗的贮运上。Kubota等在青花菜组培苗进行贮藏前，在3℃，5℃，10℃，15℃的不同温度下，以不同的光照度进行贮藏前培养，并且测其CO_2交换率，得出幼苗在低温(3～10℃)下的光青花菜补偿点约为2 μmol/(m^2·s)，15℃时的光补偿点为4 μmol/(m^2·s)，而后以2 μmol/(m^2·s)的光照与对照(黑暗处理)进行贮藏，结果发现在5～10℃下光照处理的幼苗，贮运期间干物重无明显损耗，种苗死亡率低，叶绿素降解速率缓慢，移植恢复生长后干物质累积快；黑暗处理其干重明显下降，容易落叶且死亡率高。故在贮藏期以能满足幼苗光补偿点之弱光照明，以保证进行光合作用，从而抑制穴盘苗干重减少，抑制叶绿素分解所产生的叶片黄化，并防止幼苗在黑暗下节间及叶柄的伸长徒长。

此外，贮藏中照光还可以使最适贮藏温度提高。一般贮藏温度超出最适贮藏温度越多维持苗木质量所需要的光照强度越大。

1.6.3.3 水分

细胞分裂和伸长都必须在水分充足的情况下才能进行。为了抑制置留的穴盘苗的生长，进行健化管理，可适当控水，保持介质干燥。

贮藏期过多的水分会助长幼苗细胞伸长，且高湿度常引起病原菌的繁衍。穴盘苗贮藏期的低温、高湿最适合黑霉菌(*Botrytis*)的生长，此病原菌在高湿下，即使处于0℃的低温亦能生存。所以，只有在低湿度的高蒸气压差下，叶片上的水滴量少，才能防止病菌的传染。然而需注意的是低湿度下贮藏，要提高穴盘苗补充浇水的频度，以防止缺水逆境造成落叶。

ABA作为一种抗蒸腾剂应用于园艺植物种苗，可以降低种苗在贮运过程中的水分丧失，使种苗维持一定的水势，从而使种苗保持一定的株形，保证种苗贮后质量(Jones等，1972)。盆栽的黄瓜种苗，应用20 mg/L以上的ABA就可以降低蒸腾。在8℃，15℃，20℃分别应用500 mg/L的ABA，在贮藏10 d后，种苗的蒸腾分别为对照(未用ABA处理)的43%，60%，71%，在8℃时，蒸腾作用随ABA浓度的升高而降低，而在20℃时，不管ABA浓度如何，其蒸腾具有相等程度的下降(Yamaiaki等，1995)。

1.6.3.4 乙烯气体

植物在密闭的包装容器内很容易产生0.2～1 mg/L的乙烯，微量的乙烯对花坛穴盘苗的花苞有危害，容易造成落花、落蕾。因此，应在贮运时注意包装容器的通气性。据Barnett(1983)观察，松属'taeda'种苗在19～20℃下贮藏21 d或42 d，贮藏期用乙烯吸收剂处理的比未用乙烯吸收剂处理的种苗新根数多，1～3年后存活率高。

1.6.3.5 矿质营养

N肥虽可延长叶片寿命，但施用过量，叶大而薄，容易失水干枯，同时使植株生长柔软多汁，容易感染病虫害。若在贮藏前的育苗过程中减少施氮量，同时适量添加Ca，Mg，P肥和Zn，B，Mn等微肥，则可以健化植株，提高抗病性。但是幼苗期给予严格缺N逆境而产生的黄化叶片，亦容易感病，应适当去除。

综上所述，各种贮藏环境因子对种苗劣变生理反应有着不同程度的影响。一般在进行种苗贮藏前应以适当的低温、弱光、低灌溉、低施肥频度进行种苗的健化管理，而贮藏时应视作物种类给予适当低温和光补偿点的低光照度照射，同时注意保持低贮藏湿度和贮藏场所的通风性，才能有效保持贮藏苗之品质。

（谭 辉 刘晓辉 高俊平）

1.7 观赏植物采后花色生理

花朵通常是观赏植物最醒目的器官，花的色彩，即花色往往是影响观赏植物观赏价值的重要因素。有关花色生理的研究，尤其是花色素在衰老进程中调节机理的研究还鲜见报道。关于花色的研究历史可以追溯到19世纪中叶。在近150年的研究历程中，发现了许多种色素，明确了大部分色素的化学结构；在酶学水平上探明了对花瓣最终颜色起主要作用的花色素的代谢途径。本章将从花色的显色机理入手，介绍不同花卉花瓣衰老过程中色素组成的变化及其对花色的影响，进而分析环境因素对花色的影响。

1.7.1 花瓣色素的组成与花色

花色(flower color)，从广义上来说是指显花植物的整个生殖器官的颜色。由于大多数植物的花是由雄蕊、雌蕊、花瓣、花萼等几部分组成，花色通常并不是指花的整体颜色，而是指色彩相对明显的部分，特别是指发育为花瓣状的器官或组织的颜色。

花色是太阳光照射到花瓣上，经过花瓣细胞内含色素复合体的吸收以及细胞内一些组织的折射和反射作用后，呈现到人眼中的颜色。花色与花瓣内含色素的种类、色素含量（包括多种色素的相对含量）、花瓣内部或表面构造引起的物理性状等多种因素有关，其中主要是花色素。

花瓣中所含色素主要包括存在于细胞质体内的类胡萝卜素(carotenoid)和溶于液泡中的类黄酮(flavonoid)两大类。其中参与花色形成的类黄酮主要有两类：一类是产生红色或紫色的花色素苷；另一类是黄色的2-苯甲川基苯并吡喃酮和苯基苯乙烯酮。

1.7.1.1 类胡萝卜素

类胡萝卜素普遍存在于植物的花瓣、根、叶和果实中，包含红色、橙色及黄色，是一大类色素群，是以异戊间二烯为基本结构的化合物，其分子主要由碳和氢构成，属于碳氢化合物。类胡萝卜素存在于细胞质的色素体内，不溶于水和醇，易溶于乙醚、石油醚等有机溶剂。

类胡萝卜素的种类很多，有α-胡萝卜素、β-胡萝卜素、γ-胡萝卜素以及番茄红素等。通常同一花朵中含有多种胡萝卜素，其中 β-胡萝卜素最有代表性，化学结构式如图 1-13 所示。

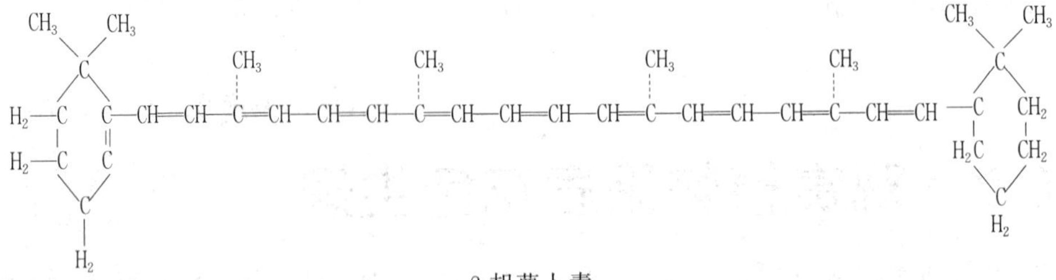

β-胡萝卜素

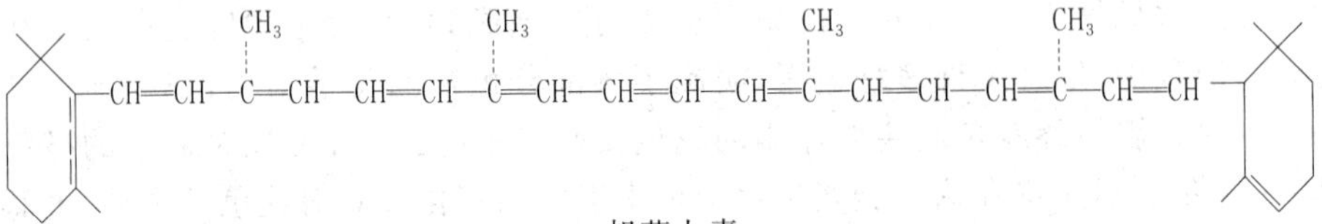

α-胡萝卜素

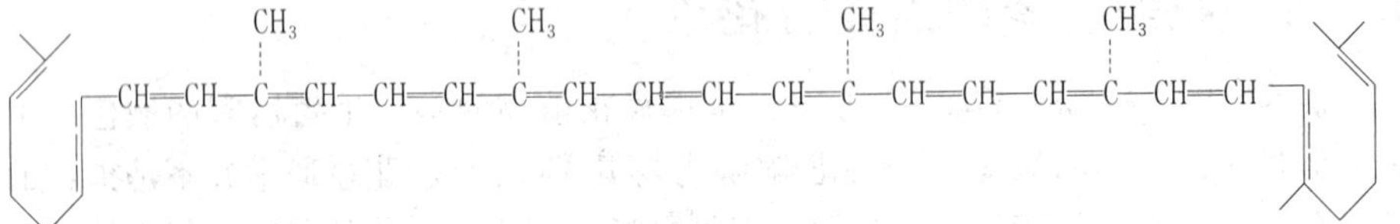

番茄红素

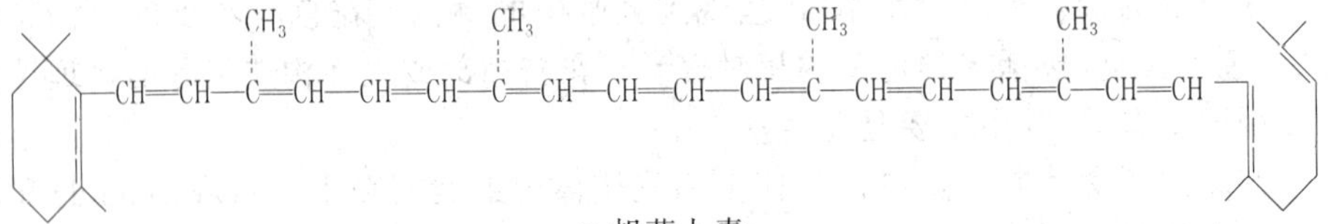

γ-胡萝卜素

图 1-13　各种胡萝卜素的结构式(程金水，2000)

从图 1-13 中看出，β-胡萝卜素两端形成两个六角形的环，40 个碳素原子形如锁链连接在一起，各处伴随着甲基支链的出现。各种类胡萝卜素结构上的差异主要是双键所处的位置不同；类胡萝卜素特有的颜色是由其结构中的双键形成的，双键位置不同其颜色也随之发生变化。类胡萝卜素的氧化物称为类胡萝卜醇，是在胡萝卜素的 3 位上结合 1 个或在 3 位及 3′位上结合 2 个羟基而形成的，是类胡萝卜素类色素的重要组成部分。化学结构式如图 1-14 所示。

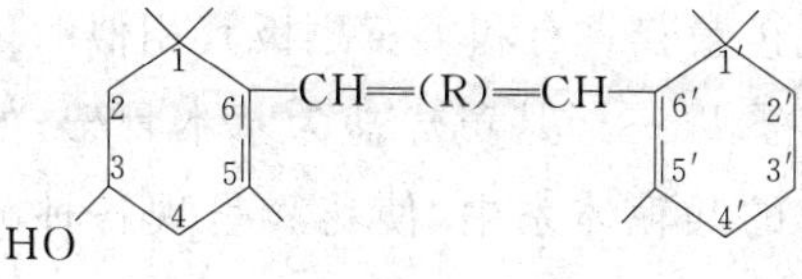

稳黄质(3-羟基 β-胡萝卜素)

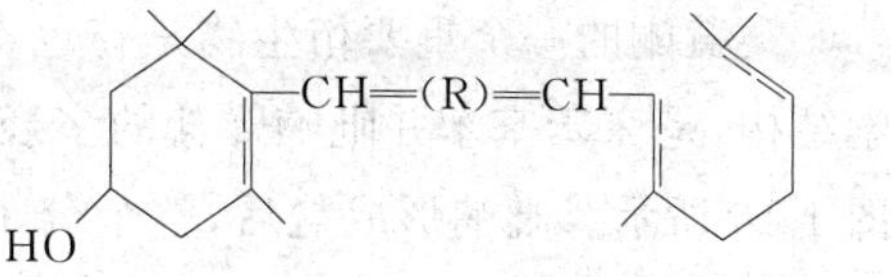

玉红黄质(3′-羟基 γ-胡萝卜素)

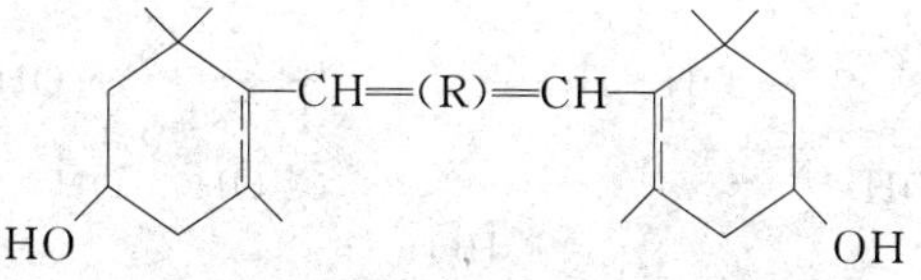

玉米黄质(3,3′-二羟基 β-胡萝卜素)

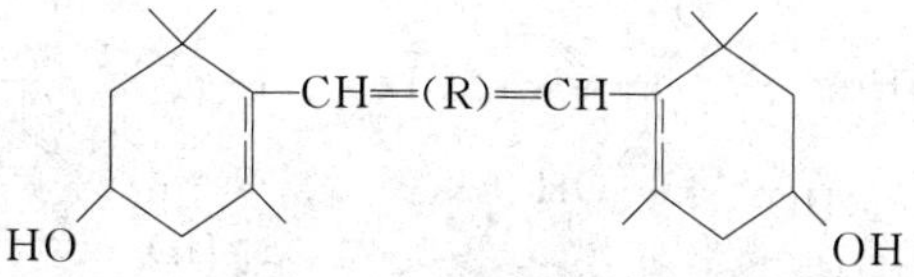

叶黄素(3,3′-二羟基 γ-胡萝卜素)

图 1-14 类胡萝卜醇的化学结构式(安田齐,1980)

1.7.1.2 类黄酮及其衍生物

类黄酮是一类积累在维管植物液泡中的次生代谢产物,是 2-苯基色酮核为基础的一类物质的总称,可呈现出从浅黄至深黄的各种颜色。类黄酮在天然状态下以糖苷的形式存在。各种不同的类黄酮在 R1,R2,R3,R4 位置上可进一步羟化、甲基化、酰化和糖苷化等,形成自然界种类繁多的类黄酮,呈现出五彩缤纷的颜色。此外,类黄酮还参与植物的多种功能。

类黄酮的结构是由 A,B 两个苯环和一个 C 环(3 个碳链组成)连接而成,其中 C 环又称 γ-吡喃酮环,如图 1-15 所示。根据 C 环氧化程度的不同,又分成不同种类的类黄酮,如黄酮醇、查尔酮、橙酮等。

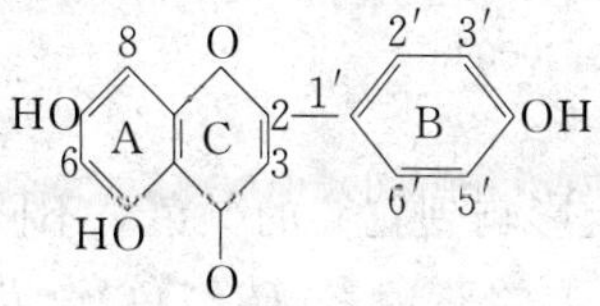

黄酮

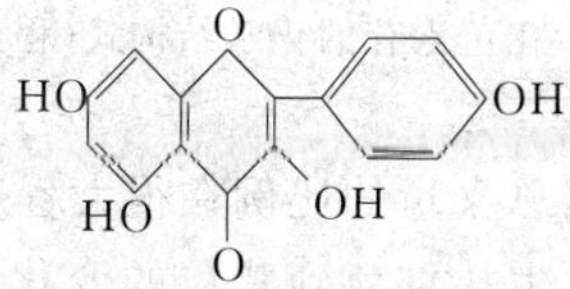

黄酮醇

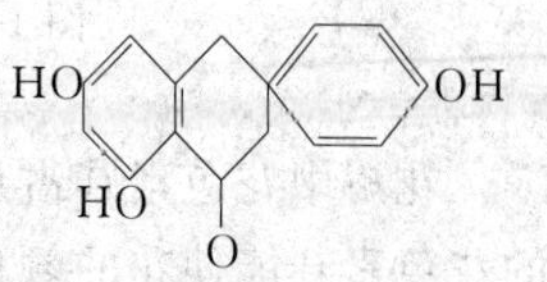

黄烷醇

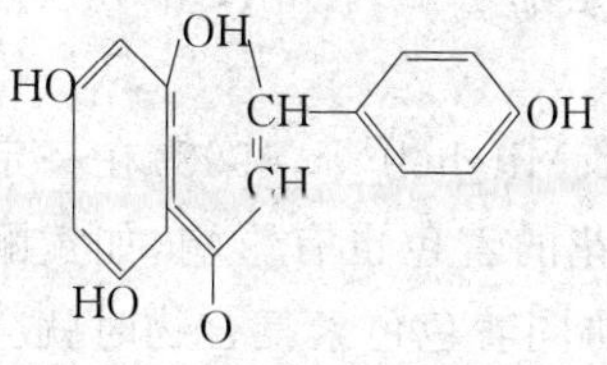

查尔酮

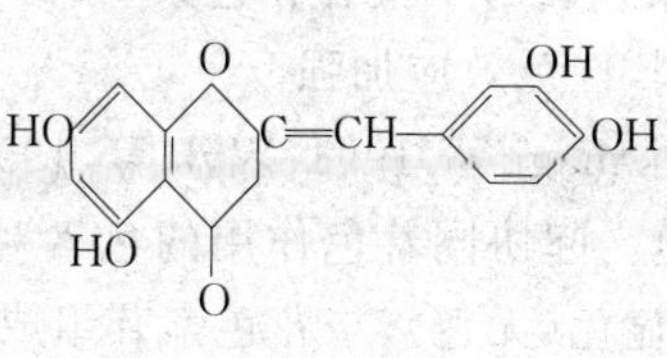

橙酮

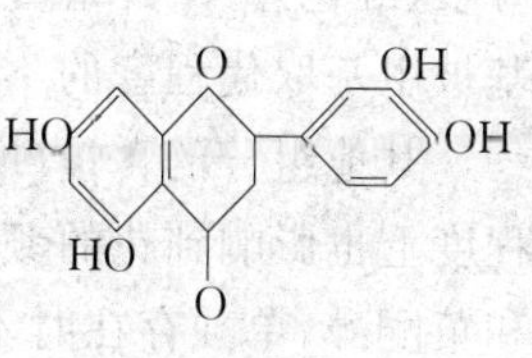

栎精

图 1-15 类黄酮的化学结构式(程金水,2000)

类黄酮的一个重要衍生物是花色素苷。花色素苷具有和类黄酮极其相似的化学结构，是 2-苯基苯并吡喃烊盐的多羟基衍生物，以三羟基黄烊盐为基本骨架，如图 1-16 所示。吡喃形成盐后，整个分子处于大的共轭体系中，使花瓣呈现各种鲜艳的色彩。

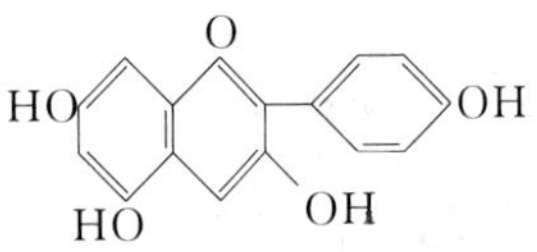

天竺葵色素

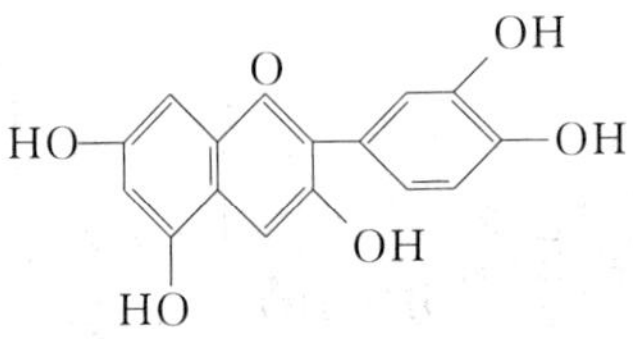

花青素

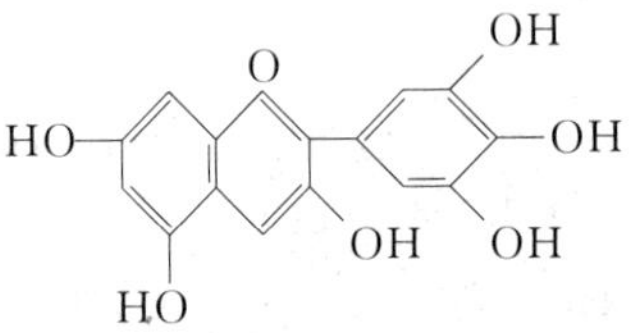

花翠素

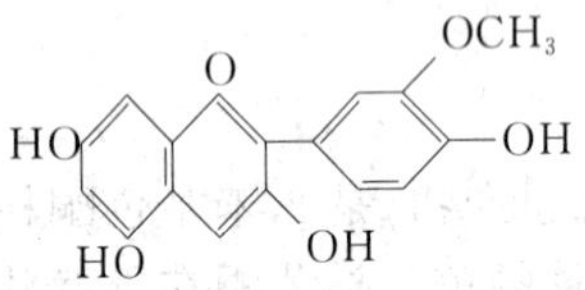

甲基花青素

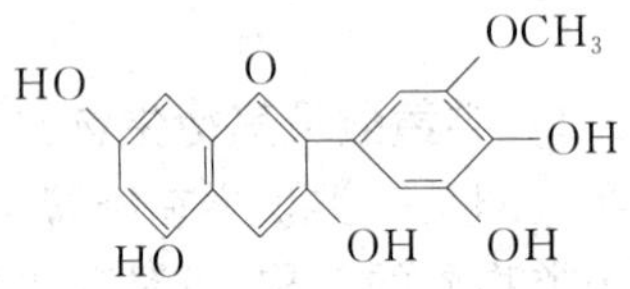

3′-甲花翠素

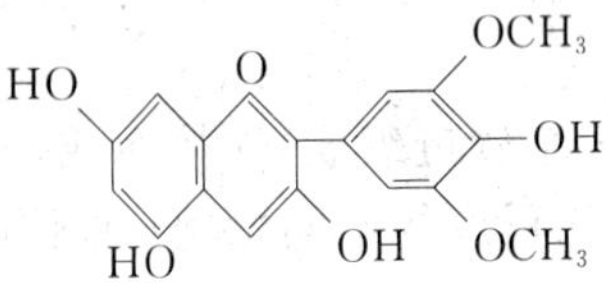

锦葵色素

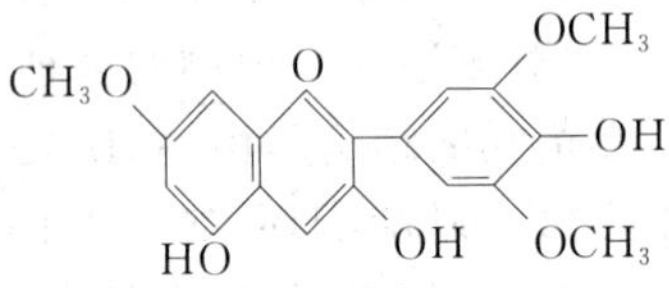

报春花色素

图 1-16　花色素苷的化学结构式(程金水，2000)

花瓣中花色素苷占色素总含量的比例在很大程度上影响到花瓣的颜色。不同的花色素苷能使花的颜色发生从红色到紫色的变化，如天竺葵色素(砖红色)→花青素(红色)→花翠素(蓝色)，是随着 B 环上羟基数目的增加由红变蓝；而甲基花青素(红色)→3′-甲花翠素(紫红)→报春花色素(紫红)是随着 B 环和 A 环 7 位羟基被甲基取代程度的不同，红色效应加强。

其他组分的含量(Mikanagi 等，1994；Wyk 等，1995；Mitchell 等，1998)在一定程度上也影响到花的颜色。起协同着色作用的色素对花的着色也有影响，如黄酮和黄酮醇，单独存在时不显色(无色)，与花色素苷组成协同着色色素复合物时就会影响花的颜色。此外，一些色素如橙酮、类胡萝卜素以及一些金属离子和液泡的 pH 都能不同程度地影响到花的颜色(Nielsen 等，1997；Kim 等，1991)。

1.7.1.3 色素与花色

Harborne(1965)调查了代表性花色的色素组成,总结出花色与色素组成之间的关系,见表1-12。从中看出:

表1-12 代表性花色的色素组成

花色	色素组成	植物种类
奶油及象牙色	黄酮,黄酮醇	金鱼草,大丽花
黄色	(a)纯胡萝卜素	黄色蔷薇
	(b)纯黄酮醇	报春花类
	(c)橙酮	金鱼草
	(d)类胡萝卜素和黄酮醇或查耳酮	牛角花,荆豆
橙色	(a)纯类胡萝卜素	百合
	(b)天竺葵色素+橙酮	金鱼草
绯红色	(a)纯天竺葵色素	天竺葵,一串红
	(b)花青素+类胡萝卜素	郁金香
	(c)花青素+类黄酮	Chasmanthe及Lapeyrousa
褐色	花青素+类胡萝卜素	桂竹香,蔷薇,西洋报春
品红或深红色	纯花青素	山茶,秋海棠
粉红色	纯甲基花青素	牡丹,玫瑰
淡紫或紫色	纯花翠素	南美马鞭草,大鸳鸯茉莉
蓝色	(a)花青素+辅色素	藿香叶绿绒蒿
	(b)花青素的金属络合物	矢车菊
	(c)花翠素+辅色素	蓝茉莉
	(d)花翠素的金属络合物	飞燕草,多叶羽扇豆
	(e)高pH型的花翠素	藏报春
黑色	高含量的花翠素	郁金香,三色堇

注:资料来源Harborne(1965)。

A. 白色系的花,大多含有无色或淡黄色的黄酮或黄酮醇。这些色素对紫外光吸收强烈,而对可见光几乎没有吸收带。

B. 黄色花的色素组成有的只含类胡萝卜素,有的只含类黄酮,也有的是类胡萝卜素和类黄酮两者共存。一般认为大多数黄色花是由类胡萝卜素与类黄酮两者所决定,其中类胡萝卜素比类黄酮对黄色显色所起的作用更大。

C. 橙色、绯红色、褐色等花色有的是由胡萝卜素形成,有的是由花色素苷形成,有的是由花色素苷和橙酮及其他黄色的类黄酮共同形成,也有的是由花色素苷和类胡萝卜素共同形成。花瓣所呈颜色的深浅、色调随所含色素的种类和数量的不同而发生变化。

D. 红色、紫色、粉色、蓝色、黑色等花色基本上都产生于花色素苷，同一种花色素苷由于含量的不同，具有由粉红色经由红色变为黑色的变化趋势。蓝紫色大多是花色素苷与细胞液内的 Fe^{3+}，Al^{3+} 等金属离子形成蓝色络合物所致。

1.7.2 花瓣衰老进程中的花色变化

观赏植物的各器官在发育、成熟和衰老过程中，内部的化学成分要发生很多变化。衰老的叶片发生黄化便是叶片内叶绿素逐渐减少的表现。花朵从开放到凋谢，花瓣内部花色素的组成和含量均发生不同程度的改变，花色也多数发生变化。引起花色变化的原因很多，但主要受花瓣衰老时细胞内部环境条件改变以及花朵开放后光照、水分等外部环境的影响。

1.7.2.1 花瓣内部环境对花色的影响

(1)花色素种类与含量对花色的影响　不同花在衰老进程中花色素变化是不同的。Simpson 等(1975)用电镜在鹤望兰有色外花被(萼片)中观察到，质体发育从小的白色体经过叶绿体至浅黄、深黄和橙红、有色体共有 5 个时期，伴随衰老的一个典型变化是氧化了的类胡萝卜素(包括至少 19 种类胡萝卜素)含量增加。月季花类胡萝卜素含量随花瓣的衰老而增加(Valadon 和 Mummery，1969)，但菊花类胡萝卜素含量却随花瓣的衰老而下降(Stickland，1972)。花色素苷在花朵衰老中的变化规律尚未找到，在有些花中明显降低，甚至消失；有些花却急剧合成，导致花瓣颜色加深。例如，Masquerade 玫瑰花瓣初放时为橙黄色，衰老时转为深红色，在这期间花色素苷增加近 10 倍；兰花中花色素苷随着花朵萎蔫而增加；有些花如矮生菊苣破晓时呈亮蓝色，由于分解花色素苷的酶活性增加，下午就逐渐褪色，甚至变成白色。与此相反，有一矮生植物木芙蓉花的颜色变化是：清晨花开时呈现白色，随后颜色不断加深，傍晚凋谢前变成深红色。菊花花瓣在衰老时褪色或变白，即是因其花色素苷含量减少的缘故。

(2)细胞内 pH 对花色的影响　细胞内 pH 值是影响花色变化的重要因素之一。花色素苷通常在酸性环境下呈现红色，在碱性环境下呈现蓝色，这是 H^+ 对花色素分子结构影响的结果。进一步分析表明，酸性时呈现钘盐正离子，碱性时成酚盐负离子，因此，花瓣细胞液内 pH 的变化可以导致花瓣的颜色发生变化。花瓣在自然衰老进程中细胞内不断地进行着物质的合成与分解，使得细胞液内 pH 发生改变，从而导致花色的深浅变化。例如，月季、飞燕草、天竺葵等的花瓣衰老时，常因细胞液 pH 提高而由红变蓝。pH 提高可归因于蛋白质降解而释放出氨。用含糖保鲜剂处理切花可延缓蛋白质水解，也延缓了 pH 上升和花色变蓝(Halery 和 Mayak，1979)。青芙蓉、牵牛花、倒挂金钟以及牛舌草等花瓣衰老时由蓝色或紫色变成红色，是因为有机酸如天冬氨酸、酒石酸等含量增加而降低了细胞液 pH 的缘故（Yazaki，1976）。还有一些花衰老时，花瓣明显变褐或变黑，这是类黄酮色素和其他酚类化合物和单宁积累所造成的（Singleton，1972）。不过也有例外，如前面提到的矢车菊，虽然在衰老过程中细胞液内 pH 降到 4.9 的酸性条件，但是由于花瓣内花色素苷与某些金属离子形成了稳定的络合物，花瓣一直呈现蓝色。此外，花色的深浅变化、红蓝互变等还受花色素苷和其他的无色类黄酮色素之间形成的复合物的影响。

1.7.2.2 外部环境条件对花色的影响

这里主要从光照、温度以及水分三个方面分别讲述。

(1)光照　光照是影响花色形成的重要因素。花色素苷的形成与植物组织中的糖分积累有关，即花色素苷的产生需要由光合作用提供足够的可溶性糖。因此光对花色素苷的形成有促进作用，光照充足时糖分供应得到满足，花色素的含量就增高，花朵的色彩也就艳丽。花色素苷的形成以吸收蓝光、红光和远红光最为有效，高山植物的花朵比平原地区植物的花朵更鲜艳的原因在于高山上云层薄，阳光中的蓝光、紫色光的成分偏多，从而有利于植物花朵中花色素苷的形成。但一些耐荫植物如兰花、杜鹃等在阳光下暴露过久，色彩就变差甚至过早凋萎。

(2)温度　温度对花色的影响存在温度的三基点，即最适、最高和最低。花色素的形成是一个酶促反应，适宜的温度条件有利于色素的形成和积累；同时，适宜的温度有利于光合产物的积累和运输，进而促进花色素的形成。温度过高对于这种过程的进行不利，甚至还会抑制花色素苷的形成，或达到破坏的程度，如温室内栽培的蔷薇，在 10～15℃时，花朵颜色最鲜艳，当室温高于 15℃或低于 10℃时，花朵的色泽均变差。一些喜温植物是例外的，如荷花，在高温炎热的开花季节，花朵依然鲜艳夺目（黄蓉，1990）。

(3)水分　观赏植物采前的水分供给对花色影响很大，如处于花期的植物水分供应不充足时，会引起花朵色泽的减退。其原因在于花色素苷是溶于细胞液的一种色素，当细胞内水分不足时，液泡收缩变小，细胞的显色面积减少而造成的。观赏植物采后水分供给同样对花色有重要影响，关于这一点详见上述。从采后环境分析，湿度主要通过观赏植物蒸腾而影响到花色。湿度高时，花朵有相对高的含水量和水分膨压，花色鲜艳。

1.7.3 花朵衰老进程中的颜色调节

在体花朵的开花衰老进程通常是在光照、水分、养分等供给相对充足的条件下进行的自然的衰老过程，其体内物质运输，新陈代谢也都是自然的调节过程，其特有的花色能够充分呈现出来。而离体的花朵如切花，脱离了原来的自然生长状态，所接受的光照、温度、水分以及其他养分条件均发生了改变，特别是在贮藏、运输等各个流通环节中，花朵所处的环境条件往往不利于花色的保持。因此，如何通过人工措施来最大限度地护色是极其重要的。

1.7.3.1 光照

由于光照对花色素苷的生成有利，对于以含有花色素苷为主的红、粉色系和蓝紫色系的切花，适时、适量的光照条件补充是必要的，尤其对于香石竹、菊花、补血草、卡特兰等较耐贮运的一类切花，在长时间贮藏中应结合补光处理。切花种类不同对光照条件的要求也不同，应根据切花自身的生活习性和生物学特性，充分考虑对切花花色影响的基础上制定光照指标。

1.7.3.2 温度

不同种类的切花对温度的要求差异很大，原产于热带、亚热带地区的花卉对温度的要求较高，贮藏运输等温度低时会影响与色素有关的生理合成和分解，原产于温带、寒温带地区的花卉，高温对于有机物的合成不利，甚至还会抑制花色素苷的形成。因此，在切花的流通过程中，应了解和掌握各种花卉种类的最佳温度，尽量减少由于温度不适对花色所带来的不利影响。

1.7.3.3 水分

月季、牡丹、补血草、金鱼草等花卉在采后流通中易发生花瓣褪色现象，导致褪色的原因除贮藏运输过程中温度过高外，还与水分的供应有关。水分供应不充足，会引起花朵色泽的减退。这种情况在切花干藏时表现更为突出。对于唐菖蒲等对水分需求较多的切花，在流通中应保持切花适当的水分供应。切花在瓶插期间，应保持在水中剪切花枝，以免由于切口附近导管堵塞、水分传导速率下降等使花部水分亏缺，并进而导致切花的提早衰老、花瓣萎蔫、花色变色或褪色。

1.7.3.4 保鲜剂

保鲜剂处理是切花采后花色保持的一项重要而有效的措施。首先，保鲜剂的基本成分是糖分、酸分（如柠檬酸）、杀菌剂、植物生长调节剂等。其中，外源糖分的供给对于保持花朵旺盛的代谢、促进花色素的合成，防止花瓣褪色是非常有利的。酸分能在一定程度上调节和稳定花朵 pH，延缓花瓣细胞内 pH 上升和花色变色；酸分的功能还在于促进切花吸收水分，减轻失水对花色的不利影响。杀菌剂如 8-HQ 盐、苯甲酸钠、STS 等，可防止导管堵塞，改善水分平衡，保持和稳定花色。植物生长调节剂对花色的保持主要有两方面的功效：其一是直接的保色效果，如细胞激动素类物质 6-BA 有非常稳定的保绿效果；其二是间接的效果，如 STS 通过抑制乙烯的作用来延缓衰老进程，进而达到保色的效果。需要指出的是，保鲜剂的主要成分应根据植物种类具体制定，以糖分为例，如菊花属于对糖分极其敏感的花卉，糖浓度超过3％，便会导致花瓣失色，影响瓶插寿命；而唐菖蒲却极耐糖分，在瓶插液中糖分含量达到25％时，小花颜色更加鲜艳；相反，瓶插液中糖浓度低时会加速花瓣衰老，影响观赏效果。

思考题

1. 影响观赏植物产品呼吸强度的因素有哪些？
2. 简述环境气体成分对观赏植物呼吸作用的影响。
3. 简述水分胁迫对切花开花和衰老的影响。
4. 简述切花水分吸收和运输中存在的堵塞现象。
5. 简述水分胁迫与植物激素之间的关系。
6. 简述乙烯生物合成途径。
7. 简述乙烯与切花衰老的关系。
8. 简述离层的显微结构。
9. 切花的叶脱落时，主要有哪些酶参与脱落过程，它们如何发挥作用？
10. 什么是“生长素梯度”学说？
11. 生长素、乙烯、脱落酸、细胞分裂素和赤霉素5种激素间如何平衡调节切花的叶片脱落？
12. 怎样理解种球休眠是相对“静止”的状态？
13. 生产实践中常采用哪些途径来延长或缩短种球的休眠期？
14. 种球休眠期有哪些生理变化？
15. 种苗贮运过程中各种环境因子会对种苗的品质造成哪些影响？
16. 举例说明种苗贮运过程中如何进行环境调控。
17. 观赏植物花瓣色素的种类有哪些？
18. 简述观赏植物在花瓣衰老进程中的花色变化。

（洪　波　高俊平）

2 观赏植物采后技术概论

【内容提要】

观赏植物采后技术概论是对观赏植物从生产者采收、生产者(或集货商)分级包装、运输、贮藏,直到消费者消费为止的整个全过程所进行概括性技术介绍。基于目前的研究状况,这一章具体讲述如下内容:各种观赏植物采收技术,鲜切花保鲜剂处理技术,各种观赏植物产品的分级包装技术,鲜切花预冷技术,鲜切花贮藏技术,鲜切花运输技术,以及各种观赏植物产品批发营销等内容。希望通过本章内容的学习,使学生能够系统了解国内外观赏植物采后处理技术的概况,为后述第 5 章中观赏植物采后技术各论的学习奠定基础。

2.1 观赏植物采收技术

观赏植物中的鲜切花、盆花、种球、种苗和种子都涉及采收问题,因种类不同其采收的关键技术也有很大的差异,本节将分别予以介绍。

2.1.1 鲜切花

鲜切花是自活体植株上剪切下来专供插花及花艺设计用的枝、叶、花、果的统称,其内涵可包括鲜切花、切叶、切枝和切果等。

2.1.1.1 采收标准的确定原则

鲜切花采收标准的确定必须遵循以下原则:

A. 因植物种类、品种、季节、环境条件、距离市场远近和消费者的特殊要求而异。

B. 到达消费者手中时,产品处于最佳状态。

C. 有足够长的货架期。

2.1.1.2 采收标准

鲜切花采后一般经历两个不同的发育阶段:第一阶段是蕾期到充分开放;第二阶段是充分开放到成熟衰老。采后技术要达到两个目的:第一是促进采后鲜切花花蕾的开放,使鲜切花能充分展示其观赏特性;第二是降低代谢,延缓开花和衰老进程,延长鲜切花寿命。因此,鲜切花适期采收很重要,采收早了,花朵不能正常开放,或易于枯萎。如月季和非洲菊采收过早,容易发生"弯颈"现象。这是因为月季花茎维管束组织木质化程度不够,非洲菊花茎作为输水通道的中心空腔尚未形成。又比如满天星,成熟度不够时采收,重量轻,产量低,经济上也不划算。采收晚了,鲜切花寿命降低,增加流通损耗。所以,鲜切花在适当的成熟度采收,这一点非常重要。归纳 10 种常见切花的采收标准(harvest standards for cut flowers),见表 2-1(图见第 5 章观赏植物贮运综合保鲜技术)。

除了鲜切花本身的成熟度以外,鲜切花最适宜的采收阶段还因植物种类、品种、季节、环境条件、距离市场远近和消费者的特殊要求而异。在不同种之间以及同一种类不同品种之间,存在着明显差异。翠菊、鹤望兰、菊花、香石竹、月季、唐菖蒲、金鱼草、鸢尾等一般蕾期采收,而兰花、大丽花等必须在花朵开放后采收。鲜切花采后的瓶插寿命在很大程度上取决于植物组织中碳水化合物和其他营养物质的积累。因此,许多鲜切花,如石竹、月季和菊花等,在夏季采收的发育阶段早些,而在冬季的采收则宜晚一些,以保证它们在瓶插期间能正常开放。用于本地市场直接销售的鲜切花采收阶段比长距离运输或用于短期贮藏的晚一些。所以,确定适期采收时,都要把这些因素考虑进去。

表 2-1　10 种大宗鲜切花的采收标准

花卉名称	不同用途				备注
	远距离运输	兼作远距离和近距离运输	就近批发出售	尽快出售	
亚洲百合(*Asiatic hybrids*)	基部第一朵花苞已经转色,但未充分显色	基部第一朵花苞充分显色,但未充分膨胀	基部第一朵花苞充分显色和膨胀,但仍紧抱	基部第一朵花苞充分显色和膨胀,花苞顶部已经开绽	图 5-7
菊花(*Dendranthema × grandiflorum*)	舌状花紧抱,其中一两个外层花瓣开始伸出	舌状花外层开始松散	舌状花最外两层都已开展	舌状花大部分开展	图 5-3
香石竹(*Dianthus caryophyllus*)	花瓣伸出花萼不足 1 cm,呈直立状	花瓣伸出花萼 1 cm 以上,且略有松散	花瓣松散,小于水平线	花瓣全面松散,接近水平	图 5-1
小苍兰(*Freesia hybrida*)	基部第一朵花苞微开绽,但较紧实	基部第一朵花苞充分膨胀,但还紧实	基部第一朵花苞开始松散	基部第一朵花苞完全松散	图 5-5
非洲菊(*Gerbera jamesonii*)	舌状花瓣基本长成,但未充分展开,花蕊管状雌蕊有 2 轮开放	舌状花瓣充分展开,花蕊管状雌蕊三四轮开放	舌状花瓣大部分开放,管状花花粉开始散发	舌状花瓣大部分开放,管状花花粉大量散发	图 5-4
唐菖蒲(*Gladiolus hybridus*)	花序最下部一两朵小花都显色而花瓣仍紧卷	花序下部 1～5 朵小花显色,小花花瓣未开放	花序最下部 1～5 朵小花都显色,其中基部小花略呈展开状态	花序下部 7 朵以上小花露出苞片并都显色,其中基部小花已经开放	图 5-6
满天星(*Gypsophila paniculata*)	小花盛开率 10%～15%	小花盛开率 16%～25%	小花盛开率 26%～35%	小花盛开率 36%～45%	图 5-2
补血草(*Limonium sinuatum*)	花朵充分着色,盛开率 30%～40%	花朵充分着色,盛开率 40%～50%	花朵充分着色,盛开率 50%～70%	花朵充分着色,盛开率 71%以上	图 5-9
月季(*Rosa hybrida*)	花萼略有松散	花瓣伸出萼片	外层花瓣开始松散	内层花瓣开始松散	图 5-10
郁金香(*Tulipa gesneriana*)	花苞发育到半透色,但未膨胀	花苞充分显色,但未充分膨胀	花苞充分显色和膨胀,但未开绽	花苞充分显色和膨胀,花苞顶部已经开绽	图 5-8

注:资料来自中华人民共和国行业标准(1997)。

一般而言，越在花朵发育的后期采收，鲜切花的瓶插寿命越短，因此在能保证花蕾正常开放、不影响品质的前提下，尽量在花蕾期采收。其优点有：缩短鲜切花生产周期，提早上市，提高温室或花圃及其相关设施的利用率；降低早霜和病虫的危害；在秋冬光强和日长不够的条件下提高鲜切花的质量；蕾期花朵紧凑，节省空间，便于采后的贮藏和运输；降低鲜切花流通中机械损伤，降低对乙烯的敏感性(Nowak 和 Rudnicki，1990)；从而达到降低生产成本和延长鲜切花采后寿命的目的。

2.1.1.3　采收时间

鲜切花种类很多，不同种类、同一种类不同品种的鲜切花采后特性都不同。因此，1 d之中没有统一的适宜所有切花的采收时间。

(1)上午采收　上午采收可保持切花细胞高的膨胀压，即切花此时含水量最高，有利于减少鲜切花采后萎蔫的发生。但因露水多，切花较潮湿，也容易受真菌等病害感染，在切花采后处理各环节中要注意。对于大部分鲜切花，尤其像月季等采后失水快的种类，宜采用上午采收。鲜切花采收后，应立即放入清水或保鲜液中，并尽快预冷，以防水分丧失。要尽可能避免在高温和强光下采收。对于那些对乙烯敏感的鲜切花，在田间可先置于清水中，转到分级间后用银盐作抗乙烯处理。

(2)下午采收　下午采收的优点是：经过 1 d 的光合作用，积累了较多的碳水化合物，鲜切花质量相对高些，但温度一般比较高，鲜切花容易失水。在晴朗炎热的下午，深色花朵的温度比白色花朵高出 6℃多(胡绪岚，1995)。

(3)傍晚采收　在夏季，最适宜的采收时间是晚上 8 时左右。因为经过 1 d 的光合作用，切花茎中积累了较多的碳水化合物，质量较高，但此时采收往往影响当日销售。如果鲜切花采后直接放在含糖的保鲜液中，切花采收的时间可以灵活掌握。

2.1.1.4　采收方法

如果鲜切花采后立即放入水中或保鲜液中，采收方法对鲜切花品质影响较小。对吸水只能通过切口的木质茎类鲜切花，采收时应形成斜面；草质茎类鲜切花除由切口导管吸水外，还可以从外表皮组织进行，因此斜面切口不是必需的。切口应当平滑，避免压破茎部，否则会引起含糖汁液渗出，容易引起微生物侵染，微生物本身及其代谢物将造成茎部堵塞，所以采收工具一般要用锋利的刀剪。花枝长度是质量等级的指标之一，所以采鲜切花茎的部位要尽可能使花茎长些，但由于花茎基部木质化程度过高，基部采收会导致鲜切花吸水能力下降，缩短鲜切花寿命。因此，采收的部位应选择靠近基部而花茎木质化程度适度的地方。

要注意一些鲜切花种，如罂粟和一品红，在切口处流出乳汁液，乳汁液在切口凝固，会影响水分吸收。这类切花可以在采切后，立即把茎端插入 85～90℃烫水中烫数秒钟以消除这种不利影响(Nowak 和 Rudnicki，1990)。

2.1.2 盆花类

盆花类植物包括盆栽观花植物和盆栽观叶植物。其中前者是指栽植于花盆等容器中以观花为主的观赏植物，后者是指栽植于花盆等容器中、很少开花、以观叶为主的观赏植物。一般说来，盆花类植物的生长发育进程远比鲜切花缓慢，采收期的确定也较为灵活，即根据盆花的生长发育阶段、市场需求以及经济效益等来具体掌握。因此，盆花类的采收标准实际上是确定了最佳盆花上市标准(marketing standards for pot plants)，见表 2-2。

表 2-2 部分常见盆花的上市标准

植物种类	上市标准
金合欢属(*Acacia* spp.)	植株开始开花
铁线蕨属(*Adiantum* spp.)	植株在盆中良好形成
光萼风梨属(*Aechmea* spp.)	植株开始开花
广东万年青属(*Aglaonema* spp.)	植株在盆中良好形成，土球外可见到白根
龙舌兰属(*Agave* spp.)	植株在盆中良好形成
芦荟属(*Aloe* spp.)	植株在盆中良好形成
火鹤花(*Anthurium andraeanum*)	植株具有两三朵已发育花朵
天门冬属(*Asparagus* spp.)	植株在盆中良好形成
一叶兰(*Aspidistra elatior*)	植株在盆中良好形成
落新妇属(*Astilbe* spp.)	花序开始显色
杜鹃花(*Rhododendron simsii*)	植株 1/4～1/3 的花朵开放
叶子花属(*Bougainvillea* spp.)	植株 1/2～3/4 的花朵开放
蒲包花属(*Calceolaria* spp.)	植株 1/3～1/2 花蕾开放
风铃草属(*Campanula* spp.)	植株开始开花
卡特兰属(*Cattleya* spp.)	植株开始开花
袖珍椰子属(*Chamaedorea* spp.)	植株在盆中良好形成，土球外可见到根系

续表 2-2

植物种类	上市标准
吊兰属(*Chlorophytum* spp.)	植株在盆中良好形成
散尾葵属(*Chrysalidocarpus* spp.)	植株在盆中良好形成,土球外可见到根系
菊花(*Dendranthema*×*grandiflorum*)	用于直接销售的植株开始开花时上市,用于远距离运输的植株在3/4的花朵充分发育时上市
瓜叶菊属(*Cineraria* spp.)	1/4～1/3花朵开放。若能见到花粉出现,植株已过老,这样的盆花不宜上市
柑橘属(*Citrus* spp.)	植株在盆中良好形成
君子兰(*Clivia miniata*)	植株花蕾形成
变叶木(*Codiaeum variegatum*)	植株在盆中良好形成
苏铁(*Cycas revolute*)	植株在盆中良好形成
仙客来(*Cyclamen persicum*)	植株大部分处于花蕾阶段
兰属(*Cymbidium* spp.)	植株在盆中良好形成,并开始开花
石竹属(*Dianthus* spp.)	植株形成良好
花叶万年青属(*Dieffenbachia* spp.)	植株在盆中良好形成
龙血树属(*dracanea* spp.)	植株在盆中良好形成
绿萝(*Epipremnum aureum*)	植株在盆中良好形成
一品红(*Euphorbia pulcherrima*)	植株在盆中良好形成,花朵开始显色
垂叶榕(*Ficus benjamina*)	植株在盆中良好形成
金橘(*Fortunella japonica*)	植株在盆中良好形成并已挂果
倒挂金钟(*Fuchsia* spp.)	植株开始开花
非洲菊(*Gerbera jamesonii*)	至少一朵花开放
果子蔓属(*Guzmania* spp.)	植株开始开花
风信子(*Hyacinthus orientalis*)	花蕾显色期
凤仙花属(*Impatiens* spp.)	植株开始开花
百合属(*Lilium*)	花蕾显色并膨胀
竹芋属(*Maranta* spp.)	植株在盆中良好形成
仙人掌属(*Opuntia* spp.)	植株在盆中良好形成
天竺葵属(*Pelargonillm* spp.)	植株开始开花
喜林芋属(*Philodendron* spp.)	植株在盆中良好形成
报春花属(*Primula* spp.)	植株开始开花

续表 2-2

植物种类	上市标准
月季(*Rosa hybrida*)	植株开始开花
鹤望兰(*Strelitzia reginae*)	植株开始开花
郁金香(*Tulipa gesneriana*)	花蕾上色期
马蹄莲(*Zantedeschia aethiopica*)	植株开始开花

注:资料来自胡绪岚(1995)。

盆栽观花植物的上市标准,有些适合在蕾期,如君子兰适合在花蕾开始形成阶段,风信子适宜在花蕾显色阶段,百合适宜在花蕾显色并膨胀阶段,郁金香适宜在花蕾上色期。有的适合在刚开始开花阶段,月季、鹤望兰、天竺葵等,杜鹃花适宜在1/4～1/3的花朵开放时期(胡绪岚,1995)。对于长途运输的盆花,采收时的发育阶段应该比上述标准稍早些。

盆栽观叶植物可根据市场需求、不同发育阶段及植株大小出售,灵活性较观花植物大些,大部分在盆中形成良好植株即可上市。幼小的观叶植物应生根良好,不能在盆中松动或易于从土壤或生长基质中拔出。根系不发达的植株在采后处理(特别是零售时)中易于失水和干枯。所有上市植株根系发育应完好,根系发育差的植株,运输期间不良的环境条件抵抗力弱。

2.1.3 种球类

球根花卉是指具有膨大的根或地下茎的多年生草本花卉。种球具有贮藏养分、保护和保存芽体及生长点的功能,每当地上部分枯萎后,地下的球根就以休眠状态渡过不良季节。

2.1.3.1 种球采收的目的

种球的采收是球根花卉一项独特的栽培管理措施,其目的是:a.利用球根的休眠期提高其越冬和越夏的能力;b.球根在生长期间形成子球和旁蘖,起球后进行分级、分栽,便于管理和商品生产;c.起球后对球根进行消毒、病虫害检查,可起到防止病虫害蔓延的作用;d.可倒茬轮作,充分利用土地;e.通过调节种植期来控制花期(义鸣放,2000)。

2.1.3.2 种球采收时期

种球的采收时间因种球的种类而异。种球必须达到成熟期才能收获,可通过测量种球的直径、花芽的大小、最少叶片数来确定。若收获过早,种球不充实,种球贮藏期间花芽分化的诱导将受到影响;若收获过迟,对于春植种球如大丽花、唐菖蒲等将受到冻害,可以将开始下霜作为春植种球采收的信号,而秋植种球如郁金香、风信子等因遇上雨季会造成种球腐烂,所以当叶片完全枯黄就可采收。而另一些球根花卉如花叶芋,当温度降到停止生长线以下就可采收。另外,地上部分枯落,采收时容易遗漏子球,一般以叶片变黄 1/2～2/3 时为采收适期。表 2-3 列举了几种常见球根花卉的最佳采收时期。

表 2-3　常见球根花卉种球采收适期

花卉名称	采收适期
美人蕉(*Canna*)	茎叶大部分枯黄
大丽花(*Dahlia pinnata*)	地上部分完全凋萎生长停止
小苍兰(*Freesia hybrida*)	3—4 月份进入休眠后
唐菖蒲(*Gladiolus hybridus*)	叶片 1/3 变黄时
水仙(*Narcissus*)	地上部分逐渐枯萎,开始进入休眠时
晚香玉(*Polianthes tuberosa*)	秋末霜冻前
花毛茛(*Ranunculus asiaticus*)	地上部分枯黄进入休眠时
马蹄莲(*Zantedeschia aethiopica*)	植株完全休眠

注:资料来自北京林业大学园林系花卉教研组编的《花卉学》(1988)。

采收天气应选晴天,土壤湿度适当时进行。采收中要防止人为的品种混杂,并剔除病球、伤球。掘出的种球,应去掉附土,表面晾干后贮藏。

2.1.4　种苗类

种苗的出苗标准(marketing standards for nursery stocks)指的是种苗的上市标准。

2.1.4.1　影响种苗出苗时间的因素

(1)不同种或品种特性　不同植物或同一植物不同品种的种苗,其发芽需要的时间、生长速度都不一样,而种苗必须长到一定的大小才能出苗。出苗太早,尚未形成良好的根系,会严重影响种苗移栽后的成活率和生长势。出苗太晚,贮藏品质卜降,运输不便。

(2)市场需求　和盆花一样,种苗的出苗时间比较灵活,很多情况下的种苗出苗是出于市场的需要,尤其是专业化生产的商品种苗。

(3)穴盘大小　穴盘越大,生长时间越长,出苗时间越晚。

(4)育苗设施　种苗的生产对环境条件要求比较严格,一般都要求温室育苗，同时还需要特殊的相关设备。为了充分利用温室及相关设备，一般都尽早出苗。

2.1.4.2 种苗出苗标准的确定

种苗出苗时间比较灵活，但是并不意味着随时可以出苗，由于上述因素的影响，种苗还是形成了一些约定的标准，并规定了一些指标，如苗高、叶片数和地径等。苗高就是自地径至苗顶端的高度，苗高与生长速度有关，但不是种苗越高，质量越好。叶片数主要与种苗的年龄有关，一般种苗越老，叶片越多。地径即地际直径，系指位于栽培基质表面苗木的粗度，苗龄一样，壮苗地径大。表2-4列举了一些草本花卉种苗的出苗时间。

表2-4 常见花卉种苗出苗时间 周

种类	学名	穴盘型号			
		800	406	288	128
霍香蓟	*Ageratum conyzoides*	4～5	5～6	6～7	7～8
鸡冠花	*Celosia argentea* var. *cristata*	4～5	5～6	6	6
仙客来	*Cyclamen persicum*	—	—	—	7～8
大丽花	*Dahlia pinnata*	—	4～5	5～6	6～7
半边莲	*Lobelia chinensis*	5	5	7	7
矮牵牛	*Petunia hybrida*	4～5	5～6	6～7	7～8
大花马齿苋	*Portulaca grandiflora*	5～6	6～7	7～8	7～8
一串红	*Salvia splendens*	4～5	5～6	6～7	8
马鞭草	*Verbena officinalis*	4～5	5～6	6～7	7～8
三色堇	*Viola tricolor* var. *hortensis*	4～5	5～6	6～7	7～8

注：资料来源为Styer和Koranski(1997)。

2.1.5 种子类

种子(seeds)是高等植物特有的个体发育阶段，植物学上的种子是指从胚珠发育而成的繁殖器官，农业上的种子是指一切可以被用作播种繁殖材料的植物器官。这里所说的种子是指植物学上的种子。种子的采收就是从植株上获得种子的过程。采种主要的技术环节包括选择母株、确定采收期和合理的采收方法。

2.1.5.1 采收母株的选择

选择从本地或与本地气候土壤条件相似地区的母株采种。母株要具有所需品种的观赏性状，如花、果或叶等观赏部位的颜色、类型、观赏期及重要的物候期等，而且要生长健壮、无病虫害。如槟榔(*Areca catechu*)在果实成熟期的4—6月份采种,树身上下粗细均匀,节间短,长势旺盛,树龄在20年左右。对于易混杂的品种,种植区应有隔离设施。大量采种则需专辟留种地或种子园。一些观赏树种虽然开花结实,但因植株发育和环境影响,种胚极少发育,如北京云杉(*Picea*)和雪松(*Cedrus*)等。

2.1.5.2 采收成熟度的确定

种子成熟度(seed mutation stage)依种子的成熟期和脱落习性而定。种子成熟包括生理成熟和形态成熟两个过程。当种子发育到一定程度,内部积累了一定的干物质,种胚具有发芽能力时,即达到生理成熟。生理成熟的种子含水量高,干物质积累尚不充分,种皮软,干后收缩,粒重低,不利于贮藏。用这类种子培育的幼苗,生长势多较弱。当种子外部形态表现出物种成熟时的固有特征时,即达到形态成熟。形态成熟的种子含水量降低,营养物质积累接近终止,种皮坚韧致密。形态成熟的种子已发育健全,有利于种子贮藏和培育壮苗。一般种子形态成熟前必须先经过生理成熟的阶段。但也有外观呈现形态成熟特征,而种胚发育还不够完全的例外。如银杏种子,须经过一定时间的后熟过程或特殊培养,种胚才能继续生长,直至生理成熟。

种子成熟期因种类和生长环境而不同,有春花春熟、春花夏熟、春花秋熟和夏花秋熟等,一些松柏类植物则在开花后第二年才成熟。种子在海拔较低处比高海拔处早熟,瘠薄地较肥沃地早熟,干旱年比多雨年早熟。

确定种子成熟期最简便、最常用的是形态鉴别法和解剖法。形态鉴别法是根据果实种子的颜色、气味和硬度等来进行成熟期鉴定。在颜色上,肉质果由绿色变成红色、黑色、紫色或白色,干果变为深褐色,种子由白色变为褐色或带有明显的斑纹。在气味上,由苦涩变酸,由酸变甜,或散发出香气。在硬度上,肉质果由硬变软,种子由软变硬,干果开裂,种子散出。最可靠的方法是切开种子,观察胚和胚乳是否饱满充实。

种子成熟后的脱落习性决定了部分种子的最佳采种时间。过早采种则种子发育不良,品质不高;过晚采种,则种子部分或全部脱落,造成种子损失等。成熟期与脱落期很接近的种类,要在成熟后立即采收,如杨属、柳属、黄杨、珍珠梅属、百合属等。成熟后宿存枝上几个月甚至越冬的,采种时间则可较宽,如金银木、悬铃木属及白蜡树等。对具有无限花序或花期长的种类,要分批采种。对于老熟种子易形成硬实而导致休眠的种类,可提前采收并立即提前播种。成熟种子易被弹散的种类,应在果实开始变黄未开裂前采种,如三色堇、凤仙花、杨柳类等。睡莲等应在花后用纱布包住花头，以防种子成熟后落入水中。表 2-5 列举了一些常见观赏树木种子采收成熟度。

表 2-5 一些常见观赏树木种子的采收成熟度

植物种类	种子采收期
贝壳杉(*Agathis dammara*)	球果由青绿色转为黄绿色或褐色
鱼尾葵属(*Caryota*)	同一果穗大部分呈现红色
蜡梅(*Chimonanthus praecox*)	蒴果状果托由绿转黄，瘦果外皮由白色变褐色
苏铁属(*Cycas*)	种子成熟盛期
银杏(*Ginkgo biloba*)	球果由青绿色转为黄绿色
紫薇属(*Lagerstroemia*)	果实变成成熟褐色、黑色等颜色
忍冬属(*Lonicera*)	果实呈现成熟颜色并达到软化后
木兰属(*Magnolia*)	果实呈现成熟颜色，并有少数果实开裂
悬铃木属(*Platanus*)	球果果序变成褐色
侧柏(*Platycladus orientalis*)	在种鳞尚未开裂时
刺槐(*Robinia pseudoacacia*)	荚果干硬成熟后
蔷薇属(*Rosa*)	果实出现成熟时特有的红色、红黄色或黄色
槐属(*Sophora*)	肉质荚果转为暗绿色或淡黄色
珍珠梅属(*Sorbaria*)	果实由深绿色转为深褐色
锦带花属(*Weigela*)	果皮由绿色渐变为黑褐色，蒴果稍见开裂

注：资料来源为国家林业局国有林业农场和林木种苗工作总站主编的中国木本植物种子 2001。

2.1.5.3 采种方法

大部分观赏植物种子采用从植株上摘采，随熟随采，种子质量高。对于植株低矮的，采种人在地面即可完成；较高的树种，则需要用高枝剪、高梯等工具攀树采集。对种子成熟易脱落或有枝刺、果刺等不宜手摘的种类，可用地面收集法。先清除植株周围的杂草、枝叶、土石块，或在地面上铺塑料布，摇晃枝干或用棍棒轻击果枝，将果实或种子振落后收集在一起。对采前自然下落的新鲜种子，如发育正常，无病虫害，也可收集。国外还有用机械震动枝干，使种子脱落的采种方法。对于蕨类植物，则当孢子囊群变深褐、孢子开始散出时，将“叶片”剪下放入纸袋中，待其散落孢子后，再收集播种。对于天然异花授粉种类，尤其是良种草花，可以采用时间隔离和空间隔离方法进行隔离。也就是将易于产生异花授粉的种与品种在播期上错开，如第一年播第一个品种，第二年播另外一个品种，使彼此的花果期相差一年，互不干扰。空间隔离又分为远距离隔离和网、袋隔离方式。前者一般以 500 m 或更长的距离，作为种间与品种间防止异花授粉的间距；后者则用铜纱网或尼龙网将采种良种罩起，再在品种株间实行人工或放养苍蝇等辅助授粉，以利于授粉结实。从实际效果讲，时间隔离和远距离空间隔离较好(刘长江，陈俊愉，1996)。

(谭 辉 高俊平)

2.2 鲜切花保鲜剂处理技术

花卉产品与其他园艺产品的最大区别在于不作为食品，即以观赏为目的。因而，在不造成环境污染的前提下，可以通过茎秆基部吸收化学药剂(即保鲜剂)，然后经过导管和管胞，运输到叶片和花朵，依此来调节整个植株的生理生化进程，达到人为保鲜的目的。从鲜切花采收，到以后的集货、贮藏、运输、批发、零售，直到消费者瓶插的各个环节中，如何使鲜切花的代谢能够人为调控是采后生理和技术研究工作者研究的重要内容，而保鲜剂在鲜切花保鲜中起着非常重要的作用。

2.2.1 鲜切花保鲜剂的概念和种类

鲜切花保鲜剂(preservative solution of cut flowers)，是指用以调节鲜切花(切叶)生理生化代谢，达到人为调节鲜切花开花和衰老进程、减少流通损耗、提高流通质量或观赏质量等目的的化学药剂。保鲜剂根据用途可以分为预处液、催花液和瓶插液(宇田明，1991)。

2.2.1.1 预处液

预处液(pretreatment solution 或 pulsing solution)又称脉冲液，第一次处理一般是在鲜切花采收后 24 h 之内进行，即种植者在鲜切花采收后到出售前，或者是集货商从种植者手中集货后运输前，结合复水进行短时间的处理，其效果一直可以延续到消费者将切花瓶插到水中为止，主要目的是减少贮运等各个流通环节的损耗，提高流通质量，延长瓶插寿命。

2.2.1.2 催花液

催花液(bud opening solution)，是指将蕾期采收的切花强制性地促进其开放的保鲜剂。催花液常用于：气候冷凉的季节，开花进程缓慢，不能按照预定目标开花；为了获得预定产量和效益时；长期贮藏或远距离、长时间运输后，花蕾难以开放时等场合。

2.2.1.3 瓶插液

瓶插液(vase solution),是指提高切花瓶插质量,延长瓶插寿命的保鲜剂。瓶插液常用于:a.零售店在切花出售之前,或者是;b.消费者将其加入到瓶插的水中,连续使用,直至切花失去观赏价值。

由上述可见,鲜切花保鲜剂有三种类型,各自都有相应的用途。通常,预处液是根据不同鲜切花的特性进行研制的,不能混用。而瓶插液一般由花店或消费者使用,而这些花店或消费者瓶插的花量少,种类杂,所以瓶插液是针对鲜切花共性进行研制的,因此常常是通用的。表2-6归纳了鲜切花保鲜剂的种类、使用者和使用时间。

表2-6 鲜切花保鲜剂的种类

保鲜剂种类	使用者	使用时间
预处液	生产者、集货商	第一次处理,必须在采后24 h以内,采收后或集货后运输之前这段时间处理
催花液	生产者、集货商	上市之前
瓶插液	零售商、消费者	瓶插连续处理

2.2.2 鲜切花保鲜剂的基本功能

鲜切花保鲜剂通常具备下述基本功能。

2.2.2.1 调节植物体内的酸碱度

理论和实践证明,调节鲜切花导管至酸性或微酸性环境,有利于保护切口创伤部位不被微生物所侵染,一般要求pH 3~4,目的是减少微生物的繁殖,增加保鲜剂在花茎中的运输。大多数保鲜剂配方中都含有一种用来降低pH的成分。

2.2.2.2 拮抗衰老激素的作用

通过调节激素之间的平衡来延缓衰老,是鲜切花保鲜剂的重要功能之一。如本书前面切花开花和衰老生理一节中所介绍的,迄今为止研究比较深入的是植物衰老激素乙烯。切花通常可分为跃变型和非跃变型两大类。其中,跃变型鲜切花如香石竹、满天星、补血草、风轮草、金鱼草、蝴蝶兰、紫罗兰、香豌豆等,概括来讲,兰科、抚子科(瞿麦科)、锦葵科、蔷薇科等的大多数植物,其衰老是花器本身产生的乙烯在起作用的,因此,在鲜切花流通实践中用乙烯吸收剂去除乙烯,使乙烯降到不起生理作用水平;或者用乙烯生物合成抑制剂或乙烯作用抑制剂处理,抑制乙烯生成及其作用,延缓鲜切花的衰老进程。非跃变型切花如菊花、唐菖蒲、石刁柏、千日红等,概括而言,百合科、菊科、溪荪科(菖蒲科)等,通常对乙烯不敏感。这类切花延缓衰老的关键技术措施不是降低乙烯生成量或抑制乙烯作用，而是促进花朵充分开放，防止茎叶黄化等，关于此，将在下述有关内容中介绍。表2-7将几种常见切花对乙烯的敏感性进行了分类。

表2-7 鲜切花对乙烯的敏感性划分

非常敏感的种类		相对不敏感的种类
六出花属(*Alstroemeria*)	球根鸢尾(*Iris*)	香豌豆(*Lathyrus odoratus*)
香石竹(*Dianthus caryophyllus*)	百合(*Lilium*)	花烛(*Anthurium*)
翠雀(*Delphinium*)	水仙(*Narcissus*)	天门冬(*Asparagus*)
大戟属(*Euphorbia*)	兰花(*Orchidaceae*)	非洲菊(*Gerbera jamesonii*)
小苍兰(*Freesia hybrida*)	矮牵牛(*Petunia hybrida*)	郁金香(*Tulipa gesneriana*)
满天星(*Gypsophila, paniculata*)	金鱼草(*Antirrhinum majus*)	菊花(*Dendranthema* × *grandiflorum*)

注:资料来源为Nowak和Rudnicki(1990)。

此外，在鲜切花采后流通过程中，不可避免地会积累乙烯等有害气体，对鲜切花造成伤害，表2-8列举了部分鲜切花的乙烯伤害症状。防止乙烯气体造成的危害是非常重要的，为此几乎所有切花的保鲜剂中都添加有乙烯作用抑制剂成分。

表2-8 部分鲜切花乙烯伤害症状

植物种类	乙烯毒害症状
六出花(*Alstroemeria*)	花朵畸形，花瓣发暗和脱落
卡特兰(*Cattleya labiata*)	
菊花(*Dendranthema*×*grandiflorum*)	花朵老化稍微加快
石斛兰(*Dendrobium nobile*)	
香石竹(*Dianthus caryophyllus*)	僵蕾，花瓣萎蔫
大戟属(*Euphorbia*)	叶片黄化与脱落
小苍兰(*Freesia hybrida*)	花蕾畸形或枯萎，衰老加快
非洲菊(*Gerbera jamesonii*)	花朵老化稍微加快
满天星(*Gypsophila paniculata*)	花朵萎蔫
球根鸢尾(*Iris*)	花蕾不开放或枯萎，衰老加快
百合(*Lilium*)	花蕾枯萎，花瓣脱落
水仙(*Narcissus*)	花径变小，衰老加快
蝴蝶兰(*Phalaenopsis amabilis*)	花色泛红，偏上生长，衰老加快
棒叶万带兰(*Vanda teres*)	
丁香属(*Syringa*)	花蕾不开放或枯萎，最低位花蕾变绿

续表 2-8

植物种类	乙烯毒害症状
金鱼草(*Antirrhinum majus*)	小花脱落
一品红(*Euphorbia pulcherrima*)	偏上生长,落花落叶,茎缩短
香豌豆(*Lathyrus odoratus*)	花瓣脱落
月季(*Rosa hybrida*)	花蕾开放受抑制,花瓣偏上生长蓝变,衰老加快
郁金香(*Tulipa gesneriana*)	僵蕾,花瓣蓝变,衰老加快

注:资料来源为 Nowak 和 Rudnicki(1990)。

2.2.2.3 杀菌或抗菌

鲜切花在栽培过程中,不可避免地会被一些微生物侵染,而且采后流通过程中湿度较高,更加容易蔓延。鲜切花采收后,所侵染的微生物大量繁殖,会造成花茎导管堵塞,影响水分吸收,并产生乙烯和其他有毒物质,加速鲜切花衰老。因此,防止微生物侵染,是保鲜剂的重要功能之一。

2.2.2.4 延缓花叶褪色

鲜切花不论是花瓣还是叶片,一旦失去了标志本身特性的颜色,也就意味着失去了观赏价值。其中,关于花色,鲜切花在采后流通过程中,花瓣颜色容易发生变化,如香石竹红色花瓣在低温贮藏中失去光泽,变得暗淡,红色月季花瓣在瓶插过程中出现蓝变等。花朵失去本色比如月季的蓝变和香石竹的焦边,主要是因为内部色素及其环境的变化所造成。花瓣中主要含有两种色素:类胡萝卜素和花色素苷。在衰老过程中,类胡萝卜素总含量降低,而花色素苷变化没有统一的规律。

花色变化有时是因为色素本身发生氧化,如类胡萝卜素、花色素苷、黄酮类、酚类化合物氧化,造成鲜切花花瓣褐变或黑变。有时是代谢产物造成液泡 pH 的改变。在衰老过程中,蛋白质分解释放出自由氨,使 pH 升高,花色素苷呈现蓝色,如月季、飞燕草、天竺葵红色蓝变。而有的鲜切花衰老时液泡中的苹果酸、天门冬酸、酒石酸等有机酸含量增加,pH 降低,花色素苷呈红色,如三色牵牛花、矢车菊、倒挂金钟等蓝色红变(胡绪岚,1995)。

关于叶片黄化,叶片失绿造成黄化,有时是因为自然衰老过程中叶绿素减少的缘故,有时是因为光线不足使叶绿素无法再生的缘故,菊花和百合常常因为叶片黄化而观赏价值严重受损。

从迄今为止的研究分析,保鲜剂能够显著延缓叶片黄化进程,而对于花色目前还没有发现有效地防止褪色的保鲜剂成分。

2.2.2.5 补充糖源

鲜切花采收太早或经过较长时间的贮藏后,其开花进程往往变得非常缓慢,有时甚至不能正常开花。其主要原因之一就是因为缺乏可有效利用的糖源，因此，糖分成了保鲜剂的主要成分之一。

2.2.2.6 改善水分平衡

鲜切花通过吸收作用和蒸腾作用对自身的水分进行调节。改善鲜切花的水分平衡，包括促进切口部位的水分吸收，促进水分在导管或管胞内的运输，以及调节蒸腾速率。其中促进水分吸收主要通过杀菌剂或抗菌剂防止病菌在切口部位的侵染来实现；促进水分运输主要通过表面活性剂降低水分在导管或管胞内的表面张力来实现；调节蒸腾速率主要通过植物生长调节剂对气孔开闭的调节来实现。

2.2.3 鲜切花保鲜剂的主要成分及其作用

保鲜剂中最重要而且最普通的成分是水；几乎所有的配方中都有糖；其他成分在不同的配方中变化很大。下面分别进行讲述。杀菌剂或抗菌剂常见的有8-羟基喹啉、缓慢释放氯化物等。表面活性剂以阴离子类型的高级醇类和非离子类型的聚氧乙烯月桂醚最为有效。植物生长调节剂常用的有细胞激动素如BA、赤霉素如GA_3等。金属离子和可溶性无机盐中最常用的是Ag^+，多以硫代硫酸银的形式使用。

2.2.3.1 水

目前用于保鲜剂的水主要有自来水、去离子水、蒸馏水以及微孔滤膜过滤水。其中，关于自来水，不同地区的自来水所含成分变化较大，pH最好在3～4之间，以便限制微生物繁殖，氯离子或氟离子含量要低，以防和银盐反应，降低保鲜剂作用。去离子水或蒸馏水可以增进切花瓶插寿命，还能加强所用保鲜剂的效果。微孔滤膜过滤水，在月季鲜切花上的应用远远超过去离子水。微孔滤膜的主要作用在于过滤本身，在减压状态下清除气泡，从而减轻导管中空气堵塞。

2.2.3.2 糖

可以作为鲜切花开花所需的营养来源，促进花瓣伸长，增进鲜切花的水分平衡，保持花色鲜艳。多数保鲜剂配方中含有蔗糖，其他的代谢糖如果糖和葡萄糖有时也有应用。乳糖和麦芽糖只在低浓度时才有效果。非代谢糖如甘露糖醇和甘露糖则无作用或有害。

蔗糖吸入切花体内后，被分解为葡萄糖和果糖，成为呼吸底物和植物体的构造成分。因此，带有很多未开放花蕾的满天星和情人草、蕾期采收的香石竹，都必须进行以糖分为主要成分之一的催花液处理；唐菖蒲和蛇鞭菊，糖的处理效果也特别明显。但是，有些鲜切花种类糖分处理后在体内合成淀粉，贮藏起来，削弱了糖的作用，有时甚至发生糖的伤害现象。如菊花，糖质量分数超过3%时，黄色花朵出现褪色等。一般情况下，叶片对高浓度糖比花瓣敏感，浓度高了容易引起叶片的烧伤，这可能是因为叶细胞渗透调节能力差的缘故，所以处理时糖浓度不能过高。

适宜的糖浓度因处理目的和花材种类而异，一般而言，短时间浸泡处理的预处液糖的浓度相对较高；长时间连续处理的瓶插液糖浓度相对较低；催花液介于两者之间。

2.2.3.3 杀菌剂或抗菌剂

所有保鲜剂配方中都至少含有一种具有杀菌力或抗菌力的化合物，这类化合物常有以下几种类型。

(1)8-羟基喹啉　8-羟基喹啉(8-hydroxyquinoline，8-HQ)是一种广谱型抗菌剂，易与金属离子结合，夺走细菌内的铁和铜离子，因而有抗菌作用。该物质可使从茎基切口处溶解到瓶插液中的单宁类物质失活，可以抑制细菌的增殖，防止导管堵塞。同时，还可以降低水的 pH，促进花材吸水，降低气孔开放度达到降低蒸腾的目的。此外，还有抑制乙烯生成的作用。常用的有硫酸羟基喹啉(HQS)和柠檬酸羟基喹啉(HQC)，应用质量分数为 200～600 mg/L。

(2)缓慢释放氯化物　有些稳定而缓慢释放的氯化物常用作游泳池的消毒剂，在保鲜剂配方中也有应用。氯的质量分数为 50～400 mg/L。已采用的化合物有：二氯-三奈-三酮钠(sodium dichloro-5-trizinetritone)，也称二氯异氰尿酸钠。还有二氯异氰酸钠(SDIC)三氯异氰酸钠(TICA)等。

(3)季胺化合物　比上述 8-HQ 稳定、持久，一般对花材不产生毒害，作为抗菌剂被广泛应用，尤其在自来水或硬水中应用更为有利。欧美市场上出售的 Physan-20，Vantoc CL，Vantoc AL 等都含有该类化合物。这类化合物有：正烷基二甲苄基氯化氨(*n*-alkyl dimethyl-benzyl amonium-chloride)，月桂基二甲苄基氯化氨等。

(4)噻苯咪唑　噻苯咪唑(thiabendazole，TBZ)是一种广谱型杀真菌剂。常以 300 mg/L 的质量分数与 8-HQ 配合使用。TBZ 在水中溶解度很低，可用乙醇等先进行溶解。TBZ 还表现类似细胞激动素的作用，可以延缓乙烯释放，降低香石竹对乙烯的敏感性。

2.2.3.4 表面活性剂

促进花材吸收水分，宇田(1989)报道，阴离子类型的高级醇类和非离子类型的聚氧乙烯月桂醚最为有效。此外，吐温-20、中性洗衣粉等也很有效果。

2.2.3.5 植物生长调节剂

通过调节激素之间的平衡来达到延缓衰老的目的。常用的有。

(1)细胞激动素　其中 6-BA 最常用，可以防止茎、叶黄化，促进花材吸水，降低切花的敏感性，抑制乙烯作用，一般使用 100 mg/L 质量分数。

(2)赤霉素　常用GA_3,单独使用效果不大,多与其他药剂一同使用,防止叶片失绿,促进花蕾开放。如能防止马蹄莲叶片失绿(Skutnik-E; Lukaszewska-A; Serek-M; Rabiza-J,2001),促进唐菖蒲花蕾的开放,花箭的伸长,花径的增加从而延长了整枝切花的寿命(Nowak-J,1989)。

(3)脱落酸　促进气孔关闭、抑制蒸腾失水、萎蔫和延缓衰老。由于脱落酸又是很强的生长抑制剂和衰老刺激因子,使用不当会适得其反,所以使用不是很多。

2.2.3.6　金属离子和可溶性无机盐

(1)银离子　作为乙烯作用抑制剂和杀菌剂被广泛应用,常以$AgNO_3$和醋酸银(10～50 mg/L)的形式使用。特别是1978年荷兰Veen发现了硫代硫酸银(silver thiosulfate, STS)以后,从根本上解决了银离子在导管内沉积的难题。

(2)铝离子　铝离子可以降低溶液pH,抑制菌类繁殖、促进花材吸水。常用的有:$Al_2(SO_4)_3$和$AlK(SO_4)_2$等。

(3)钾离子　增加花瓣细胞的渗透浓度,促进水分平衡,延缓衰老过程。

2.2.4　鲜切花保鲜剂的处理技术

2.2.4.1　预处液处理技术

预处液处理常在贮藏或运输前进行,一般由栽培者或中间批发商完成,是一项非常重要的采后处理措施,其作用可持续到鲜切花的整个货架寿命。预处液一般要用去离子水配制,其中含有糖、杀菌剂、活化剂和有机酸。由于鲜切花采后处理过程会有不同程度的失水,预处液处理使失水的鲜切花恢复细胞膨压,为鲜切花补充外来糖源,防止微生物的危害,以延长瓶插寿命。预处液糖浓度一般较高,其最适浓度因不同种类而异,如唐菖蒲、非洲菊等用20%或更高的质量分数,香石竹、鹤望兰等用10%的质量分数,月季、菊花等用2%～3%的质量分数。图2-1至图2-3显示了预处液的保鲜效果,从中看出预处液处理对于延长瓶插寿命是很重要的。

图2-1　东方百合预处液处理后瓶插效果

图2-2　非洲菊预处液处理后瓶插效果

图 2-3　满天星预处液处理后瓶插效果

2.2.4.2　催花液处理技术

催花液处理一般在出售前进行，由生产者或集货商完成，是通过人工技术处理促使花蕾开放的方法。催花液一般也要用去离子水配置，含有 1.5%～2.0% 的蔗糖，200 mg/L 杀菌剂，75～100 mg/L 的有机酸，所使用的蔗糖浓度要比预处液低（胡绪岚，1995）。处理时将鲜切花插在催花液中若干天，比预处液处理时间长，在室温或比室温稍低一些的温度条件下进行，花蕾的开放需要有足够的水分供应，所以必须在高湿度条件下进行，以防失水萎蔫；有的鲜切花需要结合补光措施；为了防止乙烯积累造成危害，应配有通风系统；当花蕾开放后，应转至较低的温度环境中。

催花液处理最早应用于木本鲜切花，如紫丁香和连翘，后来在月季、香石竹、菊花、唐菖蒲、非洲菊、鹤望兰和金鱼草等切花上也都有应用，图 2-4 显示了菊花的催花效果。

图 2-4　菊花的催花效果

对每一种鲜切花，掌握好花蕾发育阶段最适宜的采切时间十分重要。如采切时花蕾过小，即使使用催花液处理，花蕾也不能开放或不能充分开放，无法保持最佳的花期和保证最好的质量。不同种类的鲜切花对糖的反应不一样，有时同一品种反应差异也非常大，所以要为不同的鲜切花确定适宜的糖浓度，防止因糖浓度偏高，伤害叶片和花瓣。

2.2.4.3 瓶插液处理技术

瓶插液在零售展示或瓶插观赏时由零售商和消费者使用，保存鲜切花直至售出或在瓶插寿命将结束时使用。不同的鲜切花种类有不同的瓶插液配方，糖质量分数普遍较低，为0.5%～2%（胡绪岚，1995），还含有有机酸和杀菌剂，一般也是用蒸馏水稀释或溶解（图 2-5）。

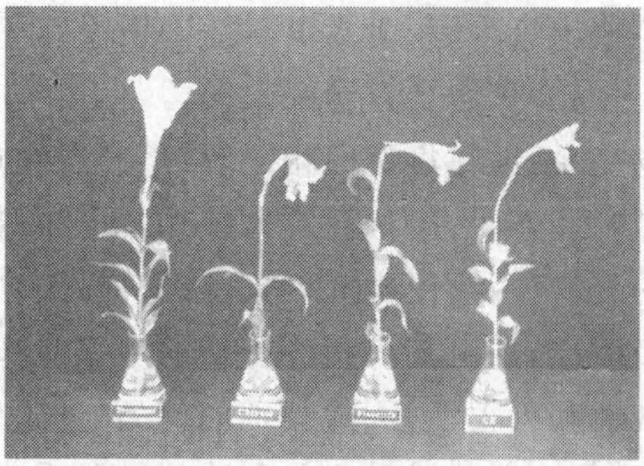

图 2-5 百合瓶插液处理效果

使用瓶插液时要确认所要瓶插的鲜切花是否已经用 STS 处理过，如果已经处理过，就不必再行处理。如果是用硝酸银处理过，那就不用再水剪，因为硝酸银没有沿着茎干向上运输而只存在茎端，防止茎端腐烂和微生物滋生而导致的吸水堵塞问题（Joanna Nowak 和 Ryszard M. Rudnicki，1990）。有的鲜切花种类如水仙花切花在瓶插过程中从茎端分泌有害物质，会对自身或同一瓶中的其他鲜切花产生毒害，对于这类鲜切花，每隔一段时间应该更换一下瓶插液。

（高俊平 谭 辉 李永红）

2.3 观赏植物产品分级和包装技术

2.3.1 观赏植物产品分级技术

观赏植物产品分级（grading of ornamental plant products）指将观赏植物按照质量标准归入不同等级的操作过程。分级的前提是要有分级的标准，即质量等级标准。目前虽然不是所有的观赏植物产品都有质量标准，且现有的国际标准和国内标准也不尽相同，但是随着花卉行业的不断发展，质量标准将会逐步完善和统一，观赏植物产品的分级工作也就更显得重要。

2.3.1.1 观赏植物产品分级的必要性

(1)建立交易基准的需要 质量等级标准最重要的作用就是为产品市场提供了交易基准。在现代贸易中,交易都有计划性,是通过履行购销合同来完成的。在这个过程中,如果没有质量等级标准,就无法对产品质量进行描述和评估,也无法对质量等级进行界定,交易就无法正常进行。在国际花卉贸易中,生产者如果忽视了外商的需要,不按双方认同的质量等级标准提供产品,就很有可能造成合同终止甚至违约。

(2)规范交易市场的需要 在建立质量等级标准的基础上,对产品进行分级并形成相应的价格体系,可以避免产品质量参差不齐、以次充好或无理压价等情况出现,减少由此引起的市场纠纷。另外,产品分级后,不同等级的产品能够以相应的价格出售,有利于提高从业者质量意识。

(3)保护生产者利益的需要 在花卉产业发展的初级阶段,许多生产者参与市场交易,但与集货商相比较,生产者在产品交易中处于劣势;尤其在市场交易系统尚未完善时,集货商常常依靠自己雄厚的经济实力或特有的销售渠道进行不正当的交易行为,使生产者蒙受经济损失。随着市场的完善,应逐步建立统一的质量等级标准,并由具有相应资格的专家对产品质量进行统一评估。分级具有相当的客观性和公正性,不同级别的产品能够以相应的价格出售,使生产者获得了最大的经济利益,即分级是产品升值的重要手段。

2.3.1.2 观赏植物产品分级标准

分级需要有尽可能统一的标准可依,以免不同分级者依照各自的标准而给产品销售和消费带来问题。目前国际上最为完善的质量标准是切花的质量标准,盆花因其种类繁多,尺寸、形态多样,目前还缺乏统一的质量标准。中国 2000 年颁布了主要花卉产品等级的国家标准,其中对鲜切花、盆花、盆栽观叶植物及种苗、种子等都制定了分级的公共标准和/或主要观赏植物种类分级的具体标准,这些标准将逐步在花卉的生产及贸易中发挥重要的作用(中华人民共和国国家标准 GB/T 18247—2000)。有关质量标准参考教材第 4 章。

2.3.1.3 观赏植物产品分级方法

观赏植物产品可以分为鲜切花、盆花、种球、种苗和种子 5 类,各类产品都有相应的质量等级标准,这些标准一般都包括应用范围、定义、质量等级和检测方法等内容。分级可分三步进行:首先根据各类观赏植物产品的定义将产品进行分类,然后根据标准的应用范围确定所要采用的标准,最后依照等级标准用所规定的检测方法对产品进行分级。下面根据观赏园艺产品不同种类分类方法分别描述。

(1)鲜切花分级方法(grading of cut flowers) 鲜切花是自活体植株上剪切下

来专供插花及花艺设计用的枝、叶、花、果的统称。一般从整体效果和病虫害及缺损情况进行等级划分，划分项目包括花、花茎、叶、采收期以及装箱容量。

抽样时同一产地、同一批量、同一品种、相同等级的产品作为一个检验批次。样本从提交的检测批中随机抽取，单位产品一般以支计。然后对下列项目进行检测：

鲜切花品种　根据品种特性进行目测。

整体效果　根据花、茎、叶的完整、均衡、新鲜和成熟度以及色、姿、香味等综合品质进行目测和感官评定。

花形　根据种和品种的花形特征和分级标准进行评定。

花色　按照色谱标准测定纯正度；是否有光泽、灯光下是否变色进行目测评定。

花茎和花径　花茎长度和花径大小用直尺或卡尺测量，单位为 cm。花茎粗细均匀程度和挺直程度进行目测。

叶　对其完整性、新鲜度、叶片清洁度、色泽进行目测。

病虫害　一般进行目测，必要时可培养检查。

缺损　通过目测评定(GB/T 18247.1—2000)。

(2)*盆栽花卉分级方法*　盆花类植物包括盆栽观花植物和盆栽观叶植物。其中，前者是指栽培于花盆等容器中的观花为主的观赏植物，后者是指栽培于花盆等容器中的观叶植物。一般从整体效果、花部状况、茎叶状况、病虫害或破损状况以及栽培基质进行等级划分。划分的项目包括花盖度、植株高度、冠幅、花盆尺寸以及上市时间。

抽样时同一产地、同一品种、同一批次的产品作为一个检验批次。样本从提交的检测批中随机抽取，单位产品一般以盆计。整体效果、花部状况、茎叶状况及机械损伤等项目目测评定；花色按照色谱标准检测其纯正度；冠幅、株高、花茎、盆径、盆高用直尺测量，单位为 cm；病虫害一般进行目测，必要时可培养检查(GB/T 18247.2—2000)。

(3)*种球分级方法*(grading of bulbs)　球根花卉是指具有膨大的根或地下茎的多年生草本花卉。种球是指球根花卉用于繁殖的膨大的地下根或地下茎。种球一般依围径、饱满度和病虫害来划分等级。各单项指标不属于同一级时，以单项指标低的定等级。

抽样时同一产地、同一品种、同一批次的产品作为一个检验批次。样本从提交的检测批中随机抽取，单位产品一般以粒计。围径用软尺测定种球的最大周长，单位为 cm。饱满度目测评定，病虫害一般目测，必要时可培养检查

(GB/T 18247.6—2000)。

(4)*种苗分级方法*(grading of nursery stocks) 种苗是用来生产的基础材料。健康合格的种苗应具有发达的根系、健壮、充实、通直的苗干,正常的色泽,整个植株没有机械损伤和病虫害。以地径、苗高、叶片数和根系发育状况作为划分项目。其中地径是指地际直径,即栽培基质表面苗干的周长,单位为 cm。

抽样时同一产地、同一品种、同一批次的产品作为一个检验批次。样本从提交的检测批中随机抽取,单位产品一般以株或盆计。地径用软尺测量,苗高用直尺测量,单位厘米;叶片数采用计量方法;根系发育状况目测评定,结合直尺测量根系长度进行,根系长度单位为 cm(GB/T 18247.5—2000)。

(5)*种子分级方法*(grading of seeds) 植物学上的种子是指从胚珠发育而成的繁殖器官。种子的质量包括品种质量和播种质量,前者是指种子的真实性和品种纯度,后者是指种子的净度、饱满度、生活力、发芽率、含水量等。优良的种子必须具有纯度高、净度好、充实饱满、生命力强、发芽率高、水分含量较低、无病虫害等特征。

抽样时应从种子批不同部位随机抽取若干个小部分种子合并,然后把样品经过对分递减或随机抽取规定重量的样品,每一步骤都必须有代表性。种子批是指同一来源、同一品种、同一年度、同一时期收获和质量基本一致,在规定数量之内的种子。一批种子有重量的限制,若超重须分成多批,分别给以批号(赵玉巧等,1998)。分级时严格按照种子分级标准进行,各指标不属于同一级时,以单项指标低的定等级。下面列出各个指标的检测方法:

净度 指样品中去掉杂质和其他植物种子后,留下的本植物净种子的重量占样品总重量的百分率,用称重法测定,以 g(克)为单位。

发芽率 通过发芽试验用统计方法计算。

真实性 种或品种的界定是解决真实性的问题,一批种子的种、品种或属与其界定是否相符,是种子分级检测的首要环节。

纯度 指一批种子个体之间在特征特性方面典型一致的程度,采用形态学法、物理法或化学法鉴定。

含水量 是指种子样品烘干后失去的重量占样品原始重量的百分率。在测定的过程中要严防水分损失,一般方法有低温恒重烘干法、高温烘干法、高温水预先烘干法和种子水分速测仪法。

生活力 是种子发芽的潜在能力或种胚具有的生命力。一般使用生物化学四唑法测定。

千粒重 从净种子种数取 1 000 粒种子称重。

病虫害 病害可用目测、过筛、萌芽、分离培养等方法评定,虫害一般目测评定(赵玉巧等,1998)。

2.3.2 观赏植物产品包装技术

2.3.2.1 观赏植物产品包装的作用

包装在采后流通过程中具有多方面作用:将产品置于方便装卸、运输、营销等操作的合适的单位;避免在贮运及营销过程中对产品造成的机械损伤;减少贮运及营销过程中因物理及化学因素如失水、温度的剧烈变化以及环境中的有害气体等造成的质量损失。此外,包装还是一种运输容器,适宜的包装可以更有效地对产品进行贮藏、运输及营销等方面的操作;包装还具有良好的保鲜作用。

(1)便于观赏植物产品的采后处理 产品流通前必须进行包装,采用适宜的包装单位能方便搬运、码放等操作,通风良好的包装还可以使产品更有效地预冷。

(2)减轻观赏植物产品的机械损伤 不同的观赏植物产品,抗机械损伤能力差异很大,应根据产品对机械损伤的耐性不同,选择不同的包装方法。外包装要有一定的机械强度,否则当产品码放时就会出现挤压损伤。设计包装箱时要考虑因运输中产生振动摩擦损伤和因锐边造成的切割问题。

(3)减少观赏植物产品的水分损失 水分蒸发是使观赏植物产品,尤其是鲜切花萎蔫和品质下降的重要原因。透气性适度、水蒸气渗透性低、结实且廉价的聚乙烯膜(袋)的出现,给鲜切花等观赏园艺产品的包装提供了实用的内包装。使用这种包装抑制了正常状态下的水分蒸发,防止流通时观赏园艺产品品质劣变,有效地保持了产品鲜度。

(4)保持观赏植物相对稳定且较低的温度 很多观赏园艺产品都需要冷链流通,在流通过程中必须维持低温环境,因此在外包装内应用隔热材料做衬里。很多填充材料也能起到隔热作用。

(5)创造适合观赏植物保鲜的气体环境 用聚乙烯膜包装鲜切花时,通过鲜切花的呼吸消耗氧气,放出二氧化碳,使包装袋中形成低氧、高二氧化碳的气体环境;同时袋内少量二氧化碳渗透到袋外,环境中少量氧气进入袋中,从而使包装袋内的气体组成达到一种动态平衡。这种平衡气体组成因聚乙烯膜的厚度、包装产品的种类、成熟度和数量以及放置的环境温度不同而异。

(6)提高商品价值 设计精巧、富有艺术感染力的外包装会极大地刺激消费者的购买欲望,在一定程度上使产品增值。

2.3.2.2 观赏植物包装材料

(1)包装材料的选择 包装材料(packaging materials)的选择要根据产品种类和特性、包装方法、预冷方法、包装成本、运输方式以及购买者的要求等因素综合考虑。包装材料应该满足以下基本要求:

①足够的强度:在采后加工、运输、贮藏等过程中能够保护产品。

②适度防水:在受潮后仍能维持足够的强度及耐压能力,保证产品湿度较大或空气相对湿度较大时不会受到影响。

③不含有害物质:所含化学物质不至于使产品和人受到危害。

④包装的重量、尺寸和形状,能够便于开、封等操作,符合上市的需求。

⑤导热性:能适合快速降温或绝缘冷热的要求。

⑥适当的透气性:使箱内观赏园艺产品不至于受到缺氧或高二氧化碳危害,或者具有适当的透气性使箱内形成低氧高二氧化碳环境,从而起到保鲜作用。

⑦适合产品对光的要求:根据品种的特性采用避光或透明包装。

⑧符合环保要求:材料便于分解、重复使用或回收。

⑨适当成本:成本与产品的价值及需保护的程度相适宜。

⑩完整的标签:完整和准确的标签可提供产品特征及操作说明等信息(Wills Ron 等,1998)。

(2)包装种类

①外包装(out packaging):包装箱和包装盒是最为常用的外包装,两者性状相似,习惯上将小的称为包装盒,而将大的称为包装箱。包装盒一般用于销售包装,包装箱多用于运输包装。

包装箱的选择主要是根据所要包装的产品特性来确定。通过对成本、物理性能、加工性能、印刷性能等综合评价,确定瓦楞纸箱及纤维板箱为最适宜的外包装材料。

包装箱的长、宽、高比例即为其形状,对材料的用量和支撑力都有很大影响。包装箱的尺寸应能最大限度地满足产品的要求并兼顾操作的方便。实际设计中常用威氏比例法和连续比例法。按长、宽、高比例为 2∶1∶2 的威氏比例法设计最节省材料。长、宽、高比接近 1.618∶1∶0.618 的连续比例法稳定性和抗压性能相对要好,(章建浩,2000)。长宽比为 1.5∶1 也是合适的比例。考虑到人在日常生活中能处理的最大重量,国际劳动组织推荐使用较小的包装,目前水果的包装标准是 30 L(20 kg 产品)和 15 L,蔬菜是 36 L(Ron Wills 等,1998)。花卉由于种类繁多,目前还没有统一包装标准。

呼吸热能容易地从包装箱中散逸非常重要。因此包装箱的大小还需考虑产品呼吸的强度，尤其是没有通风设备的情况下，呼吸热的耗散是由中心向包装箱壁散逸，如果包装箱太大，中心热量无法散出，将进一步促进花枝的呼吸并加速其衰老。箱内包装材料也不应阻碍箱内空气流通。用于强制通风预冷的包装箱，要有分别占侧壁表面积5%的进风口和出风口。

为了减少贮运过程中水分的损耗，常常在包装箱外面用塑料膜覆盖或包装箱内侧用塑料膜衬里，或者向包装箱表面喷涂蜡层。

②内包装(inner packaging)：内包装一般采用薄膜材料，用以保护植物免受失水和机械损伤。常用的薄膜材料有软纸、蜡纸及各种塑料薄膜。其中最为常用的是聚乙烯塑料薄膜。塑料薄膜通常是气密性的，因此会导致包装箱内部低氧高二氧化碳环境，减少呼吸损耗，但过高的二氧化碳会造成伤害，如必要可以在包装中放上二氧化碳吸收剂。也常使用可以部分透过气体的更薄的塑料薄膜(如0.04～0.06 mm)(J. Nowak, R. M. Rudnicki, 1990)，有时也通过打孔的办法改善薄膜的透气性。

③填充材料(filler materials)：填充材料主要作用是防止振动和冲击，有以下几种类型，详见表2-9。

表2-9 用于填充材料的种类、制作方法、特性以及用途一览

种 类	制作方法、特性、用途
泡沫塑料	物理性状稳定，缓冲性和复原性好
聚氯乙烯	热成型法制成，重量轻，有韧性，用于装饰性好特别易损坏的鲜切花和盆花
充气塑料薄膜	热封法制成，重量轻，良好的防湿性，不易污染
纸浆模式容器	吸湿性、透气性好，用于CA贮藏
瓦楞箱	贴合而成，起支持、固定作用
天然材料	包括刨花、麦秸、稻壳、锯末等，通气性、吸湿性、缓冲性好，价格低，无污染，机械化搬运困难，易产生霉菌，易发生尘埃，缺乏装饰性

注：资料来自章建浩(2000)。

(3)包装材料的环保问题　园艺产品的包装涉及多种材料，这些材料如果处理不当，将会造成严重的环境污染。木质材料可被生物降解；纤维板及纸质材料可被生物降解，也可回收利用，但这些材料要消耗森林资源；固体塑料包装材料大部分可回收利用，但成本和回收费用都比较高。聚苯乙烯等聚合物材料不易降解，处理不当会危害自然环境，回收利用只是一种权宜之计，还没有更加切实可行的办法。目前国内、外环保问题日显突出，可以预言，环保包装材料将受青睐。由纤维素、淀粉及蛋白质等为原料做成的可降解包装膜正在研制之中，不久的将来，更为环保的材料将会供应市场(Ron Wills 等, 1998)。

(4)包装的标准化问题　标准化包装(包括尺寸和形状)在提高工作效率和方便国际贸易等方面的作用显得越来越重要。由于观赏园艺产品的复杂性,其包装的标准化进展较为缓慢。美国花卉栽培者协会(SAF)和产品上市协会(PMA)制定了鲜切花的标准纤维板箱规格,适合美国冷藏卡车的鲜切花包装箱的标准尺寸有宽51 cm,高30 cm,长102 cm,122 cm或132 cm几种型号(Joanna Nowak 和 Ryszard M. Rudnichi, 1990)。各国应参考观赏植物产品贸易先进国家的包装标准,结合各自常用运输工具尺寸,首先致力于国内包装的标准化,最终达到国际统一。

2.3.2.3　观赏植物产品包装技术

观赏园艺产品种类不一样,其包装方法也不一样,下面分鲜切花、盆花、种球、种苗和种子5种类型分别描述。

(1)鲜切花的包装(packaging techniques for cut flowers)　鲜切花大部分品种包装的第一步是捆扎成束。花束捆扎的数量和重量依花卉种类、品种及各国的习惯等而异。我国大部分鲜切花20支一扎,比如香石竹、月季等。也有10支一扎的,如百合、石斛兰等。进口的花卉也有8支,12支或25支一扎的,如菊花、马蹄莲等大花类通常12支一扎,而香石竹等则以25支一扎。决定每扎支数的因素还有单位成本以及机械损伤敏感程度等,如火鹤、荷花等则以更小的单位甚至单支为一单位,单独包装;一些珍贵的鲜切花品种在捆扎前,甚至采收前对花冠或花序以塑料网/套或防水纸单个包裹,以防花冠散乱和可能的机械损伤。另外,满天星、补血草、孔雀草等填充类花材因其花序大而各有不同的捆扎单位(冯双庆和孙自然,1989)。

切花经捆扎成束后,通常以报纸、耐湿纸或塑料袋包裹即可装箱。包装箱一般为瓦楞纸箱,箱中衬以聚乙烯膜或抗湿纸以保持箱内的高湿度。月季还常用聚乙烯泡沫塑料箱包装,或置于聚苯乙烯泡沫或聚氨酯泡沫衬里的纤维板箱中,以防外界过冷或过热对鲜切花的危害。装箱可以在预冷前或预冷后进行。如果用强风预冷,则可以在装箱后进行,否则,应将鲜切花预冷后装箱,而且装箱操作应在冷库或低温中间进行。

鲜切花装箱时,花朵应靠近两头,分层交替放置于包装箱内,层间应放纸衬垫。每箱应装满,以免贮运过程中花枝移动产生冲击和摩擦,但装箱也不可过紧,否则花枝会彼此挤压。为了保护一些名贵的鲜切花,如火鹤花、鹤望兰、红姜花等,箱中常填充泡沫塑料碎屑或碎纸;有时也填充碎湿纸以保持箱内较高的空气湿度,应避免装卸过程中受到冲击。

有些切花贮运时间较长,若水平置放,常发生花茎向上弯曲现象,尤其是花序较长的种类如唐菖蒲、晚香玉、金鱼草、飞燕草、羽扇豆、火炬花等;银莲花、水仙花、金盏菊、花毛茛等也常发生花头弯曲，因此这类切花包装时需垂直放置于专门设计的包装箱中。图 2-6 至图 2-9 分别是以日本大田花卉市场为例介绍月季等的 4 种切花的包装实例。

图 2-6 月季切花的纸箱包装

图 2-7 满天星切花的纸箱包装

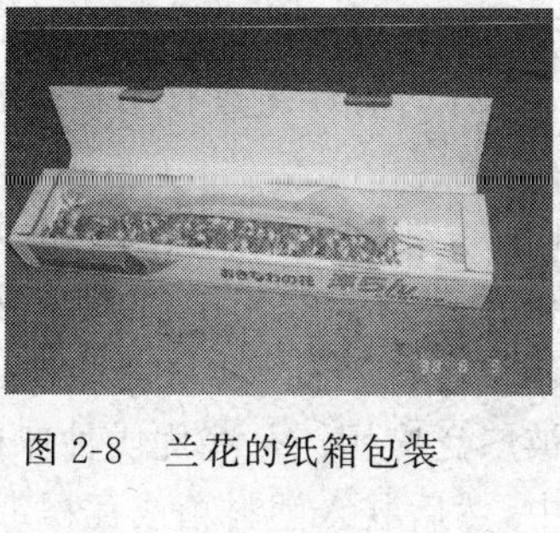

图 2-8 兰花的纸箱包装

图 2-9 香石竹的纸箱包装

需要湿藏的鲜切花如月季、非洲菊、百合等，可以在箱底固定盛有保鲜液的容器，将切花垂直插入，或直接插入塑料桶中。这种类型的包装，对于运输及装卸等操作要求更高。湿包装只限于公路或铁路运输，在空运禁止使用这种包装。湿藏的包装箱外必须有保持包装箱垂直向上的标识。另有一些娇嫩的切花品种如石斛兰，需在花枝（或成束捆扎后，如满天星）的基部缚以浸湿的脱脂棉再用蜡纸或塑料薄膜包裹捆牢，或在花枝基部套上装有保鲜液的微型塑料管，使得花枝在贮运过程中免受缺水的损害。

乙烯敏感型的切花，需在包装箱内放入含有高锰酸钾的涤气瓶，或其他浸渍有高锰酸钾的材料，以吸收箱内乙烯，但需注意鲜切花不可与高锰酸钾直接接触。近些年新发现的新型乙烯作用抑制剂 1-甲基环丙烯(1-MCP)在常温下呈气态，有关科研机构正在研究在密封箱内利用该气体处理花材来阻止乙烯对切花造成的伤害。

(2)盆栽花卉的包装(packaging techniques for pot plants)　盆花根据种类、种植方式、大小、运输方式等不同而有不同的包装。通常可分为两种包装类型：一种是将盆栽植物经纸袋、塑料薄膜或玻璃纤维袋包装后再装进标准的包装箱，或者将套好袋的盆栽植物套坐于塑料泡沫模子上，保证植株更为稳定，减少贮运过程中振动或摩擦，然后装入打蜡的瓦楞纸箱；另一种是将盆栽植物套上防水纸或塑料薄膜包装袋后，直接装到根据运输工具的尺寸而设计的多层货运架上，货运架高度、宽度等依据不同植物而异。这种包装与运输结合的做法，大大降低了包装时间和成本，提高了装卸的效率。厚塑料薄膜不利于乙烯的扩散，因此对乙烯敏感的盆栽植物，主要是盆花类，不宜用此种包装，而最好使用纸质或纤维膜，或者打孔的塑料膜包装。无论以何种方式包装，每一株盆花都应该挂有标签，对植株的学名、普通名、建议的栽培管理措施及环境条件等给予详细说明，并附有该种植物的照片。

用于长途运输的盆花对品质的要求更高。有些操作因为在营销过程中不宜进行，故需在包装运输前进行预处理，如包装前宜对易感染灰霉病的品种喷射杀菌剂，有虫害的则需喷射杀虫剂等。盆花类，尤其是对乙烯敏感的盆花品种，包装前还需喷射 STS 保鲜液，但注意选择合适的浓度。这些预处理可以防止贮运过程中落花、落蕾、落叶等生理病害。对于观叶植物，有时还需喷射叶片光亮剂。值得注意的是，喷射叶片光亮剂后，植物的光饱和点增高，在后期的养护过程中需要更多的光照。

(3)种球的包装(packaging techniques for bulbs)　适宜于干藏的种球通常包装在网眼较大的塑料编织袋中或底部和侧壁具孔隙的塑料包装箱中，也常用箱壁上有孔隙的纸箱。这些包装较经济，但不能有效利用运输空间，且易造成挤压伤害，减少垛叠高度。塑料箱能克服上述缺点，因而被广泛应用。一些优质种球还常按一定规格及数量装入具透气孔的衬膜牛皮纸袋中，然后装入塑料箱或瓦楞纸箱。

有的种球如贝母、马蹄莲等可以用刨花作为包装材料。图 2-10 是种球包装实例。

需要湿藏的肉质鳞茎、肉质根等，常在侧壁带孔的塑料包装箱内衬以打孔的塑料薄膜，然后填充潮湿的草炭，上面分层整齐的码放种球，种球层间以草炭隔开，保持贮运过程中足够的湿度。有的种球如大丽花、美人蕉、秋海棠等也可以用泥炭、蛭石、谷糠覆盖来防止干燥。

(4)种苗的包装(packaging techniques for nursery stocks) 草本插条分为生根插条及无根插穗。国内交易中，生根插条可以带基质包装，但用于出口时则需要除去土壤基质，为了保持根系湿润，常用潮湿的水苔、草炭或珍珠岩等包装来增加湿度。通常将插条按一定的规格和数量先装入塑料袋中，再包装于打蜡的纸箱或内部衬有打蜡托盘或用聚乙烯膜作衬的纸箱中。无根插穗对于贮藏、运输的条件要求较为严格，通常不宜存放过长时间，应尽量采用空运以减少插穗的流通损耗。无根插穗在采后应立即预冷，然后按一定的规格和数量包入塑料袋中。为了加快呼吸热散逸和避免过多凝结水造成的腐烂，通常先使用打孔的塑料膜包装，然后再包装于纸箱或泡沫塑料箱中，并立即冷藏运输。整个包装过程要求快速，清洁。

穴盘苗在种苗交易中占相当大的比例。穴盘苗包装技术因育苗容器的标准化而显得简便、高效。图 2-11 是种苗包装实例。

图 2-10 种球的包装实例

图 2-11 种苗包装实例

(5)种子的包装(packaging techniques for seeds) 种子是具有较长采后寿命的观赏植物产品，一般都根据市场需求按不同单位包装于塑料袋中。

无论何种产品、何种包装方式，包装袋外必须注明产品名、品种名、花色、规格、数量、产地名、生产者姓名及代码，销售市场及操作注意事项等，盆花及种苗、种球、种子类还应标明生产及养护中的技术要求。

观赏植物产品类型多样，形态习性各异，一方面，为了最大限度保持产品的质量，产品包装要求个性化。另一方面，为了方便贮藏、运输和销售，单位包装的数量、重量或包装箱的尺寸要尽量做到标准化。最终所采用的包装是个性化和标准化相平衡的结果(图 2-12 是种子包装实例)。

图 2-12 种子的包装实例

(谭 辉 董 丽)

2.4 鲜切花预冷技术

2.4.1 鲜切花预冷的概念和意义

2.4.1.1 鲜切花预冷的概念

鲜切花预冷(precooling)，是指通过人工措施将鲜切花的温度迅速降到所需温度的过程，也称为除去田间热(cooling capacity)的过程。这一措施主要在鲜切花运输前或贮藏前进行，有时在批发或拍卖市场也作短时间处理，主要目的在于减少鲜切花采后流通过程中的损耗，提高流通质量。预冷是鲜切花冷链(cold chain)流通的第一个环节，也是创造低温环境的第一步。所谓鲜切花冷链流通是指鲜切花从采收、预冷、贮藏、运输和销售等各个环节都在低温下进行，是理想的流通方式，也是鲜切花采后流通的发展方向。

鲜切花含水量较高，以月季切花为例，三个品种完整花枝、茎秆、叶片、花朵的水分含量都在70%以上(表2-10)。鲜切花的比热容大多在0.21 kJ/(kg·℃)左右，贮运时的冷负荷比较大，所以必须进行预冷处理。为了能够选择合适的预冷方式，有效地控制预冷温度，需要估算冷负荷。预冷时的冷负荷(cooling capacity)相当于预冷时要去除的田间热。田间热可以通过公式来求算(韦三立，2001)：

$$H_f = S \times D \times W$$

式中：H_f 为鲜切花田间热/kJ；S 为鲜切花比热容/(kJ·kg^{-1}·℃$^{-1}$)；D 为鲜切花需要降低的温度/℃；W 为鲜切花重量/kg。

表2-10 月季切花不同品种、不同器官的水分含量

品种	水分含量/%			
	茎秆	叶片	花朵	完整花枝
先红(First Red)	73	69	83	76
索菲亚(Sophia)	75	75	87	80
大丰收(Ojivia)	72	75	83	77

注：表中数据为20支花材的平均值，所有数据的标准差低于平均值的15%。

2.4.1.2 鲜切花预冷的意义

作为采后处理的一个主要步骤，预冷技术在生理和经济方面都有其重要的意义。

(1)生理意义

①降低呼吸活性，延缓开放和衰老进程：观赏植物的呼吸作用是由一系列酶催化的生化反应，其强度与温度有直接的关系。据测定，园艺产品的温度系数(即Q_{10}，指当温度升高10℃时的呼吸速率与未升高时的呼吸速率之比值)在0～10℃时为2.5～4，10～20℃为2.0～2.5(周山涛，1998)。另有资料表明，香石竹0～10℃和10～20℃的呼吸强度和温度系数分别为3和8，表明温度对香石竹切花呼吸代谢过程有强烈的影响。表2-11列出不同环境温度条件下香石竹的呼吸强度和温度系数。

表 2-11 香石竹切花在不同温度下的呼吸强度和温度系数

温度/℃	呼吸强度/[$mgCO_2$ · (kg^{-2} · h^{-2})]	温度系数/Q_{10}
0	10	—
10	30	3
20	239	8

注:资料来源 Kader 等(1985)。

鲜切花从植株采切后,主要靠自身贮存的营养物质来维持代谢。营养物质的供给不足是大部分鲜切花自然衰老的主要原因。观赏植物采后快速预冷降低花材温度,可抑制与呼吸相关的酶活性,减小呼吸底物与酶接触的概率,降低呼吸强度,减少因呼吸而引起的糖类和其他营养物质的消耗,同时减少过氧化物和自由基的产生,防止由于生物大分子降解而触发花的衰老进程。预冷与蕾期采收相结合可减缓鲜切花的开放和衰老进程,延长鲜切花的瓶插寿命。

②减少水分损失,保持鲜度:观赏植物采后水分损失会破坏花材正常的代谢过程,降低其耐贮性和抗病性。环境条件与失水量有密切的关系。其中温度是与失水关系最密切的环境因子。温度影响饱和湿度,温度升高空气的饱和湿度增大,产品与空气间的饱和差增加,花材失水量随之增多;温度还会影响水分蒸发的速度,温度高时水分子运动速度增快,蒸发失水也加快。通过预冷而形成的低温可减小空气的饱和湿度,减缓水分子运动速度,减少花材水分蒸发量。

③抑制微生物生长,减少病害:病害是引起观赏植物采后品质下降的主要原因之一。引起采后病害的病原菌有真菌和细菌,它们都有各自最适的生育温度。在常温下几乎所有的微生物都能生长繁殖,而在低温条件下,微生物繁殖的速度会显著减慢,如低温细菌'*Pseudomonas fluorescens*'的世代时间,在 20℃时为 1.5 h,10℃时为 3 h,0℃时为 28.3 h。通过预冷降低花材温度明显抑制了致病微生物的繁殖和传播,减少了病害的发生(日本食品流通系统协,1992)。

④降低乙烯对鲜切花的危害:乙烯明显促进乙烯敏感型鲜切花的衰老,严重影响其寿命和品质。防止或控制乙烯的危害是鲜切花保鲜的重要技术措施之一。乙烯合成途径的两个关键酶(ACC 合成酶和 ACC 氧化酶)的活性随温度的下降而降低,所以产品预冷可减少乙烯的产生。另外,通过预冷,减缓鲜切花生理代谢过程,钝化了乙烯的受体活性,降低了植株对乙烯的敏感性。

(2)经济意义 预冷还具有较高的经济价值。通过预冷排除大量的田间热,减少了贮藏和运输过程中制冷设备的能耗;将预冷技术与保冷技术相结合,可保持观赏植物良好的品质,同时可减少蓄冷剂用量,降低了运输费用;将预冷列为一项必需技术,有利于促进花卉质量标准化,加速我国花卉产业与国际接轨。

2.4.1.3 鲜切花的预冷传热原理和基本要求

(1)鲜切花的预冷传热机理　在设计和利用鲜切花的预冷设施时，掌握鲜切花的预冷传热机理是很必要的。鲜切花在以空气和水为媒介进行预冷时，首先是鲜切花内部的热量由热传导(heat conduction)到达物体表面；这表面的热量通过对流热传导(heat convection)扩散到冷却媒介；与此同时，鲜切花通过热辐射(heat radiation)散失热量。下面进行具体介绍。

①热传导、温度传播率以及热传导率：热传导是固体或静止的流体内部所进行的传热方式。在进行预冷时，有关的热传导包括预冷设施本身(包括屋顶、地面、四周墙壁)由外向内的热传导和鲜切花由外向内的热传导两大部分。

预冷时鲜切花内部的热传导并不是一个常数，而是随内部温度的变化而变化。可以通过基础偏微积分方程来了解鲜切花的预冷过程。这时，必要的热物理值并非热传导率，而是温度传播率。

温度传播率 α 是预冷速度的指标。几乎所有鲜切花的温度传播率都在 10^{-4} 范围内，远比金属低。因此，预冷速度也远比金属慢。

温度传播率 α 关系式如下：

$$\alpha = / cp$$

式中：c 为比热容；p 为密度。

鲜切花的温度传播率和热传导率可以通过有关手册获得(冷冻空调便览——应用篇，1981)。

②对流热传导、热传导系数：对流热传导通常是指运动的气体或液体向固体壁面传热的形式。对流热传导包括自然对流热传导和强制对流热传导两种方式。传热量是强制对流比自然对流高，水比空气要高得多。对流热传导量取决于热传导系数、鲜切花表面与预冷媒介的接触面积以及两者之间的温差。对流热传导系数受到流速的影响，预冷中，强制对流热传导的热传导系数远比自然对流热传导高。不过，鲜切花预冷取决于热传导，预冷速度是有限的。

③热辐射：热辐射与预冷介质无关，以电磁波的形式来传热。与预冷有关的热辐射包括预冷设施的屋顶和墙面受到太阳的辐射而升温，真空预冷时真空罐内壁向鲜切花的热辐射，以及鲜切花温度高于环境温度时向环境辐射热量等。

(2)鲜切花预冷速度的计算方法　鲜切花的预冷速度取决于下面 4 个因素：鲜切花的种类和数量、制冷介质与鲜切花的接触、鲜切花和制冷介质的温差、制冷介质的周转率和冷却介质的种类、包装箱的空气流速以及冷藏设备的效率等。当然，这几个因素不一定对所有的冷却方法都适合。预冷速度的计算方法通常采用半预冷终温时间(half-cooling time)法。所谓半预冷终温时间,是指鲜切花从起始温度(initial temperature)预冷达到终温(coolant time)的一半所需要的时间。因为半预冷终温所需时间与鲜切花初温无关,而且在整个冷却过程中保持不变,这样可以估计出预冷所需要的时间,而不用考虑鲜切花和预冷介质的温度。在预冷实践中,往往是最初降温速度较快,随着被预冷产品温度的降低,降温速度逐渐减慢。于是在美国也采用 7/8 预冷终温时间(three half-cooling time)来表示(Mitchell,1992)。

(3)鲜切花预冷的基本要求

①预冷起始时间要尽可能早:这里是指鲜切花从采收到预冷之间间隔的时间越短越好。如上所述,鲜切花的呼吸活性非常旺盛,从采收到预冷这一段时间,无疑对鲜切花是一种消耗;并且如果这段时间过长,会直接影响到以后所有的保鲜处理效果,有时甚至造成不可弥补的损耗。

②预冷时间要尽可能短:缩短预冷时间的优点参见上述。

③预冷终温要因产品而定:鲜切花适宜的预冷终温和对低温的忍耐极限因品种和种类不同差异很大。在进行预冷时,必须根据具体情况确定适宜的预冷终温,防止预冷不足起不到相应的效果,或者是降温过度使产品遭受冷害。特别是热带起源的鲜切花一般对低温敏感,预冷温度常在 8~15℃范围内。

④预冷方式应根据鲜切花种类灵活掌握:不同的预冷方式其降温原理不同,在应用时必须根据产品的特点选择相应的预冷方式。比如,比表面积大的鲜切花用真空预冷效果好。

2.4.2 鲜切花预冷的方式

到目前为止,国内外采用的预冷方式有冷库空气预冷(room cooling)、强制通风预冷(forced-air cooling 或 pressure cooling)、压差通风预冷、真空预冷(vacuum cooling)、包装冰冷(package icing)、冷水预冷(hydrocooling)等方式。这里主要介绍鲜切花预冷中常用的前 4 种方式。

2.4.2.1 冷库空气预冷

冷库空气预冷(room cooling)又称室内预冷,是将鲜切花放在冷库中,依靠自然对流热传导进行的预冷方式(图 2-13)。该方式简单易行,在国内外广泛采用,特别适合于规模较小的生产者和集货商。但是,该方式预冷速度慢,预冷装箱(但是没有封口)的鲜切花通常需要 24 h 以上。并且在整个预冷过程中鲜切花始终暴露于空气中,水分损失较大。有时为了提高预冷速度,在冷库中安装风扇促进库内气体的循环。有资料表明，空气以 60～120 m/min 的流速在容器周围和容器间循环时，冷却效果最好。在实践中，通常将切花插入预处液中，复水、吸收预处液、预冷，一举多得。这时，花枝比较分散，降温速度变得较快，如月季、香石竹、补血草、情人草、唐菖蒲等切花可在 6 h 内使花材由 20℃降到 5℃以下。

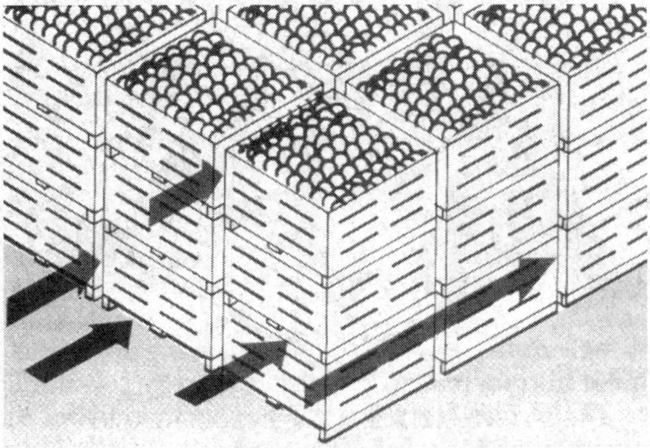

图 2-13 冷库空气预冷设施模式图(Adel A. Kader)

注：在返回预冷装置的途中，空气穿过箱顶及箱侧壁的孔。在这一系统中，空气沿阻力模最小的路线穿过农产品。从顶部到中心的冷却多通过传导进行。

2.4.2.2 强制通风预冷

强制通风预冷(forced-air cooling 或 pressure cooling)简称强风预冷，是在冷库空气预冷的基础上发展起来的一项预冷技术。该方式将装有被预冷产品的包装箱按照一定的方向排列码接在一起，包装箱之间开有通气孔道，以确保箱体之间的气体流通；最后将码接在一起的包装箱垛的一侧(这里称为首侧)与抽风机直接连接，而整个箱垛暴露在冷库内。当抽气机工作时，箱内形成一定的负压环境促使库内冷空气按照希望的气体流通方向通过被预冷物，通过对流热传导使产品达到预冷的目的。产品的预冷速度与冷空气在产品周围的流速有关，人们可以通过调节抽气机抽气量和包装箱体的开孔大小来调节产品的预冷速度。强风预冷的工作原理详见模式图(图 2-14)和实际图(图 2-15)。

强风预冷几乎适合于所有的鲜切花种类，并且其预冷速度比冷库空气预冷要快得多(表 2-12)。由于可以在较短的时间内完成，预冷鲜切花时水分损失要小得多。其不足之处在于需要有专门的设备如抽气机等，操作起来比较麻烦。这一预冷方式在美国很普及，在日本主要采用下述压差预冷方式。

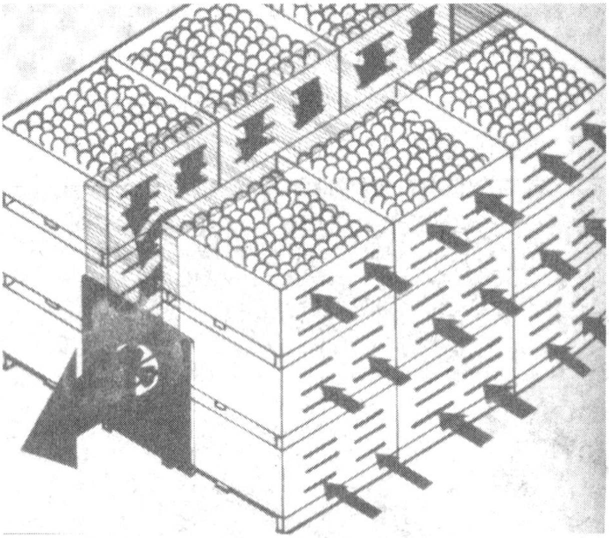

图 2-14 强制通风预冷模式图(Adel A. Kader)

注:空气由箱子或轻质容器形成的隧道中穿过,所形成的负压使冷空气穿过通气槽,从而直接接触被预冷的产品。

图 2-15 强制通风预冷实际图(Adel A. Kader)

注:用于成垛切花预冷的墙式强制通风预冷装置。侧壁敞开的通风孔,允许快速预冷时空气穿过容器,而在运输时可将通气孔关闭。

表 2-12　菊花等 4 种鲜切花强风预冷速度

项　目	菊花	草原龙胆	百合	唐菖蒲
预冷始温/℃	19.8	22.0	18.5	22.0
预冷终温/℃	7.1	5.5	8.0	10.5
半预冷终温时间/h	6.0	4.5	10.5	10.8
总预冷时间/h	10.0	10.0	11.0	10.0
预冷速度/(℃・h)	1.3	1.7	1.0	1.2

注：a. 资料来自日本长野县园艺试验场 1973 年数据，新堀二千男整理(1991)。b. 包装方法基于长野县规格，菊花、草原龙胆、百合切花各 50 箱，唐菖蒲 20 箱，外加叶用莴苣 1 000 箱，放置一起进行预冷，冷库温度为 0℃。

2.4.2.3　压差通风预冷

压差通风预冷(serpentine cooling)是日本人在强制通风预冷的基础上开发的一项预冷技术。因而未能找到合适的英文名称。基于美国人给予强制通风预冷的概念与原理(见上述)，该方式可以纳入强制通风预冷方式。但是日本学者(田中俊一郎，1991)认为应当独立出来，并且给予相应的定义：压差通风预冷方式是在强制通风预冷方式的基础上做了较大的改进，即在包装容器上方增加差压板，阻断冷空气流向，使被预冷物包装容器内孔隙部分的气流阻力降到最低，与此同时，抽气机抽气量的设定与被预冷物容器内空隙部分的气流阻力相匹配(图 2-16)。该方式与强制通风预冷相比，明显加大了通过被预冷物的有效风量，提高了预冷速度。

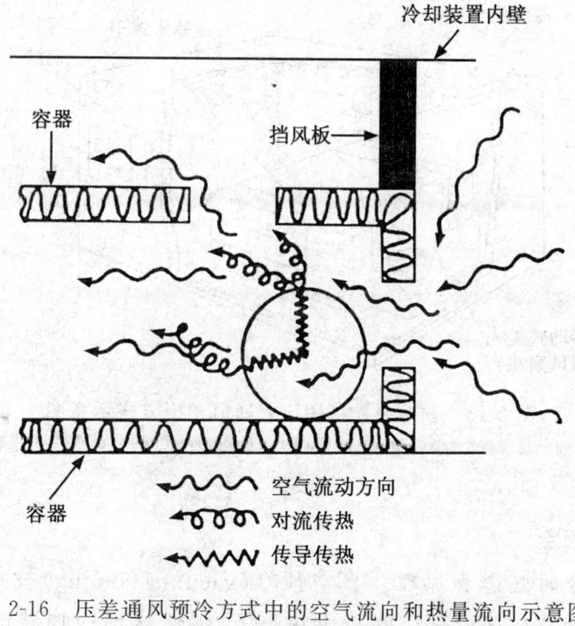

图 2-16　压差通风预冷方式中的空气流向和热量流向示意图
(岩元睦夫，河野澄夫等，1991)

压差通风预冷是目前国内外鲜切花最好的预冷方式，克服了强制通风预冷时容易带来的花材容易蒸腾过度的不足，极大地提高了预冷效率。该方式在日本很普及，并且开发了各种类型如 U 字形通风式(图 2-17)、直交型通风式、冷风循环式以及纵型吸入式等(田中俊一郎，1991)。同时，日本海开发了预冷和贮藏两用的压差通风预冷方式(图 2-18)。该方式的不足之处是使用起来比较麻烦，要求一定的设备投入。

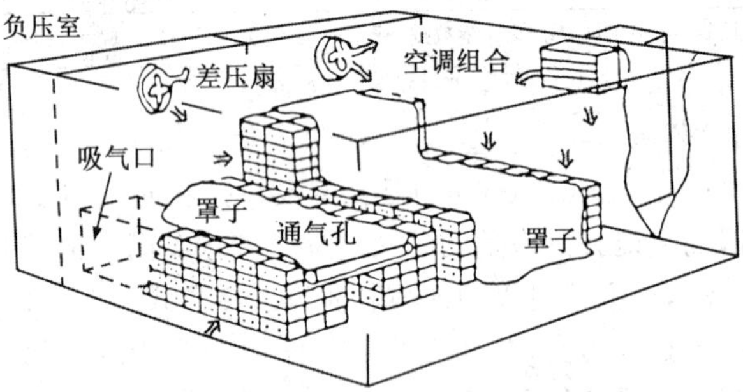

图 2-17　U 字形通风式压差通风预冷方式示意图
(岩元睦夫，河野澄夫等，1991)

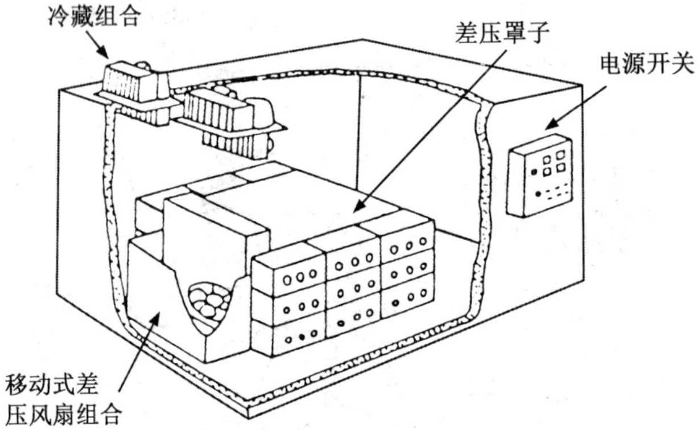

图 2-18　预冷兼贮藏用压差通风预冷方式示意图
(岩元睦夫，河野澄夫等，1991)

2.4.2.4　真空预冷

(1)真空预冷的概念和原理　真空预冷(vacuum cooling)技术最初是由日本人开发的，其原理是在接近真空的减压状态下，促使被预冷物沸点降到接近 0℃，由此促进蒸腾失水,并通过水分携带潜热降低花材温度,达到预冷的目的。如表2-13所示,水的沸点随饱和蒸汽压的下降而降低,当饱和蒸汽压由101 308 Pa降到1 226.4 Pa时,水的沸点由100℃降到10℃;饱和蒸汽压降到706.5 Pa时,水的沸点降到2℃,即2℃的水就可蒸发。当水由液态变为气态时,每千克水的汽化热约为2 512.1 J,这是真空预冷的冷源。鲜切花可以假设为用水充满的器官,并收容密闭到真空罐内,用真空泵抽真空使环境压力降低到1 333 Pa以下,促进鲜切花水分蒸腾散去潜热,最终使温度降低。计算公式:

$$T=R/100c$$

其中,R 为预冷过程中平均蒸发潜热/(kJ・kg^{-1});c 为鲜切花的比热容/(kJ・kg^{-1}・℃$^{-1}$)。

表2-13 水的沸点与饱和蒸汽压和蒸发热的关系

水的沸点/℃	饱和蒸汽压/Pa	蒸发潜热/(kJ・kg^{-1})
100	101 308	2 256.7
50	12 343.6	2 382.3
40	7 371.3	2 399.0
30	4 238.9	2 428.3
20	2 332.8	2 453.5
10	1 226.4	2 478.6
8	1 066.4	2 482.8
6	933.1	2 487.0
4	813.1	2 491.1
2	706.5	2 495.3
0	613.2	2 499.5

进行真空预冷的机械称为真空预冷机,分为可搬式和固定式(图2-19)两大类。不论哪种类型都包括真空罐、真空泵、冷凝器、操纵箱等部分(图2-20)。在日本多采用将由旋转真空泵与冷凝器组合的排气方式,也有采用将水封泵与开压机组合方式,或者喷射蒸汽的方式。

(2)*真空预冷中的水分损失与补充措施* 根据理论估算,在真空预冷过程中,水分每蒸腾1%,花材温度约下降5.5℃(新堀二千男,1993)。如果将花材由25~28℃降到5℃以下,鲜重损失将达5%左右。虽然多数花材在自然搁置的情况下都已造成约5%的水分损失,并且都可以恢复正常。但是,问题的关键在于真空预冷过程中,鲜切花的主要蒸腾部位在花朵和叶片,而从鲜重比率分析茎秆却占很大的

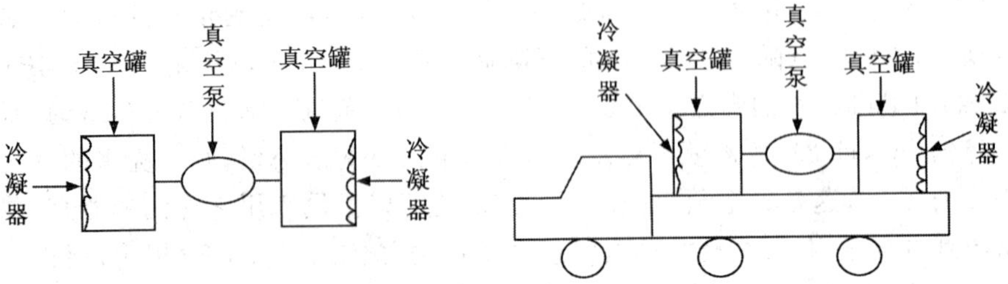

图 2-19 双真空罐真空预冷机模式图

A 为固定式;B 为移动式

图 2-20 真空预冷机械图

份额,并且质量越好的花材茎秆越粗壮,茎秆占花材总鲜重的比例也越大,通过真空预冷使花材在短时间内降温变得越难,其结果往往是茎秆还未降到所需温度,花朵和叶片就已经过度失水,并且降到易受冷害的程度(高俊平等,1996)。

高俊平等(1994,1996 和 1999)以补血草、月季、满天星、香石竹等为试材,系统探讨了切花真空预冷中的降温特性。a. 在给定的相同预冷条件下,北京和昆明生产的同一种花材降温速度差异较小;但是相同地域栽培的不同种花材降温速度差异较大。降温速度由快到慢依次是补血草、月季、满天星、香石竹,其中前者仅有后者的 1/2;b. 4 种切花不同部位降温速度共同之点是花朵快于茎秆,说明花材降温的难点在于茎秆。

同时,他们还摸清了切花真空预冷中的水分损失特性。a.失水速度由快到慢依次是叶片、花朵、茎秆;b.由于花朵和叶片的失水速度远远快于茎秆,因而在茎秆尚未降到所需温度时花朵和叶片已经受到失水伤害和因失水降温带来的冷害。这是真空预冷处理花材的难点。

围绕真空预冷中水分损失与补充问题,日本采用预冷开始前给花材喷水的方法,美国则改进为真空预冷罐内安装喷冷水雾装置;也有的采用半预冷终温的做法,即先通过真空预冷使花材降到 10℃左右,然后置于冷库结合预处液吸收让其逐渐降温。

近年来国内开发了真空预冷中补充失水和吸收预处液相结合的方法(图 2-21)。其原理是:利用茎秆基部浸入水中的切花在由减压向常压恢复的复压过程中,茎秆吸收水分的速度会大大促进的原理,开发了真空预冷茎秆基部吸收水分的措施。这一措施从根本上解决了切花在真空预冷中的水分损失和降温难的问题。将补充水分损失与吸收保鲜剂相结合,同时达到快速降温、补充失水和快速吸收保鲜剂的目的。使原来需要 12 h 完成的保鲜剂吸收工作,在短短 30 min 之内全部完成。

图 2-21 真空预冷与预处液吸收相结合处理场面图示

(3)真空预冷的优缺点

①优点:产品预冷速度快,通常只需要 30 min 便可使花材降低 20℃以上;产品预冷均匀,在真空罐内的各个角落都有相同的降温速率;预冷程度容易控制,可

以通过温度速测仪追踪花材降温每一时刻的温度；同时可以大批量地处理花材，特别适合于鲜切花基地使用。真空预冷在日本很普及。

②缺点：设备费用高、能源消耗多、预冷过程中产品容易失水萎蔫等。

（高俊平　谭　辉　李永红）

2.5　鲜切花贮藏技术

产品贮藏技术(storage techniques)是指在保存产品的过程中所采用的各种保持产品品质的技术措施。产品贮藏一方面是为了让产品拥有者对销售时间和销售地点灵活掌握，从而获得最大的经济利益。另一方面，贮藏可以调节市场的淡季和旺季，延长供应时间，实现均衡供应和种类多样化。观赏植物贮藏的形式和方法很多，按贮藏地点有产地贮藏和销地贮藏；按冷源有利用自然条件控温和人工控温；按贮藏特点分有普通冷藏、减压贮藏、气调贮藏和薄膜包装贮藏。

2.5.1　影响鲜切花贮藏效果的因素

2.5.1.1　产品质量

贮藏产品的质量非常重要，要获得好的贮藏效果，产品质量一定要好。首先，产品不能有病虫害感染，因为贮藏库中贮存大量的产品，病虫害扩散会造成巨大损失。其次，产品不能受到机械损伤，大部分观赏植物如鲜切花、盆花、种苗等是鲜活、易腐产品，机械损伤容易产生微生物病害。此外，观赏植物整体质量要好，产品中要贮藏足够的碳水化合物(主要是糖类)以供应呼吸消耗，盆花植株、种苗要健壮，种球要饱满。

2.5.1.2　温度

温度是观赏植物产品贮藏的最重要因子。低温可以减少产品的呼吸消耗，降低病虫害的发生和扩散速度，降低有害气体如乙烯的积累，从而减缓产品的衰老，保持产品质量，延长贮藏期。

贮藏温度要根据观赏植物低温忍耐特性、贮藏目的的不同而不同。鲜切花一般贮藏在 0.5℃以上，亚热带或热带起源的鲜切花贮藏温度不能低于 13℃(Ron Wills 等，1998)；种苗如果花芽已经分化，大多数可以在 13～15℃温度下贮藏 2 周时间，一般不能低于 10℃(Styer 和 Koranski，1997)；种子根据贮藏温度的不同可分为常温贮藏、低温贮藏和超低温贮藏。

2.5.1.3 湿度

湿度首先是影响产品水分的吸收和散失，湿度的高低与失水的大小成反比，湿度低，失水快。其次，湿度还与病虫害有关，高湿环境容易滋生微生物，造成产品腐烂。观赏植物产品大部分是鲜活产品，所采用的贮藏湿度是综合考虑这两个方面的结果。大部分观赏植物产品贮藏湿度为85%～95%，蒸腾旺盛、极易失水的种类可采用98%的湿度，极易腐烂的产品有时采用60%的湿度，少数极易失水又耐腐烂的种类有时也采用100%的湿度(Ron Wills 等，1998)。而很多种子采用干燥贮藏，含水量必须低于一定百分比，种子具有吸湿性，空气要保持干燥。

2.5.1.4 光照

光照主要影响产品的光合作用。对于大多数鲜切花，光照并没有明显影响其质量，在黑暗中能成功贮藏5～14 d，而香石竹鲜切花甚至可以贮藏数月之久(胡绪岚，1995)，但有一些鲜切花如百合、菊花等黑暗贮藏时间过长，叶片易出现黄化，可适当补光(约1 000 lx)或用保鲜剂(含GA_3或6-BA)处理。盆花，尤其是观叶盆花，能忍耐很长的无光贮藏，有的长达1个月，而观花植物黑暗时间不能太长，否则引起落花、落蕾。种苗贮藏期间一般需要控制生长，所以反而需要加强光照，一般不低于26 900 lx (Roger C. Styer 和 David S. Koransk，1997)。

2.5.1.5 气体

包括O_2，CO_2，乙烯等气体成分。其中O_2和CO_2将在气调贮藏技术部分具体讲述。乙烯是一种小分子的气体有机物，有两方面来源，一是来自于大气，如燃气、废气等；另一个是来自植物器官代谢的产物，所有植物器官都可以产生。乙烯是植物成熟和衰老激素，大部分观赏植物产品在乙烯气体中会加速衰老。花朵授粉、机械损伤、病虫害侵染以及高温、缺水等逆境都可以加快乙烯的产生。很多鲜切花如香石竹等对乙烯特别敏感，贮藏时要严防乙烯的积累；盆花对乙烯虽然没有鲜切花敏感，但有的盆花，尤其是观花和观果盆花，乙烯可使花瓣、花蕾、果实脱落，贮藏要注意通风，或喷施乙烯吸收剂来防止乙烯伤害。

2.5.1.6 空气流通

贮藏库中要有良好的通风，以保持均匀的温度和空气成分。通风良好的贮藏室，一个冷藏单元进、出口温差不应超过1℃，制冷机出风口和贮藏室空气温差不应超过5℃(Nowak 和 Rudnicki，1990)。在墙壁和包装之间、包装和包装之间应该留有适当的空间。鲜切花贮藏时，空间可以这样安排：码放行距5～10 cm，墙壁和包装距离10～20 cm，天花板和包装距离50 cm，冷风出口与贮藏产品之间200 cm (Nowak 和 Rudnicki，1990)。通风路线要适当，如留的空间太小影响通风，留的间距太大，因气流会沿着阻力最小的通道走，间距宽的地方获得的冷量大，贮藏产品温度不均匀。

2.5.2 鲜切花贮藏方式

2.5.2.1 普通冷藏

普通冷藏(normal storage)最重要的环境因子是温度,尤其是温度的稳定性。由于观赏植物产品种类极其繁多,普通冷藏的方式也很多,这里以鲜切花为例进行讲解,其他产品的贮藏技术见相应章节。鲜切花的普通冷藏包括湿藏与干藏。

(1)湿藏 鲜切花湿藏(wet storage)是指贮藏过程中将花材茎秆基部直接浸入水中,或者通过一些手段如用湿棉球包扎茎基切口处,以保持水分不断供给的贮藏方式。这种方式广泛应用于1~4周的短期贮藏。湿藏不存在类似干藏的失水问题,鲜切花组织可保持高的膨胀度。但湿藏占据冷库空间较大,比干藏温度(0℃左右)略高,多保持在3~4℃(Nowak 和 Rudnicki,1990),营养物质消耗、花蕾发育和老化过程较快,因此如何提高冷库利用率和减缓开花和衰老进程是关键。

湿藏时,应除去花茎下部叶片,以免泡在水中腐烂。湿藏前应把花茎端水剪2~3 cm,防止形成气栓,影响吸水能力。不能把水或保鲜液溅在花和叶片上,避免产生污斑和褪色斑或灰霉病的发生。容器内水或保鲜液深度不能太浅,以将茎淹没10~15 cm为宜。以合适的预处液代替水进行湿藏,可以延长鲜切花的寿命。从表2-14可见,金鱼草在保鲜液中的贮藏期限可以达到8周。

表 2-14 香石竹等4种鲜切花在保鲜液中湿贮最长贮藏期

切花种类	贮藏温度/℃	最长贮藏期/周	资料来源
香石竹(*Dianthus caryophyllus*)	4	4	Goszczynska 等,1982 (62)
非洲菊(*Gerbera jamesonii*)	4	3~4	Nowak,1988(63)
百合(*Lilium*)	1	4	Nowak and Mynett,1985(64)
金鱼草(*Antirrhinum majus*)	1	8	Halaba 等,1983(65)

注:资料来自 Nowak 和 Rudnicki 整理(1990)。

(2)干藏 鲜切花干藏(dry storage)是指在贮藏过程中不提供任何补水措施的贮藏方式。几乎所有的鲜切花种类都可采用干式贮藏(表2-15),但有的种类更适宜湿藏,如天门冬、大丽花、小苍兰、非洲菊等。需要长时间贮藏的鲜切花,可采用干藏方式。干藏的鲜切花质量一定要好,最好是上午采切,因为这时细胞膨压高,采后立即预冷至所要求贮藏温度水平,并进行预处液处理,而后擦干茎端后方可贮藏。干贮的好处是鲜切花贮期较长,节省冷库空间。干藏的难度在于如何防止水分损失,鲜切花虽然不能附着水滴,但贮藏前必须充分复水,菊花鲜重损失达10%以上就会明显地影响到外观质量。

表 2-15 花烛等鲜切花和带根插条干藏时的最长贮藏期

花卉类型	花卉名称	贮藏温度/℃	最长贮藏期/周	来源
鲜切花	花烛(*Anthurium*)	13	4	Akamine 和 Goo,1981
	香石竹(*Dianthus caryophyllus*)	0～1	16～24	Goszczynska 和 Rudnicki,1982
	菊花(*Dendranthema*×*grandiflorum*)	1	3	Kofranek 等,1975
	仙客来(*Cyclamen persicum*)	0～1	3	Halevy 等,1984
	唐菖蒲(*Gladiolus hybridus*)	4	4	Nowak 和 Rudnicki, 1984
	百合(*Lilium*)	1	6	Nowak 和 Mynett,1988
	水仙(*Narcissus*)	1	2	Nichols 和 Tompset,1972
	牡丹(*paeonia suffruticosa*)	0	4	Heuser 和 Evernsen,1986
	月季(*Rosa hybrida*)	0.5～3	2	Staby 等, 1984
	鹤望兰(*Strelitzia reginae*)	8	4	Halevy 等, 1978
	郁金香(*Tulipa gesneriana*)	0～1	8	Lutz 和 Hardenburg, 1986
	杜鹃(*Rhododendron simsii*)	−0.5～4	10	Pryor 和 Steward, 1963
带根插条	香石竹(*Dianthus caryophyllus*)	−0.5～0	5～6	Mastalerz, 1956
	菊花(*Dendranthema*×*grandiflorum*)	−0.5～0.5	5～6	Langhans, 1954
	天竺葵(*Pelargonium*×*Hortorum*)	−0.5	4～6	Eisenberg 等, 1978
	一品红(*Euphorbia pulcherrima*)	12～13	4	V. Henting 和 Knosel,1986

注:资料为 Nowak 和 Rudnicki 整理(1990)。

对重力很敏感的鲜切花,如唐菖蒲和金鱼草,应垂直贮放,如果水平放置,容易产生向地性弯曲,从而影响鲜切花质量。

2.5.2.2 减压贮藏

(1)减压贮藏的概念和原理　减压贮藏(hypobaric storage)或称低压贮藏(low pressure storage),是指在密闭的低温贮藏库内,用真空泵不断排气降压,同时用加湿的空气少量不断导入,一直保持库内低气压的贮藏方法。其原理是:降低气压,使空气中的各个分压都相应降低,但空气中的各空气成分相对比例没有改变,比如气压降至 1/10,O_2 的含量就降至 2.1%,也就是创造了一个低氧环境。不仅如此,低压能促进组织内的气体成分向外扩散,其速度与该气体组织内外分压差和扩散系数成正比,扩散系数又与外部压力成反比。所以,低压大大促进组织乙烯等有害气体向外扩散。减压贮藏可以减少呼吸消耗,避免有害气体如乙烯积累所造成的伤害,使鲜切花寿命得到延长。由于气压下降,水分容易丧失,所以必须用加湿设备进行加湿,使湿度维持在 95%以上。由于高湿会加重微生物病害,所以最好与消毒防腐剂配合使用。整套设备包括真空泵、真空缸、真空计、真空调节器、加湿器等,安装减压贮藏系统价格高是其广泛应用的限制因子,但其在预冷迅速降温和长距离运输有潜在应用价值。

(2)减压贮藏的方式　按降压方式可分定压式减压贮藏(图 2-22)和差压式减压贮藏(图 2-23)。前者在整个贮藏过程中保持恒定压力。后者在贮藏期间,设定真空缸的上限与下限,按照一定的时间间隔,重复进行真空泵抽气减压和进气阀进气复压。与前者相比,优点是换气充分,产品的各个角落都可以得到 O_2 的补充,库内产品充满,不必进行加湿;真空泵工作时间短,节省能耗。

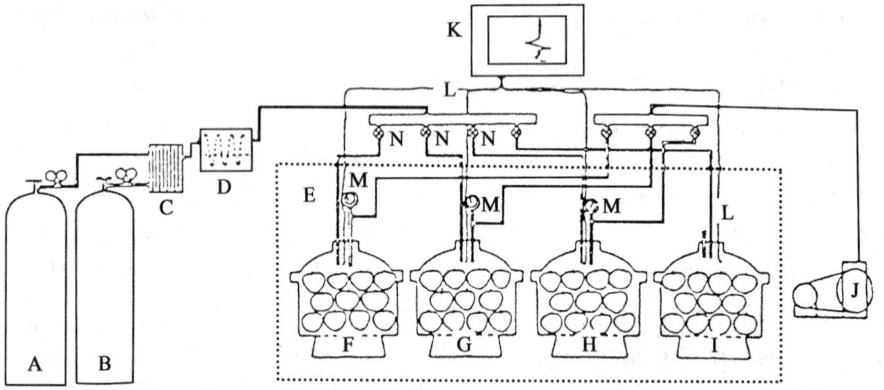

图 2-22　定压式减压贮藏试验装置示意图(岩元睦夫,河野澄夫等,1991)

A:N_2 瓶;B:O_2 瓶;C:混合器;D:加湿器;E:恒湿器;F 至 I:真空容器

F:62 784.3 Pa;G:37 057.4 Pa;H:13 596.6 Pa;I:常压;

J:真空泵;K:记录仪;L:温度计;M:真空计;N:真空调节器

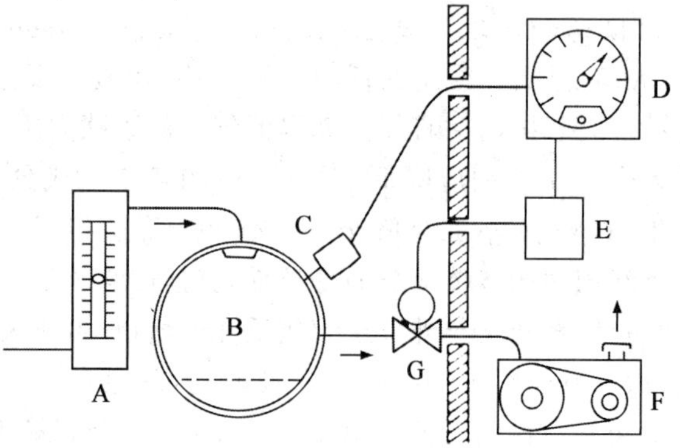

图 2-23　差压式减压贮藏试验装置示意图(岩元睦夫,河野澄夫等,1991)

A:流量计;B:减压缸;C:压力变换器;D:压力指示计;

E:压力调节指示计;F:真空泵;G:电磁阀

(3)减压贮藏的效果 鲜切花减压贮藏可采用 5 332～7 998 Pa 压力,80%～100%相对湿度。月季"Tanbeede"和"Belinda"聚乙烯膜包装后在 3 119.2 Pa、2℃和 98%相对湿度条件下贮藏 30 d,瓶插寿命还能达到 7 d(胡绪岚,1995)。低压贮藏技术提供高湿、低压、低温、通风的环境,所以贮藏效果普遍比气调贮藏好。表 2-16 列举了部分切花和插条在不同贮藏方法下的贮藏期限比较。

表 2-16 切花和草本插条常规冷藏和减压贮藏期限的比较

花卉类型	花卉种类	贮藏时间/d	
		普通冷藏	减压贮藏
鲜切花	香石竹(*Dianthus caryophyllus*)	10	91
	菊花(*Dendranthema* × *grandiflorum*)(花蕾)	7～14	42
	月季(*Rosa hybrida*)	7～14	56
不带根插条	菊花(*Dendranthema* × *grandiflorum*)	10～28	42～94
	香石竹(*Dianthus caryophyllus*)	20～90	300
	天竺葵(*Pelargonium* × *Hortorum*)	5～10	21～28
	一品红(*Euphorbia pulcherrima*)	3	3
带根插条	菊花(*Dendranthema* × *grandiflorum*)	7～14	90
	天竺葵(*Pelargonium* × *Hortorum*)	14	28
	一品红(*Euphorbia pulcherrima*)	7	14

注:资料来自 Burg(1973)与 Nowak 和 Rudnicki(1990)。

2.5.2.3 调节气体贮藏

(1)调节气体贮藏的概念和原理 气体调节贮藏(controlled atmosphere storage),简称气调贮藏或 CA 贮藏,是通过精确控制气体成分来贮藏的贮藏方式。一般通过增加 CO_2 同时降低 O_2 和去除有害气体,并结合低温环境,从而减缓组织中营养物质的消耗,并抑制乙烯的产生和作用,限制微生物的发生,使观赏植物产品代谢过程减慢,延缓衰老。

CA 装置包括气调库和气调设备。气调库必须具备两方面的性能:良好的隔热性和气密性。气调库的保温材料和设施与一般的冷藏库一样,不同的是还要加设与库外空气相隔离的气密层。目前常用的材料是发泡聚氨酯(polyurethane)。气调设备是创造气调环境条件的主要手段,用于维持适宜的 CO_2 和 O_2 的浓度比。

(2)调节气体贮藏的方式 普通 CA 贮藏库(图 2-24):是最简易的 CA 贮藏方式。其原理是将观赏植物产品密闭在一个低温环境内,依靠产品自身的呼吸作用

不断消耗 O_2 并排放 CO_2，达到气调的目的。优点是简单、易行。缺点是达到平衡所需时间长。

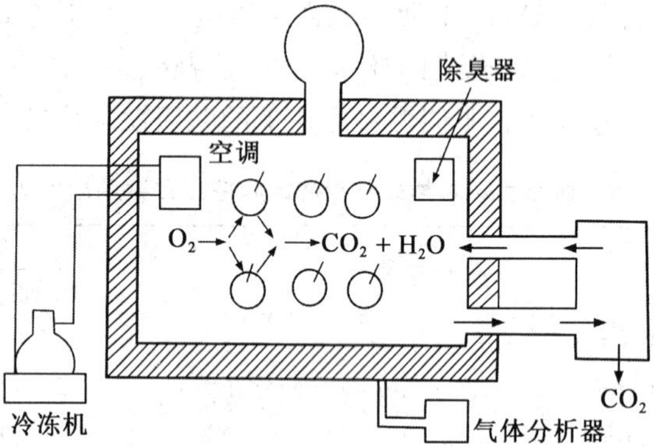

图 2-24　普通 CA 贮藏库模式图（岩元睦夫，河野澄夫等，1991）

气体燃烧式（图 2-25）：应用气体燃烧机械，通过燃烧使空气中的 O_2 浓度降低，CO_2 浓度升高，达到所需的气体组成，将所需气体不断地送进库内，并维持所设定的条件。优点是 CA 效果好，与普通方式相比，缩短 CA 平衡时间到 1/5。缺点是费用高、不安全。

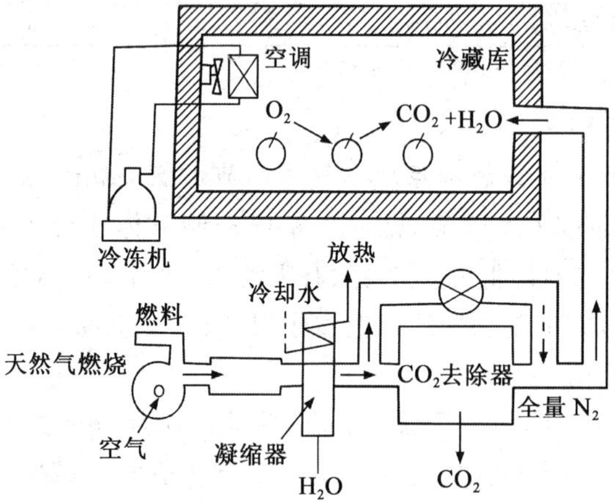

图 2-25　气体燃烧式 CA 贮藏库模式图（岩元睦夫，河野澄夫等，1991）

再循环方式（图 2-26）：用降低 O_2 浓度用的燃烧装置和 CO_2 去除装置，不断地送进库内以氮气为主要成分的气体和去除过剩的 CO_2 等成分。优点是 CA 效果最好。缺点是气密性要求高、投资大、不安全。

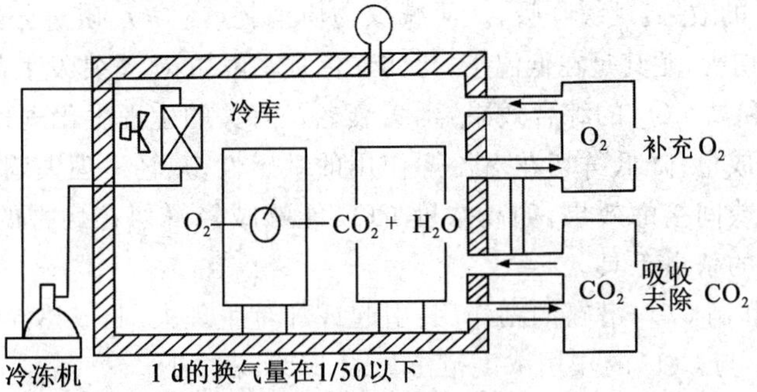

图 2-26 再循环式 CA 贮藏库模式图(岩元睦夫,河野澄夫等,1991)

吸附分离式(图 2-27):利用吸附分离式 N_2 发生机制造高浓度氮气输入库内,减少库内 O_2 浓度的方式。其原理:某种分子筛(molecular sieve)在一定压力下通过空气时,只吸附 N_2,放出其他成分;相反,使分子筛减少压力,吸附的 N_2 被释放出来。这一分离方式相当于 PSA 式(pressure swing adsorption)。优点是可以制造 0.1%~20%的 O_2 质量分数、安全。缺点是成本较高。目前这种方式在美国已经普及;在日本还处于实验室阶段。在我国,特别是原北京农业大学开发了碳分子筛制氮机械,成本低、效果稳定,已经推广普及。在巴基斯坦等发展中国家有应用实例。

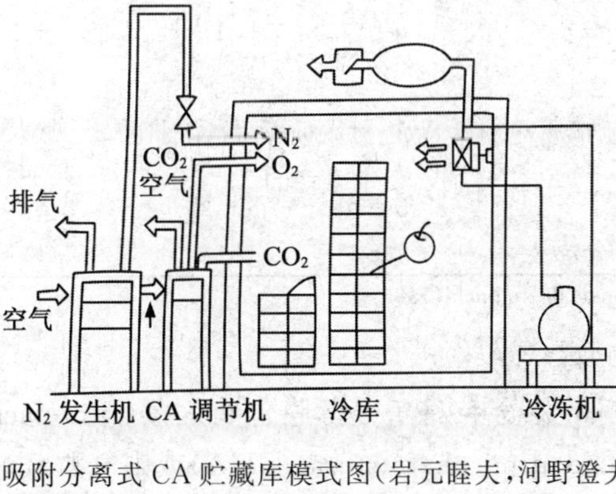

图 2-27 吸附分离式 CA 贮藏库模式图(岩元睦夫,河野澄夫等,1991)

(3)调节气体贮藏的效果

①低 O_2 的效果:降低呼吸强度和底物氧化作用;减少乙烯生成量,降低不溶

性果胶物质分解速度，延缓成熟进程；延缓叶绿素分解速度；提高抗坏血酸保存率。

②高 CO_2 的效果：延缓呼吸，从而减少物质消耗，当 CO_2 质量分数高于 4%时，花朵容易受到伤害，尤其是在低温下，比如红色月季鲜切花，常常发生蓝变现象。

③低 O_2 和高 CO_2 的综合效果：延缓衰老及有关的生理生化进程，如降低呼吸强度和乙烯生成量；降低鲜切花对乙烯作用的敏感性；减轻生理失调，如低温伤害；对病害有直接或间接的效果，如高浓度 CO_2 能够减轻鲜切花病害的发生；还可以作为一些产品的杀虫工具。

④低 O_2 和高 CO_2 潜在的副作用：引起或加重生理失调，成熟异常，产生异味，加重腐烂。O_2 与 CO_2 的作用浓度范围见表 2-17，表 2-18。

表 2-17　O_2 与 CO_2 的作用浓度范围

O_2		CO_2	
质量分数范围/%	效果/d	质量分数范围/%	效果/d
21～10	几乎没有效果	0.035～2	几乎没有效果
10～5	产生抑制效果	2～3	产生抑制效果
5～3	效果显著	3～5	效果显著
3～2	抑制过度	5～10	抑制过度

表 2-18　部分鲜切花气调贮藏条件与贮藏期限

鲜切花种类	气体组成/%		贮藏温度/℃	贮藏期/d
	CO_2	O_2		
香石竹(*Dianthus caryophyllu*)	5	1～3	0～1	30
小苍兰(*Freesia hybrida*)	10	21	1～2	21
唐菖蒲(*Gladiolus*)	5	1～3	1.5	21
百合(*Lilium*)	10～20	21	1.0	21
含羞草(*Mimosa*)	0	7～8	6～8	10
月季(*Rosa hybrida*)	5～10	1～3	0	20～30
郁金香(*Tulipa gesneriana*)	5	21	1	10

注：资料来自 Goszczynska 和 Rudnicki(1986)。

2.5.2.4　薄膜包装贮藏

(1)薄膜包装贮藏的概念和原理　薄膜包装贮藏(film-package storage)又称自发气调贮藏(modified atmosphere storage，MA)或限气贮藏，是指利用薄膜密封包装并通过贮藏产品本身的呼吸所形成的气体条件进行贮藏的技术措施。其原理是：根据产品的生理特性，选用一定渗透系数的薄膜将贮藏产品密封包装，通过产品的呼吸形成低 O_2 高 CO_2 气体条件，由于产品的呼吸作用和薄膜的渗透作用最后达到相对稳定的动态平衡，在此动态平衡状态下的气体浓度正是该产品的气调贮藏条件。

不同的产品具有不同生理特性，包括能维持正常的最低的生理活动而不发生缺氧呼吸的最低 O_2 浓度、不至于发生高 CO_2 中毒的最高 CO_2 浓度、呼吸速率和贮藏最适低温，这四个生理指标需通过试验获得。另外，根据呼吸的计量关系式：

$$C_6H_{12}O_6+6O_2=6CO_2+6H_2O+2\ 817\ \text{kJ}$$

可知产品呼吸还放出水蒸气和热量。由于水是极性分子，不易透过薄膜，使包装中形成高湿度条件，利于产品的保鲜（王美兰和周志才，1996），而产品所产生的热量必须在计算制冷量时加以考虑。

不同的薄膜有不同的特性。首先是薄膜的渗透系数，其表示某种材料对某种气体渗透能力的大小，为一常数，与材料本身的理化特性有关，与薄膜的面积、厚度及气体分压无关，一般随温度的升高而增大。不同成分的薄膜对不同气体的渗透系数差异很大。其次是薄膜的面积和厚度，根据费克气体扩散定律，某种气体的渗透速度与薄膜的面积成正比，与薄膜的厚度成反比。另外，薄膜的渗透速度与薄膜两侧的气体分压呈正比，而气体分压又与包装重量和产品呼吸速率有关，包装越多，产品呼吸速率越大，包装中各组分瞬时压差越大。气体渗透速度可用如下公式表示：

$$v=P_g\cdot[A\cdot(P_1-P_2)]/\delta$$

式中：v 为气体渗透速度/($cm^3\cdot s$)；P_g 为气体渗透系数/[$cm^3\cdot cm\cdot(cm^{-2}\cdot s^{-1}\cdot h\cdot Pa^{-1})$]；$A$ 为薄膜面积/cm^2；P_1，P_2 为膜两侧气体浓度/($h\cdot Pa$)；δ 为薄膜厚度/cm。

最后，需要说明的是，混合气体中各气体的渗透方向和速度是彼此独立的。

综上所述，通过实验获得了贮藏产品的生理特性指标和薄膜渗透系数以后，再计算出薄膜的厚度、面积和包装的重量，就可以使包装中 O_2 和 CO_2 保持一个相对稳定的、符合产品要求的浓度水平，从而达到薄膜包装贮藏的目的。

(2)薄膜包装贮藏的方式　根据薄膜包装材料的不同，可以把薄膜包装贮藏分为普通塑料薄膜包装贮藏和椽硅胶窗薄膜包装贮藏。

①普通塑料薄膜包装贮藏：这种贮藏方式又可分为大帐法和袋装法。

大帐法是指在产品堆垛的上下四周用薄膜包围封闭的方法。密封帐多用 0.1～0.2 mm 的聚乙烯或聚氯乙烯膜压制而成（李效静等，1990），一般放在冷库中。帐内温度常稍高于帐外温度，产品的呼吸热散发较慢，同时薄膜的透湿性低，因此帐内湿度很高。由于温差大，湿度高，薄膜内侧极易结露，如果温度再有波动，这种情况更为严重。因此，在贮藏的过程中，产品需充分预冷，库温要尽量保持稳定。

袋装法是指将产品密封在塑料袋中进行贮藏的方法。塑料袋一般多用聚乙烯膜，厚度在0.02～0.08 mm范围(李效静等，1990)，可根据包装产品的生理特性来定制。

大帐法的优点是可进行大批量贮藏，而袋装法则是在贮藏和运输都可使用。普通塑料薄膜包装贮藏由于所用的薄膜机械强度不大，使用上受到一定的限制，硅橡胶膜的产生则解决了这一问题。

②橡硅胶窗薄膜包装贮藏：硅橡胶是一种有机高分子聚合物，由有取代基的硅氧烷单体聚合而成，以硅氧键相连形成柔软易曲的长链，长链之间以弱电性松散地交联在一起，这种结构具有特殊的透气性。首先，硅橡胶膜对CO_2的透过率是同厚度的聚乙烯膜的200～300倍，是聚氯乙烯膜的20 000倍。其次，硅橡胶膜对气体有选择透性，其对N_2，O_2和CO_2的透性比为1∶2∶12，对乙烯和一些芳香物质也有较大的透性。利用硅橡胶膜的这种性能，在用较厚的塑料薄膜(如0.23 mm聚乙烯膜)做成的包装上镶嵌一定面积的硅橡胶膜(赵丽芹，2000)，就做成了有气窗的包装。硅橡胶膜的面积由产品的生理特性和膜的厚度等物理特性决定。根据费克气体扩散定律导出的求硅窗面积的公式如下：

$$S=(5\ 629A \cdot M \cdot r_{CO_2})/P_{CO_2}$$

式中：S为硅窗面积/cm^2；M为贮藏产品重量/kg；r_{CO_2}为贮藏产品的呼吸强度/($L \cdot kg^{-1} \cdot d^{-1}$)；$P_{CO_2}$为硅膜渗透$CO_2$的速率/($L \cdot cm^{-2} \cdot d^{-1} \cdot h \cdot Pa^{-1}$)；$A$为系数。

上式中由于A计算复杂，中国科学院兰州生物化学研究所将上式简化为：

$$S=1\ 013.25\times(M \cdot r_{CO_2})/(P_{CO_2} \cdot Y)\text{或}$$

$$S=1\ 013.25\times(M \cdot r_{O_2})/[P_{O_2}(0.21-X)]$$

式中：Y为产品能维持正常的最低的生理活动而不发生缺氧呼吸的最低O_2浓度；X为产品不至于发生高CO_2中毒的最高CO_2浓度(李效静等，1990)。

镶嵌适当面积的硅橡胶膜后，经过一定的时间，就能自动地调节和维持所需的气体组成。

(3)*薄膜包装贮藏的效果* 首先，由于薄膜具有透气性，不会使包装内产生过低浓度的O_2或过高浓度的CO_2；尤其是硅橡胶膜的使用，使乙烯的散逸速度更快，避免了乙烯等有害气体的积累；其次，由于水是极性分子，不容易透过薄膜，使包装中形成高湿度，有利于产品的保鲜贮藏；第三，这种薄膜包装贮藏成本低，使用方便，袋装法在运输中也可以用。虽然这种方法存在降氧慢、薄膜内壁形成水滴等问题，但可以通过氮气排氧或还原剂消氧的方法降低 O_2 的初浓度，并使产品充分预冷和保持温度稳定来减少水滴的形成。由于具有这些优点，薄膜包装贮藏被国内外公认为果蔬贮藏最有效的方法（P. Andre 和 R. Blanc，1982），其在花卉贮运中的应用也日益广泛。

（高俊平　谭　辉　张常青）

2.6 鲜切花的运输技术

观赏植物产品的运输根据运输距离可以划分为远距离运输、近距离运输和就近批发出售三种类型。根据运输手段又可以分为陆路运输、海路运输和航空运输。国与国之间观赏植物产品的贸易，多为远距离运输，大多依赖航空运输手段；其中一些重量型、耐运输性好的观赏植物如菊花则采用海运（又称船运）手段。一些技术发达国家如荷兰、日本、美国等的国内贸易，远距离运输以航空运输为主，近距离和中距离运输多采用汽车运输。

在我国，近年来高速公路建设得到了飞速发展，铁路运输设施和设备得到了很大改善，火车大幅度提速，省与省之间的近距离运输基本上采用汽车或火车，同时，远距离运输中汽车和火车所占的份额在迅速加大。以云南为例，2000 年切花火车运输已经占据 1/2 的比重。本节从影响观赏植物产品运输质量的环境因素入手，详细介绍观赏植物产品的各种运输手段。

2.6.1 影响鲜切花运输质量的环境因素

影响观赏植物产品运输质量的环境因素包括外部大环境和内部微环境。运输设施设备相对简陋如没有冷藏集装箱，并且产品的外包装相对简单如只有一层纸箱时，外部大环境直接影响到产品的微环境。而当运输设施设备先进、产品外包装完善时，外部大环境对产品微环境的影响相对较小，这时，影响产品运输质量的主要是产品所处的微环境。观赏植物产品进行远距离运输时，外部环境条件如温度往往发生很大的变化，有时变化很剧烈。在运输途中产品会遭受不同程度的振动和冲击等物理影响，这些都是与产品贮藏的重要区别。总的说来，理想的运输模式是运输中环境条件的设定能够达到降低生理活性、提高运输质量的目的。

2.6.1.1 温度

环境温度是影响观赏植物产品运输质量的重要因素之一。适宜、稳定的低温有利于产品质量的保持。观赏植物产品在远距离运输时，运输途中的温度变化往往很大,会直接或间接地对产品产生影响;在夏季预冷后常温运输或预冷后保冷效果较差时,产品温度往往在数小时内与环境温度持平,并且随产品温度上升,其呼吸强度也随之增强,产生更多的呼吸热,进一步提高产品的温度。因此,运输途中的温度控制是非常重要的。从运输中温度变化的特点来看,需要注意运输适温、快速变温对产品的影响以及产品对变温的耐性三个方面。

(1)运输适温 运输适温因观赏植物的种类、品种、栽培环境以及运输距离和时间而定。就种类而言,温带起源的花卉运输适温相对较低,通常在5℃以下,热带起源的花卉则相对较高,通常在14℃左右,而亚热带起源的花卉则介于两者之间如唐菖蒲为5~8℃,一些常见鲜切花的运输适温见表2-19。就栽培环境而言,相同品种在露地栽培比在保护地栽培的运输适温相对较低。从运输距离来看,运输适温是远距离比近距离要相对低些。总的说来,相同的观赏植物产品运输适温要低于其相应的贮藏适温(参见有关章节),这是因为运输前后往往有较大的温度变化,如果刻意追求较低的温度,效果会适得其反。

表2-19 一些常见切花的运输适温

种 类	运输适温/℃	种 类	运输适温/℃
亚洲百合(The Asiatic Hybrids)	5~7	非洲菊(*Gerbera jamesonii*)	2~5
卡特兰(*Cattleya hybrida*)	13~15	唐菖蒲(*Gladiolus hybridus*)	5~8
菊花(*Dendranthema*×*grandiflorum*)	4~7	满天星(*Gypsophila paniculata*)	3~5B
翠雀(*Delphinium grandiflorum*)	8~12	补血草(*Limonium sinuatum*)	4~7
香石竹(*Dianthus caryophyllus*)	2~5	紫罗兰(*Matthiola incana*)	5~8
草原龙胆(*Eustoma grandiflorum*)	5~10	月季(*Rosa hybrida*)	2~5
小苍兰(*Freesia hybrida*)	2~4	郁金香(*Tulipa gesneriana*)	4~6

(2)温度急速变化对产品生理代谢的影响 如上所述,观赏植物产品在运输中温度的剧烈变化是难免的。了解温度的急速变化对产品的影响,并有效地保持产品的运输质量是非常重要的。由于观赏植物方面的报道很少,这里以果品和蔬菜为例,说明在急速变温时产品出现的生理反应方面的差异。表2-20列出了产品在9h内由5℃上升到35℃即30℃的温度急速变化对产品呼吸强度的影响结果。从中看出,不同产品在温度急速变化时的生理反应可以划分为三种类型:即呼吸强度出现异常增加,如茄子等,呼吸强度增加不显著,如桃等,以及呼吸强度几乎没有增加,如大蒜。进一步分析明确,蔬菜中的大多数对温度变化很敏感,果品中的不少种类对温度变化敏感性较差。可以推测大多数的切花种类应当是对温度变化比较敏感的。

表 2-20 急速的温度变化对园艺产品呼吸强度的影响

对呼吸强度的影响类型	异常增加	增加不显著	几乎没有增加
产品种类	茄子、黄瓜、花椰菜、青花菜、秋葵、甜椒、菠菜、番茄	桃、梅、柑橘、甜玉米、红薯、马铃薯、结球莴苣、洋葱、石刁柏	胡萝卜、甘蓝、葡萄、苹果、柿子、梨、甜瓜、南瓜

注:资料来自中村等(1988)。

(3)鲜切花的变温耐性　对于运输商来说最关心的应当是急速变温对产品质量的影响。这里引用果品和蔬菜方面的资料。日本学者中村等(1985),在系统研究急速变温对产品质量影响的基础上,将产品归为4类,见表2-21。第一类是急速变温对产品造成恶劣影响的如菠菜,对于这类产品应当尽可能保持恒定的低温;第二类是变温幅度大时才对产品质量产生影响如石刁柏,对于这类产品需要尽可能降低变温幅度;第三类是变温几乎不影响产品质量如葡萄,对于这类产品运输时只要将环境温度控制在一定的范围内,即使有一定的温度变动也不至于对产品质量造成较大的影响;第四类是适当变温可以提高产品的抗寒性,减轻冷害的发生。茄子分别属于两种类型,这是因为茄子在温度变动大时,容易对产品质量造成影响,但是如果掌握好温度的变化范围,可以提高抗性。

表 2-21 园艺产品变温耐性

类　型	因变温而受到恶劣影响	变温幅度大时产生影响	变温几乎没有影响	适当变温可以减轻冷害发生
园艺产品种类	菠菜、茄子、香菇	石刁柏、草莓	葡萄、菜豆	茄子、甜椒、秋葵

注:资料来自中村等(1985)。

由此可见,研究各种观赏植物的变温生理特性和变温耐性,是一项非常重要的工作。

2.6.1.2 湿度

观赏植物产品所进行的蒸腾作用本来属于正常的生理代谢范畴,但是,在运输途中的蒸腾作用已经失去了蒸腾本来的意义如水分和物质的移动、体温调节等,代之而来是接近蒸发的被动形式。因此,在没有水分供给的运输即干运(dry transportation)情况下,蒸腾往往是产品失水萎蔫、品质降低的直接原因。蒸腾作用与气孔内外的蒸汽压差直接相关(详见水分平衡生理内容),环境湿度直接影响到蒸腾速率,运输途中理想湿度的创造和保持,对于观赏植物产品鲜度保持是至关重要的。不同类型的产品对湿度的要求有很大差异,鲜切花对相对湿度的要求很高,通常要求在85%~90%;而球根花卉种球类则要求较低,特别是其中膜质鳞片化的种类如唐菖蒲，希望有干燥的运输环境。湿度过低或过高对于产品的运输都是不利的。以鲜切花为例，湿度过低如 60%以下时产品蒸腾过旺，当鲜重损失达到一定程度如 5%时，外观上开始出现萎蔫；超过 10%时，萎蔫症状明显，并且降低其商品价值。与此相反，当相对湿度达到饱和即 100%时，产品容易结露，进而促进病菌的繁殖和蔓延。

影响产品相对湿度的主要因子有包装材料和环境温度。关于包装材料，在普通瓦楞纸箱包装、密闭不是很严时，纸箱内的相对湿度容易与纸箱周围的环境条件达到平衡，产品蒸腾失水往往很旺盛。这时的主要问题是蒸腾失水，与此有关的是失水胁迫对产品的影响问题。

在有聚乙烯薄膜衬里的纸箱内，或有聚乙烯薄膜作内包装时，由于产品自身的蒸腾作用使得包装内部微环境的相对湿度很快达到饱和，这时的主要问题是过湿问题。不过关于这方面的研究在国际范围内都相对较少（中村，1991）。环境温度是影响相对湿度的一个重要因子。在绝对湿度相同时，相对湿度随温度的升高而降低；同理，相对湿度随温度的降低而升高。因此，运输途中的温度变化会通过对相对湿度的影响而间接影响到产品的蒸腾作用。目前国内外运输途中创造高湿度环境的措施有：包括在运输车辆内应用加湿装置、利用薄膜包装花材、在运输空间洒水以及向包装箱内加入碎冰等。

2.6.1.3 振动和冲击

振动（vibration）是观赏植物运输时必须考虑的基本环境影响因素之一。振动引起的机械损伤和生理伤害会影响到观赏植物的产品质量。振动强度的度量以振动所产生的加速度大小 G 来表示。不同的振幅和频率对观赏植物产品所造成的影响不一样。一般说来，1 G 以上的加速度就会使观赏植物遭受损伤。振动对产品的影响又可以分解为跌打（drop）和摩擦（rubs）。产品因种类不同对振动和摩擦的耐性不同，这里引用了果品和蔬菜的例子，见表 2-22。

表 2-22 园艺产品对跌打与摩擦的耐性

类　型	产品种类	运输中振动加速度的忍耐极限
对跌打和摩擦的耐性都强	柿子、柑橘类、番茄（未熟）、根菜类、甜椒	3.0 G
对跌打耐性弱	苹果、番茄（成熟）	2.5 G
对摩擦耐性弱	梨、茄子、黄瓜、结球叶菜类	2.0 G
对跌打和摩擦的耐性都弱	桃、草莓、西瓜、香蕉	1.0 G
脱粒	葡萄	1.0 G

注：资料来源中村等（1977）。

不同的运输途径、运输工具、行驶速度等都影响到振动强度和频率，见表2-23。在日本，公路运输一般为0.1～2.4 G，有时为0.4～4.6 G，比铁路运输的振动强度要大；铁路运输振动通常为0.1～0.6 G，比海路运输的0.1～0.15 G要大。同一运输工具行驶速度越快，振动越大。就同一运输工具中产品所处的部位而言，以货车为例，货车后部上端的振动最大，前端下部振动最小，见表2-23。

表2-23 卡车装载位置对振动的影响

例	最前排	中间	最后排	区间，试验者
1	17（下层）	—	1 046（上层）	韭山—东京，153 km，草莓，万豆，1968
2	326（上层）	742（上层）	2 052（上层）	福岗—大阪，684 km，草莓，中马等，1970
3	58（下层）	78（上层）	1 580（上层）	岗山—东京，768 km，葡萄，中村等，1976

注：资料来自中村等(1978)。

在运输过程中，由于振动，包装箱中的观赏植物产品会逐渐下沉，使上部产生空间，导致包装箱发生二次运动和旋转运动，使振动加速度升级。有时，包装箱上部的观赏植物产品获得的加速度可以达到下部的两三倍，所以上部观赏植物更容易受到损伤。如果各个包装箱的固有频率相同，就会产生共振，共振强度与包装箱大小、数目、码放高度有关。

运输中应尽量减少振动。从采收后到预冷前的短途运输虽然运输时间短，但由于环境温度高、花材含水量大、包装材料简易，且多由容易引起振动的汽车运输，应特别注意减轻振动，以减弱呼吸强度的显著增强，保持观赏植物的产品质量。从产地到消费地的远距离运输，振动的累加效应对产品的影响往往更加严重，需要在包装材料的选择等各个方面力求减轻振动。

在运输中除振动外，还有挤压，在运输前和运输后的搬运过程中还存在着对产品的冲击和切割等，这些都是应当设法减轻的。

2.6.1.4 微环境气体组成

影响观赏植物运输质量的微环境气体主要是O_2，CO_2以及C_2H_4等。其中低浓度O_2和高浓度CO_2对于降低产品的生理代谢活性、减少运输中的损耗是有效的。与贮藏所需的条件不同，运输时由于所需时间通常最多只有3 d，O_2的忍耐低限和CO_2的忍耐高限都要超过贮藏条件。迄今为止，国内外还很少采用气调包装运输措施。这里以月季切花为例，介绍模拟运输条件时的塑料薄膜包装自发气调的研究结果（高俊平等，1994）。将月季切花分别设置无包装、0.02 mm和0.35 mm的塑料膜包装，每一包装都设有8℃，15℃和22℃（相当于空调火车室温）的温度处理，存放时间为72 h。在存放期间追踪测定包装袋内的O_2及CO_2浓度变化，存放结束后将切花插入瓶内进行瓶插观察。结果发现：在22℃ 0.35 mm塑料膜包装条件下切花瓶插寿命长于8℃未经包装的切花，近似于8℃下0.02 mm塑料膜包装的结果。各种包装中CO_2质量分数最高者达到16%，比较发现高浓度的CO_2有部分代替低温的效果。由此可见，通过调节气体微环境达到节能运输的效果在理论和实践中都是很有意义的。

关于C_2H_4，主要是要防止对产品品质产生的危害。主要措施有在运输之前用含有C_2H_4作用抑制剂的预处液处理切花的，运输途中包装容器内放置C_2H_4吸收剂如活性炭或者高锰酸钾来清除乙烯的。

2.6.2 鲜切花运输途径及其工具

2.6.2.1 陆路运输

(1)汽车运输(autocar transportation) 汽车运输是陆路运输(landway transportation)中的重要方式。根据运输车辆的性质和用途可以划分为常温车、冷却车、保冷车、冷藏车以及特殊功能冷藏车等。各种运输车辆的特点和用途归纳汇总为表2-24。人们可以根据需求来选择经济、有效的运输工具和运输手段。

表2-24 用于观赏植物产品运输的各种汽车类型及其特点和用途

汽车类型	特 点	用 途
常温车	没有任何隔热和制冷设备，产品受外界气温影响大，产品在运输途中逐渐升温	常温运输，一般用于近距离和短时间运输。秋季也用于远距离运输
冷却车	有隔热和强度很大的制冷设备。产品的预冷降温效果主要受制冷装置的制冷负荷以及产品的量和摆放方式的影响	冷却运输，用于运输未经预冷的产品，即在运输的同时将产品预冷降温
保温车	有隔热设备，产品受外界气温影响小，产品因呼吸发热而逐渐升温	保冷运输，通常使用中小型车辆，特定场合采用大型车辆，运输前必须进行预冷
冷藏车	有隔热和制冷设备	低温运输，将预冷过的产品在维持低温的情况下进行运输，又称冷链运输
特殊功能冷藏车	隔热、制冷以及其他特殊功能如气调、辐射等	低温特殊功能运输，在低温的基础上结合气调、辐射处理等，极大地提高了产品的运输质量

注：基于中村(1991)文章内容归纳成表。

汽车运输的最大方便之处是可以将产品由产地直接运输到消费地，即实行“门”对“门”服务。同时，与铁路运输相比搬运次数少，减少搬运中的损耗。在运输量较小、距离较近时，运输成本相对较低。此外，容易满足切花运输中可能要求的机动性。汽车运输的缺点是在远距离运输时所需时间相对较长，运输的量相对有限，运输成本较铁路运输高。

(2)火车运输(train transportation)　火车运输可以分为两种方式，一种是配备有专门的冷藏集装箱；另一种是利用客车厢或邮政车厢来运输。采用冷藏集装箱运输，除运输中难以避免的振动外，温度和湿度都相对稳定，只要冷藏集装箱调控性能好，能够得到理想的运输效果。

利用客车厢或邮政车厢运输往往涉及蓄冷与保冷的问题。这是因为这些车厢在有空调的情况下，通常温度只能够保持在25℃左右，而观赏植物虽然因种类不同对温度的要求差异较大，但是以运输量较大的鲜切花为例，即使是热带起源的洋兰类也要求在15℃以下。理想的方式是在充分预冷的基础上，采用隔热性能较好的材料如聚苯乙烯等作外包装材料，包装箱内放置预先制好的蓄冷剂。蓄冷剂的用量要根据产品的呼吸热和包装材料的隔热性能以及箱内外的温差来确定。由于蓄冷剂的使用会加大运输负荷与成本，可以通过聚乙烯膜包装自发气调来部分代替低温的效果，并在一定程度上减少蓄冷剂的用量。

火车运输的优点是振动较汽车小，物理损伤小，运输量大，运输距离长，运输成本低。不方便之处在于需要汽车作辅助运输手段。

2.6.2.2 海路运输

海路运输(seaway transportation)又称海运，多采用冷藏集装箱。海面温度和湿度都相对稳定，船在海里航行又几乎没有引起产品生理反应的大的振动，在有性能良好的冷藏集装箱时，海运应当是理想的运输方式。海运的主要工作是性能良好的集装箱的开发和最佳运输温、湿度以及气体条件的确立。表2-25列举了几种常见集装箱的性能和特点。从中可见，与陆路运输相比，海运的集装箱开发还是比较先行的。

表 2-25　用于海路运输的集装箱性能比较

种　类		特　点
Reefer	集装箱	调节内部温度、空气循环
Climatainer	集装箱	调节温度、空气循环
Nitrol	集装箱	调节温度、空气循环、O_2 和 N_2 水平
Grumman Dormavac 低压贮藏真空集装箱		可以调节温度、空气湿度、空气流通、O_2 水平和真空度

海运成本最低，适合于重量型、附加价值较低的产品的远距离运输；其中，专用船可提高装载效率，能进行更有效的运输。在果品中海运量最大的是香蕉，在观赏植物中海运较多的是盆花、盆栽观叶植物以及重量型切花产品等，比如目前由中国出口日本的菊花多采用海运。但是，海运的问题在于首先必须有海路，运输时间又长，同时必须以公路作为辅助，因此海运受到了极大的限制。

2.6.2.3 航空运输

观赏植物产品特别是其中的鲜切花对鲜度和时令性要求很高，其中的大多数又允许有较高的附加价值，航空运输(air transportation)便成为远距离运输的一个基本手段。航空运输通常能够在 1 d 内完成，大多不需要专门的冷藏设施设备。不过近年来一些技术发达国家如日本开发了各种集装箱，见表 2-26。航空用冷藏集装箱开发的方向是重量轻，且能够保持一定的低温。在机舱内能够保持低温的前提下，冷风式集装箱有良好的发展前景。

表 2-26 航空运输集装箱设备比较

种　类	特点和用途
简易保冷型集装箱	集装箱四周附有隔热材料，防止外部热量进入
干冰(固体 CO_2)式冷藏集装箱	在简易保冷型集装箱的上部放置干冰，温度可以控制在 −5～10℃。升华后的干冰直接从集装箱排出机外
冷风式集装箱	装飞机前用 −5～0℃ 的冷空气充满集装箱，装入飞机后，由于飞机机舱内温度较低，保证了所需温度。适用于 B-747，B-767，DC-10 型飞机
内藏铅充电器型机械冷却式冷藏集装箱	以铅充电器为动力源，机械制冷

航空运输的最大优点是运输速度快，破损、丢失、偷盗等事故少。通常可以节省用于特殊包装、保管、保险和库存等的费用。航空运输的缺点是运输费用高，运输量相对火车和轮船小，同样存在以公路运输作为辅助运输手段的问题。

2.6.2.4 小结

表 2-27 比较了上述几种运输工具在振动、温、湿度变化以及微环境空气组成等方面的情况。人们在选择运输方式时，需要以提高经济效益为目的，具体问题具体分析。

表 2-27 几种运输工具比较

运输工具			振动强度	温度	湿度	空气组成
陆运	汽车	纸箱	大(≤3G)	变化大	变化小	变化小
		冷藏集装箱		变化小	高	变化大
	火车	纸箱	(≤1G)	变化大	变化小	变化小
		冷藏集装箱		变化小	高	变化大
海运	船	纸箱	小(0.2G)	变化小(易控制)	高	变化大
		冷藏集装箱				变化小
空运	飞机	冷藏集装箱(轻量型)	小	变化大	变化大	变化大

注:资料来自中村(1991)。

(高俊平 谭 辉 李永红)

2.7 盆栽花卉贮运综合保鲜技术

盆栽花卉(pot plants) 通常包括盆栽观叶植物(foliage pot plants)和盆花(flowering pot plants)。

用于销售的盆栽植物的形态在采前和采后没有多少改变,生理状态也没有大的变化。与切花、切叶类相比,盆栽植物采后生理变化和采后处理技术简单一些。

与一般植物的生理过程类似,盆栽植物的采后生理是其采前生理的延续。但由于大部分盆栽植物由产地经长途运输到达销地,在运输过程中光照强度 、温度、湿度等常与正常的生长环境条件有差异,从而引起盆栽植物观赏价值降低。盆栽植物品质下降表现为:叶片黄化和脱落、新梢过度生长、花蕾和花朵脱落及花蕾不开放等。

2.7.1 盆栽花卉质量影响因素(main factors in pot plants management)

货架寿命是盆栽花卉质量的一个重要指标。下述各个因素直接或间接地影响到盆花的贮运质量。

2.7.1.1 光照

调节光照(illumination)是盆栽花卉采后处理的主要内容。不同种的植物对光照强度的要求不同,过强的光照会使植物灼伤,而低于光补偿点的光照强度对植物生长不利。维持盆栽花卉正常光合作用所要求的光照强度通常比旷野或温室中的光照强度低得多,因此,部分遮荫有利于生长发育。盆栽花卉从强光照的生长环境移入室内栽培时会导致植株生理、解剖和形态上不良变化。在低光照下时间过长，植株可能死亡。但是，植物的光补偿点并非固定不变，而是随着环境不同而改变，这些环境条件包括光照、温度、湿度和矿质营养状况。例如，当垂叶榕栽培在47%的遮荫条件，其光补偿点会降低至全光照条件培养植物时的2/5。具有低光补偿点的植物在低光照环境下生长较好，而且更适应采后处理、贮藏和运输环境的改变及低光照的住家和办公室环境。一些盆栽观叶植物在栽培期或栽培末期遮光驯化时光照强度的要求见表2-28。

表2-28 一些盆栽观叶植物遮光驯化时光照强度的要求

植物名称	光照强度/lx	植物名称	光照强度/lx
大红芒毛苣苔	15 000～30 000	垂叶榕	40 000～60 000
广东万年青属	10 000～25 000	橡皮树	50 000～60 000
粗糙单药爵床	10 000～15 000	琴叶榕	40 000～60 000
诺和克南洋杉	40 000～80 000	神经草	10 000～25 000
天门冬属	25 000～45 000	爪畦三叶草	15 000～30 000
来江藤属	30 000～50 000	洋常春藤	15 000～25 000
蓝花蕉属	10 000～20 000	球兰	15 000～30 000
袖珍椰子	15 000～30 000	竹芋属	10 000～35 000
突发袖珍椰子	30 000～60 000	蓬莱蕉	20 000～40 000
吊兰	10 000～25 000	剑叶蕨	15 000～30 000
散尾葵	40 000～60 000	豆瓣绿属	15 000～30 000
菱叶白粉藤	15 000～25 000	心叶喜林芋	15 000～30 000
变叶木	45 000～80 000	鞍叶喜林芋	30 000～60 000
咖啡	10 000～25 000	喜林芋属	15 000～35 000
铁树	15 000～35 000	冷水花属	15 000～25 000
花叶万年青属	15 000～25 000	海桐	30 000～60 000
线叶假楤木	20 000～40 000	南洋森属	15 000～45 000
野龙血树	20 000～35 000	虎尾兰属	15 000～60 000
香龙血树	20 000～35 000	蟹爪(仙人指)	15 000～30 000
红边龙血树	30 000～60 000	苞叶芋属	15 000～25 000
龙血树属	15 000～35 000	森格尼属	15 000～30 000
绿萝	15 000～30 000	巨丝兰	25 000～45 000

注：资料来自Conover和Poole(1984)。

2.7.1.2 温度

温度(temperature)直接影响盆栽植物的生长状况。栽培在相对较高的室温下可缩短其生长周期,从而保证提早上市;而在相对较低的温度下贮运对保持盆栽植物的品质有很重要的作用,如采前的低温处理可以减少温度骤变给植物带来不利的影响。同时,生长季高温对植株的采后品质有副作用。试验表明,在生长季节经历过38～42℃高温的蓝花蕉、袖珍椰子、花叶万年青和肾蕨,置于低光照强度的室内环境生长表现比原栽培在32℃下的植株差。因此,在遮光驯化时,应避免高温对植株的负面影响。此外,在栽培后期降低温度,对许多盆栽植物有促进色泽和品质的作用。

2.7.1.3 施肥

盆栽植物的施肥(fertilization)原则是既促使植株快速、适度生长,又不使土壤基质过多积累盐分。生长在高光照强度下的植物可施用大剂量的矿质肥料,而遮荫栽培的植物的施肥剂量应予以控制。研究表明,将栽培在高矿质营养水平下的白脉竹芋、心叶喜林芋、红边龙血树、长花龙血树、垂叶榕、矮鹅掌柴和海桐等移入室内环境能长时间保持较高的质量。但是,过量施用氮肥会降低盆栽植物的质量,将施过多氮肥的盆栽植物从室外移入室内时,常引起叶片脱落、叶绿素含量降低和节间缩短等症状。

施肥过多使盆栽植物品质下降的原因是土壤基质中含盐量过高。土壤含盐量一般不应超过1 200 mg/L(表2-29)。

表2-29 已驯化的盆栽观叶植物生产所用矿质营养水平

植物名称	N	P_2O_5	K_2O	植物名称	N	P_2O_5	K_2O
	g/(m^{-2}·年$^{-2}$)				g/(m^{-2}·年$^{-2}$)		
大红芒毛苣苔	173	58	115	垂叶榕	242	81	161
广东万年青属	173	58	115	橡皮树	242	81	161
粗糙单药爵床	207	69	138	琴叶榕	242	81	161
诺和克南洋杉	173	58	115	神经草	138	46	92
天门冬属	138	46	92	爪畦三叶草	173	58	115
来江藤属	242	81	161	洋常春藤	173	58	115
蓝花蕉属	173	58	115	球兰	173	58	115
袖珍椰子	173	58	115	竹芋属	138	46	92
突发袖珍椰子	207	69	138	蓬莱蕉	207	69	138
吊兰	173	58	115	剑叶蕨	173	58	115
散尾葵	207	69	138	豆瓣绿属	138	46	92
菱叶白粉藤	173	58	115	心叶喜林芋	173	58	115

续表 2-29

植物名称	N	P_2O_5	K_2O	植物名称	N	P_2O_5	K_2O
	g/(m^{-2}·年$^{-2}$)				g/(m^{-2}·年$^{-2}$)		
变叶木	242	81	161	鞍叶喜林芋	207	69	138
咖啡	173	58	115	喜林芋属	173	58	115
铁树	173	58	115	冷水花属	104	35	69
花叶万年青属	173	58	115	海桐	173	58	115
线叶假楤木	173	58	115	南洋森属	207	69	138
野龙血树	173	58	115	虎尾兰属	104	35	69
香龙血树	173	58	115	蟹爪(仙人指)	138	46	92
红边龙血树	242	81	161	苞叶芋属	173	58	115
龙血树属	173	58	115	森格尼属	173	58	115
绿萝	173	58	115	巨丝兰	173	58	115

注:资料来自 Conover 和 Poole(1984)。

如土壤基质含盐量过多,应当用清水淋洗,这一点对那些从室外移至室内的盆栽花卉尤为重要。大部分盆栽观叶植物栽培在轻质、无土的基质中。这一类生长基质在较长时间的采后处理和运输过程中可能会变得干燥,其中盐分含量上升,抑制植物生长,并引起植物根系受害、叶尖变干等症状。为了防止过高盐浓度的伤害,最好使用缓释肥料或易溶于水的肥料。这一措施对于已经过长时间贮藏和运输的植物特别重要。

2.7.1.4 灌水

有规律的灌水(irrigation)对保持盆栽花卉良好生长和较高品质十分重要。短暂的缺水不至于影响以后的驯化,但过度缺水将引起土壤基质含盐量上升,伤害植株并降低其质量。灌水过多也会损害植物,引起烂根和病害侵袭。在遮光驯化期间应适当控制盆栽植物的灌水量。表 2-30 给出盆栽植物灌水对水质要求的数据,可作为水质控制的参考。

表 2-30 盆栽植物灌水对水质要求

水质分析因素	适宜范围	过低水平	过高水平
pH	6.0～7.4	6.0	7.4
可溶性盐/(mΩ·cm^{-1})	0.3～1.0	0.2	1.3
硼	—	—	0.5
钙	25～75	15	100
镁	15～30	10	30
钠	—	—	50

续表 2-30

水质分析因素	适宜范围	过低水平	过高水平
氯	—	—	70
碱度	0～100	—	100
SO_4	0～400	—	500
氟	0	—	1.0
锂	0～0.01	—	0.02

注：资料来自 Conover 和 Poole(1984)。

2.7.1.5　湿度

湿度(moisture)影响盆栽花卉方面的资料很少见到。在栽培时，应当把湿度调节至各种植物所要求的水平。但过高的湿度会助长一些病原真菌的侵染。

2.7.1.6　盆栽容器与基质

盆栽基质的理化性质要适应植物的需求。一般而言，基质应当有较高的保水保肥能力和适当的毛细空间。

栽培容器的大小适当十分重要。如果栽培容器过小，植株根系在盆内缠绕生长并充满盆内空间，植株易因土壤干旱而脱水，从而造成损伤。这种盆花出售前最好换大一些的盆。因为观叶植物长期在室内生长，换盆显得更为重要。观花植物由于放置时间往往不长，不需在出售前换盆。

2.7.1.7　病虫害控制

真菌、细菌和害虫可严重损伤甚至毁掉盆栽花卉。受病虫感染的植株产生较多的乙烯，加速盆花的花朵衰老，降低植株品质并缩短货架寿命。在采后销售环节或在消费者的住所或办公室中不便喷洒药剂，且药剂对人们的健康有害，所以应保证出售的植株无病虫害。尤其要注意保护植株免受几种严重影响植物生长，甚至使整个植株萎蔫和腐败的几种真菌，如腐霉属、丝核菌属、镰孢霉属、轮枝孢菌属和核盘菌属的侵染。在采后上市的环节中，盆栽花卉，尤其是盆花，易被灰霉菌感染，这种病害甚至在较低温度中也会很快发生，它常引起严重的损失。对灰霉菌敏感的植物如安祖花、杜鹃、秋海棠、菊花、瓜叶菊、仙客来、一品红、果子蔓、落地生根、喜林芋、岩角藤属和非洲紫罗兰等应当在售前喷布烯菌铜，异丙定等杀菌剂加以保护。

2.7.1.8　乙烯(ethylene)

盆栽花卉对乙烯(ethylene)的反应不如切花敏感。但乙烯对许多盆栽花卉，尤其是盆栽观花植物产生有害影响(表 2-31)。在观花植物中，乙烯可引起花蕾枯萎，花瓣、花蕾、花朵、整个花序和果实脱落，加速花的老化和萎蔫。乙烯使观叶植物的叶片向上偏转，停止生长，使叶片发黄和脱落(表 2-31)。

表 2-31 常见盆栽花卉受乙烯伤害的症状表现

植物名称	花蕾花和花瓣脱落	叶片脱落	花朵萎蔫	叶向上偏转停长	植物名称	花蕾花和花瓣脱落	叶片脱落	花朵萎蔫	叶向上偏转停长
麻	★				神经草		★		
耐寒苣苔	★				倒挂金钟	★			
芒毛苣苔		★			大岩桐	★			
杜鹃		★			洋常春藤		★		
秋海棠	★				半柱花				★
麒麟吐珠	★				木槿	★	★		
叶子花	★				球兰				★
来江藤		★			凤仙花	★			
波瓦茄属	★				爵床属	★			
蒲苞花	★				茉莉	★			
风铃草			★		高凉菜			★	
观赏辣椒	★				苛勒苣苔	★			
常春花	★				沟酸浆		★		
吊兰				★	厚穗爵	★	★		
柑橘		★			天竺葵	★			
海州常山	★				矮牵牛				★
彩叶草		★			喜林芋			★	
哥伦纳属	★				冷水花				★
青锁龙		★			报春花				★
克逻桑属	★				垂花大岩桐	★			
仙客来	★				巴西拟仙人棒属	★			
石竹属			★		非洲紫罗兰	★			★
智利茉莉	★				蟹爪	★			
假槐木属		★			茄	★			
昙花			★		千金子藤	★			
大戟	★	★			好望角苣苔	★			
草原龙胆			★		格森尼属				★
阿拉伯紫罗兰	★				马鞭草	★			
八角金盘			★		蔓长春花	★			
榕属			★						

注:1) ★表示被乙烯伤害的症状。2)资料来自 Conover 和 Poole(1984)。

盆栽花卉受乙烯伤害的程度除取决于乙烯的浓度和植株暴露于乙烯气体中的时间长短外,还受一些外部环境因素,如温度、光照、湿度、盆栽基质和植物对乙烯敏感程度的影响。当植株处于高温、寡照、严重干旱或水湿环境中，乙烯的伤害程度便加重。与盆栽观叶植物相比，盆花对乙烯更敏感。有人试验表明，在 20℃用乙烯处理 26 种盆花 24 h 后，花蕾和花朵开始脱落，而在同样条件下 26 种盆栽观叶植物在处理 72 h 后才发生叶片脱落。盆栽花卉对乙烯的反应还取决于植物的年龄和发育阶段。如秋海棠对乙烯的反应因发育阶段而异。植株处于小花蕾阶段时对乙烯不太敏感，当植株达到可销售大小时(具 10～15 个已开放的花朵)对乙烯敏感，大量花蕾花朵因受乙烯危害而脱落。同一植株的花和叶片对乙烯的敏感性有很大差异，如朱槿植株在 22℃用 0.05～0.07 mg/L 质量分数的乙烯处理 3 d，引起花蕾和花朵脱落，而当乙烯质量分数增加至 0.5～0.7 mg/L 时，叶片才能脱落，这说明朱槿植株的花和叶对乙烯的敏感性差异很大。

各种盆栽植物对乙烯反应的敏感性不同(表 2-32 和表 2-33)。一些植物(如耐寒苣苔、龙吐珠、倒挂金钟和好望角苣苔)对乙烯十分敏感，暴露于 1～3 mg/L 质量分数的乙烯气体中 24 h 即引起落蕾落花。而一些观叶植物只有在较高浓度的乙烯中暴露较长时间才会引起叶片黄化和脱落(表 2-32 和表 2-33)。如用 1 mg/L 质量分数乙烯处理 Citrrs latifolia 4 d 引起严重落叶，而用 5 mg/L 乙烯处理鹅掌柴、银青锁龙和喜林芋等 3 d 才引起同样程度的落叶。

表 2-32 一些盆栽观叶植物对乙烯的敏感性

高度敏感	线叶木，大戟杂种，假仙人掌，鹅掌柴
敏感	八角金盘，正三角榕，辟荔，喜林芋，金色岩角藤
中等敏感	非洲天门冬，花叶万年青(品种‘Mariarme’)，红边龙血树，山德氏龙血树，垂叶榕，阿尔及利亚常春藤(品种‘Variegata’)
不敏感	雀巢蕨，美洲山竹，变叶木(品种‘Excellent’)，朱蕉，剑叶蕨，藤芋(品种‘Argyaeus’)

注：资料来自 J. Nowak 和 R. M. Rudnicki(1990)。

表 2-33 一些盆栽观花植物对乙烯的敏感性

高度敏感	耐寒苣苔，麒麟吐珠，波瓦茄(品种‘Major’)，龙吐珠，倒挂金钟，朱槿，苛勒利属，大岩桐属，好望角苣苔，漫长春花
敏感	风铃草，高凉菜
中等敏感	秋海棠，四季海棠，蒲苞花杂种，厚穗爵床
不敏感	菊，仙客来，阿拉伯紫罗兰，马蹄纹天竺葵，无茎报春，杜鹃花，非洲紫罗兰，瓜叶菊，大岩桐

注：资料来自 J. Nowak 和 R. M. Rudnicki(1990)。

在盆栽花卉(尤其是盆栽观叶植物)在栽培期间，很少发生乙烯引起的畸形现象。在贮藏和运输期间，这种伤害往往因高温和黑暗而大量发生。

在上市前2～3周喷施硫代硫酸银(STS)一次，可抑制盆栽花卉乙烯的产生，减少花蕾和花朵脱落，控制叶片黄化和脱落，使盆栽植物在整个采后环节中得到保护。但要严格控制STS使用浓度(表2-34)，以防止浓度过高使叶和花上产生黑色斑点或坏死侵蚀斑，造成叶和花的伤害。

表2-34 一些盆栽植物适宜的STS使用浓度

植物名称	STS质量分数	植物名称	STS质量分数
麻属	0.4～0.6	长春花属	0.4～0.6
藻百年属	0.5～0.8	矮牵牛属	0.2～0.5
耐寒苣苔属	0.3～0.5	海州常山属	0.4
倒挂金钟属	0.3～0.5	报春花属	0.2～0.5
芒毛苣苔属	0.4～1.0	巴西拟仙人掌棒属	0.1～1.0
木槿属	0.5～0.8	*Columnea*	0.5～0.8
秋海棠	1.0～2.0	非洲紫罗兰属	0.2～0.5
球兰	0.6	十字爵床属	0.4～0.5
风铃草属	0.3～0.6	蟹爪属	0.5～2.0
厚穗爵床属	0.3～0.4	石竹属	0.3～0.5
辣椒	0.3～0.5	千金子藤属	0.5～0.8
沟酸浆属	0.3～0.4	智利茉莉属	0.5～0.8
蒲苞花属	0.2～0.5	马鞭草属	0.3～0.4
茉莉属	0.5～1.2	草原龙胆属	0.3～0.4
波瓦茄属	0.2～0.5	大戟属(一品红)	0.3～0.8
凤仙花属	0.3～0.5	昙花属	0.5～2.0
爵床属	0.5～1.2	好望角苣苔属	0.3～0.6
叶子花属	0.5	茄属	0.5
Begonia elation 杂种	1.0	仙客来属	0.5～1.0
天竺葵属(种子)	0.5	杜鹃花	0.4～0.8

胡绪岚(1996)。

用STS处理盆栽花卉时要特别注意植物的健康状况，如一些被腐霉病菌感染的植物(特别是天竺葵)用STS处理后会引起严重的伤害。因此，只有对健康植株喷布STS才会达到最佳效果。

2.7.2 盆栽花卉的贮藏

在实践中，盆栽花卉的贮藏(storage of pot plants)比切花的贮藏要简单一些。一般而言，盆栽花卉不需要特殊的贮藏措施。但盆栽观花植物常根据市场的需要来控制开花时间。大部分生长于人工控制的环境条件下的盆栽花卉，可以准确地预测其开花时间，对于特定节假日上市而栽培的植物，有时会提早开花，为延迟开花，有必要贮藏至理想的发货时间。大部分盆栽花卉贮藏的理想条件与其运输条件基本一致。实际上有些植物并不适合长时间的运输，特别是一些喜光植物在运输中容易引起叶片黄化脱落。表 2-35 列出了一些不适应长期贮藏在黑暗条件下的盆花建议的贮藏温度、相对湿度和贮藏周期。

表 2-35 一些盆花建议的贮藏温度、相对湿度和贮藏周期

植物名称	温度/℃	相对湿度/%	贮藏周期/d
非洲堇	21～24		
广东万年青	16～21	65～85	10
天门冬	18～21		
杜鹃花	16		3
秋海棠	16～21		
观赏凤梨	21～27		
菊花	2	80～90	5
仙客来	10	80～90	4
花叶万年青	16～21		5
龙血树	16～24		7
东方百合	0～3		14
蕨类	16～24	75～85	7
榕树	13～21	65～85	7
大岩桐	16	70～90	4
木槿	18～24		4
伽蓝菜	16		10
棕榈	10～21	65～75	
草胡椒	16～24	65～85	7
一品红	10～12		4
石柑子	1～3		5
月季	1～3		5
鹅掌柴	13～18		7

胡绪岚(1996)。

2.7.3 盆栽花卉的运输

长途运输的植物应具有良好的质量，无病虫害，并已进行过适当的预处理。运输工具应当清洁、卫生。

2.7.3.1 运输温度

盆栽花卉最适运输温度因植物种类而异。一般而言，大部分经过驯化的盆栽观叶植物宜采用16～18℃，只有对低温不太敏感的一些种类可在13℃左右运输（表2-36）。

表2-36 部分已驯化的盆栽观叶植物的运输适温

植物名称	1～15 d运输/℃	16～30 d运输/℃
广东万年青，品种'Fransher'	13～16	16～18
广东万年青，品种'Silver Queen'	16～18	16～18
朱砂根	10～13	—
蜘蛛抱蛋	10～13	—
袖珍椰子	13～16	—
雪佛里椰子	13～16	—
散尾葵	13～18	16～18
变叶木	16～18	16～18
朱蕉	16～18	—
花叶万年青	16～18	—
野龙血树	16～18	—
香龙血树	16～18	—
红边龙血树	13～18	16～18
垂叶榕	13～16	13～16
亮叶榕	13～16	—
郝韦棕	10～18	10～18
剑叶氏	16～18	—
双色豆瓣绿	16～18	—
鞍叶喜林芋	13～16	—
心叶喜林芋	16～18	—
软叶刺葵	10～13	—
马来千年木	16～18	—
棕竹	10～13	—
鹅掌柴	10～13	10～13
绿萝	16～18	—
苞叶芋，品种'Manna Loa'	10～13	13～16
丝兰	10～13	10～13
鹦掌柴	10～13	10～13

关于盆花最适宜运输温度资料很少。盆栽球根植物,如郁金香、百合和水仙等,可在4～5℃温度下运输。在夏季高光照、高温条件下栽培的植株的运输温度应再比冬季栽培的同一种植物稍高一些。

选择最适宜的温度还取决于运输时间长短。一些对寒冷敏感的植物,运输时间为2～4周或更长时,适合于7 d运输的最适温度可能导致植株的冷害。一般而言,运输时间短,适宜的温度幅度大,而较长时间的运输将缩小最适温度的范围。

2.7.3.2 湿度

盆栽花卉在长时间运输过程中不可能浇水。如此时空气太干燥,会引起栽培基质干燥而导致植株落叶。应在运输前24 h浇透待运盆栽植物,这样有足够的时间使过多的水渗漏出花盆。集装箱内应保持80%～90%的相对湿度。

2.7.3.3 光照

盆栽花卉常常在黑暗中长途运输。长时间失去光照易引起植株新叶黄化、老叶和花朵脱落、新梢过度生长等症状。失去光照时间越长,对植株的质量影响越大。一些植物(如广东万年青和丝兰)可忍耐长达30 d的黑暗;另一些植物(如菊花和仙客来)仅缺光照几天时间,就造成质量损失。

2.7.3.4 乙烯

盆栽花卉对乙烯的敏感性因种类而异。有人做过试验,把一些观叶植物封存在与外界无气体交换的包装箱内,在13℃运输13 d,未发现乙烯引起的损伤。事实上,在箱内测不出乙烯存在的迹象。这一点证明,观叶植物如未受病虫害感染时,不会产生足够引起危害的乙烯数量。一些对乙烯敏感的观叶植物在20℃下放在几个mg/L下的乙烯气体中3 d,也未观察到植株受害。

与盆栽观叶植物相比,盆花对乙烯更为敏感。与成熟的花相比,花蕾和幼花产生的乙烯较少,对外源乙烯亦不太敏感。因此,花发育较早阶段的植株更适于运输。花朵开放过度的观花植株在运输前应喷布STS。对乙烯敏感的植物不应该与能产生大量乙烯的切花、水果和蔬菜混装运输。

(胡汉升 赵梁军)

2.8 观赏植物产品的批发和营销技术

观赏植物作为一种产品进入市场后,在市场中的正常流通关系到生产者与消费者的共同利益。尤其当花卉的商品化生产发展到一定的规模时,通畅快捷的流通体系和交易方式便成为市场发展的必然。由于各个国家的情况不同,不同国家、不同发展时期所采取的花卉交易方式也不相同。世界上花卉交易方式主要有议价交易、拍卖交易、投标、竞价等。市场先进国家大多采用拍卖交易的方式，而我国主要以协商议价交易为主。随着我国花卉生产规模的不断扩大，花卉市场运行机制的不断完善，拍卖交易也将在花卉市场中被普遍采用。

由于花卉是一种鲜活产品，不耐贮藏和运输，花卉产品从生产、批发到零售需要快捷的流通以便迅速到达消费者手中。花卉的流通和交易所用的时间越长，损耗就越大，价值也就越低；反之流通和交易的时间越短，价值就越高。因此，如何使花卉产品以最快的速度实现从生产到消费的转移，建立完好的花卉流通体系一直是人们关心的问题。

2.8.1 观赏植物产品的批发

在观赏植物的营销(distribution)过程中，批发(wholesale)是紧随生产之后的第一个销售环节。在批发市场运行机制中，存在着许多种交易方式。交易方式是指买卖双方为使交易顺利达成而使用的确定成交价格、成交条件和交割商品的方法。通过价格的形成过程和交易条件的达成方式，决定批发市场的交易效率，进而影响交易的成本，是批发市场效率和效益的决定因素。一定的交易方式必须有一定的交易主体组织形式和竞争方式与其适应，相应决定了批发市场各构成要素之间的关联关系和关联方式，以及信息的形成收集与发布方式，进一步决定批发市场的作用和功能发挥。因此，交易方式是批发市场交易活动的核心和关键，是关联批发市场各要素和实现批发市场功能的中枢所在。

2.8.1.1 批发市场的概念

批发市场(wholesale market)即交易市场，是一种或多种专项商品及其系列集中进行现货交易的场所，它可以满足买卖双方扩大运销规模和交易空间，节约交易成本的需要，是解决生产的大批量和消费的多样化之间矛盾的交易场所。

2.8.1.2 批发市场的性质

批发市场是为买卖双方提供经常性的、公开的、规范的交易场所，具有信息、结算、运输等配套服务功能，是社会公益性的非盈利事业法人和公司法人。批发市场以服务为宗旨，遵循公平交易、平等竞争、自由议价的交易原则。

2.8.1.3 批发市场的功能

花卉批发市场的主要功能在于服务花农，发展产业、协调集货、分货及均衡市场供需等。依据国际上一些技术发达国家和地区的经验，规范的批发市场必须具备完善的功能，主要表现在以下几个方面。

(1)*竞争性批发功能* 所谓竞争即实行拍卖机制。批发市场所有货物都采用

拍卖方式出售。为了实现和保证竞争机制,必须至少满足如下条件:

①批发市场内必须有两个或以上的拍卖实体同时存在。

②批发市场不能以任何理由拒绝供货商提供的货物,但是,供货商却有权选择批发商。

③批发商只能面向花卉经营商,不能面向散客。

(2)信息功能 批发市场必须及时收集并发布有关信息,同时,必须满足客户所需求的信息。这里包括:

①信息的收集:根据其批发的规模、经营服务的范围,及时收集所需信息。如价格信息,包括世界各大花卉市场各种花卉的价格,国内各大花卉市场价格等;花卉供求关系信息等。

②信息的分析:将所得到的信息根据需要进行分析、整理。

③信息的发布:及时发布基本信息,如本花卉市场上市的花卉市场价格、花卉批发量。同时,根据客户需求,提供相应信息咨询服务。

(3)集散功能 通过组织大规模的经营,提高市场的商品集散功能,扩大辐射范围和程度。

(4)价格功能 通过公开的拍卖和投标交易,形成某些商品区域性和全国性价格。

(5)交易功能 能够迅速地组织客户进场交易,并保障交易顺利的实现。

(6)结算功能 通过建立、健全市场财务结算制度,用现代化金融手段和方法及时准确地结算。

(7)物流功能 产品的分拣、加工、包装、贮运、检疫等职能,将由批发市场承担。

(8)临时贮藏功能 根据批发销售计划,临时存贮花卉产品。必须确立相应的贮藏保鲜技术,根据需求,促进或延缓开花进程。以保障花卉出售时的质量。

(9)宣传引导功能 花卉是一项文化消费,必须进行相应的引导,如宣传花卉礼仪规范,不仅宣传我国花卉礼仪、还要及时宣传国外花卉礼仪。宣传花语即花卉本身所包含的意义。

2.8.1.4 批发市场的类型

在我国,花卉批发市场的类型通常分为非自发规范型批发市场和自发非规范型批发市场两种。非自发规范型批发市场是参照国外某些批发市场的条文及运行模式,经政府有关部门制定出试行条例,由政府批准建立的花卉批发市场。其交易要求规范化、规格化和等级化。自发非规范型批发市场是由花农发起而逐步完善的。这一类批发市场对参与市场买卖的人员较少资格限制,对成交的商品没有规格等级、质量、包装的明确要求。我国目前多以非自发规范型批发市场为主。

由于我国花卉业起步较晚，商品化生产是在国际花卉业基本成熟并稳步发展的条件下切入的，其生产规模及经营方式与发达国家相比还存在差距。但由于近几年花卉销售流通环节投入的增加，花卉市场建设已形成了一定规模，一些新建的花卉批发市场一般都设有交易厅，冷藏库，运输设备以及后勤服务设施，大多建在大中城市。其中北京莱太花卉交易中心的市场规模，设施设备，配套服务设施等硬件水平都达到了国际水平。全国初步形成了一批有代表性的花卉批发市场，如上海的曹安花市，精文花市，北京的亮马桥花卉市场，四川成都的三圣乡花卉市场，云南呈贡的斗南花卉批发市场，广州的岭南花卉市场等，这些市场的日交易额都在百万元以上。

在国外一些花卉业发达国家，花卉的批发环节已发展比较成熟，许多花卉批发市场都采用以拍卖为主的交易形式。如荷兰的花卉商品化生产将近 100 年的历史，花卉流通体系是以拍卖市场为核心的运营系统，其拍卖市场是全世界花卉贸易的集散地，其中，仅荷兰的阿斯梅尔花卉拍卖市场成交量就占世界出口量的 70% 左右，其成交价被作为国际价格动向的指标。在美国的迈阿密，哥伦比亚的波哥大，以色列的特拉维夫都建有大型的花卉批发市场。在亚洲，除以色列的特拉维夫外，日本东京羽田花卉市场，虽然也很大，但是该花卉批发市场主要经营国产花卉，说明东亚这个人口众多的地区还缺乏国际性的花卉批发市场。

2.8.1.5 花卉的拍卖交易

花卉的拍卖交易具有便于快速批量进行的特征，可以减少花卉的流通环节，缩短交易时间，降低交易的成本，提高交易效率，因此早已被先进的花卉生产国普遍采用。如荷兰阿斯梅尔花卉拍卖市场每天交易 1 400 万支鲜切花和 150 万盆盆花，每天交易 50 000 笔。其拍卖交易的速度和效率是对手交易所无法比拟的。

(1)拍卖的概念　拍卖(auction)，也称为竞买，是一种特殊的贸易或交易方式。它一般是指由交易组织者在规定的时间和地点，按照约定的章程和规则，通过公开竞价而确定成交价格，将出卖人的财物售给出价最高的应买人的一种交易方式。拍卖在国外一些国家和地区的农产品批发市场被广泛应用，它是在拍卖机构的组织下，由多个竞买人参与公开竞价而决定商品成交价格和成交人的交易方式。

(2)拍卖的特点　拍卖交易要求在特定的拍卖中心，有固定的拍卖组织主持，在相对集中的时间内进行。所交易的商品一般具有不同等级标准、难以定价或鲜活易腐、易变质的特征。这些商品货源组织方式多样，对于农产品来说，组织从产地运到分散的初级市场，再集中到集散市场或主要消费地市场，形成拍卖中心。主持拍卖活动拍卖组织一般是由专业的公司或会员制的股份公司或协会组成。拍卖时间虽不尽相同，但大多数的拍卖市场一般都会选择在某一固定的时间进行交易。

(3)拍卖的历史 拍卖的历史渊源可以追溯到300年前，当时是利用拍卖防止不合理的价格出现。到1905年开始发明和使用钟表式拍卖，1910年以后进行拍卖交易自动化。花卉的拍卖交易开始于19世纪初的荷兰，在这以后，在世界其他一些花卉业发达国家逐渐建立各种规模的花卉拍卖市场。

(4)拍卖的类型 根据不同的分类依据，可将拍卖划分为不同形式。

①按照经济学分类，可将拍卖分为英国式拍卖、荷兰式拍卖、投标法和维氏拍卖等4种形式。

英国式拍卖 又可称为次价开式拍卖，即价格是由低向高公开开价，最后由出价最高的应买人获得。英国式拍卖的优点是可以保证价格进入核区，缺点是供应人获得偏低的合理价格，这种拍卖方式一般多适用古董、文物等单件精品的出售，在鲜活农产品批发市场中很少采用。

荷兰式拍卖 亦称首价开式拍卖，即价格是由高向低变化，最后由最先按键或举手应价的应买人获得。也就是由出价最高的应买人获得。目前花卉运销领域大多采用荷兰式拍卖，其主要原因是花卉拍卖是一种重复性赛局，也就是说第一赛局得不到花卉的承销商在后续赛局里必定会提早按键，故价格会上升进入核区。花卉交易是批量交易，同一个批量的产品可以由不同的竞买人购得，是一种循环赛局的商品拍卖。荷兰式拍卖的另一特点是经过循环竞价可以使竞买人诚实地交代出自己所能承受的心理价位，最终使商品的价格达到最优。

投标法 亦称首价闭式拍卖，是目的工程招标最常用的方法，其进行方式是承销商先把底价写在秘密纸条上，竞价单收齐后再打开比价，由出价最高者获得。这种拍卖方式操作过程简单，在数学原理上与荷兰式拍卖的交易机制是等同的。我国一些鲜活农产品批发市场经常采用这种交易方式，在一些花卉市场经销商也通过这种方式进行花卉的拍卖销售。

维氏拍卖 亦称次价闭式拍卖，是承销商先把底价写在秘密纸条上，竞价单收齐后再打开比价由出价最高者获得，但只需付出次高的费用，这种方式很少采用。

②依据参拍商品的重量可分为移动式拍卖和固定式拍卖。

移动式拍卖 是指参加竞买的承销商和拍卖师在摆放的商品的大厅内移动，一件接一件地交易。这种方式属于完全现货拍卖，不会产生产品质量纠纷。

固定式拍卖 参加竞买的人和拍卖师在一个特定的拍卖大厅中固定不动，每拍一件商品，就会有工作人员将产品推入大厅，向竞买人展示样品，竞买人看到样品后决定购买的数量和价格，一般适合重量较轻的产品如花卉等，较重的产品一般采用样品的展示。这种拍卖方式要求拍卖品必须实行标准化，有严格的等级规格，否则易产生产品质量纠纷。

③依据交易的自动化程度可分为人工交易拍卖和电子交易拍卖：人工拍卖的速度较慢，人为操作性比较强，拍卖的效率比较低。在先进国家和地区，花卉拍卖大部分采用自动化拍卖作业，交易效率较高。

(5)花卉拍卖的优势　花卉拍卖具有以下优势：

a. 拍卖可以提高交易效率；b. 拍卖可以提高物流效率；c. 拍卖可以减少流通环节，降低交易费用；d. 拍卖交易具备完善的服务功能；e. 拍卖交易具有发现花卉合理价格的功能；f. 拍卖交易具有很强的信息功能。

2.8.2 观赏植物产品的零售

零售(retail)是观赏植物流通的最后一个环节。在花卉销售的各环节中，直接面对最终消费者的花卉从业人员称为零售商。零售商的工作是多方位的。

2.8.2.1 进货

分为直选式和定货式两种：

(1)直选式　纯零售经营者通常会亲自到批发市场中选购，或是参加拍卖。由于花卉产品的鲜活特性，批发通常在清晨进行。有些花卉产业和贸易高度发达的国家，拍卖不面向小的零售业者。

(2)定货式　批零兼营者会收到由产地或上一级批发商直接发来的货品，其中包括可以从国内进货或从国外进货。

2.8.2.2 理货

理货通常应包括以下步骤：

A. 及时打开鲜切花包装，包装通常为纸包装或塑料袋包装。

B. 检查货品的名称、数量、价格和质量。

C. 对货品进行保鲜贮藏处理。

D. 标明鲜花的名称和价格，单枝花和成品花都要明码标价。

2.8.2.3 花店内鲜切花保鲜措施

(1)严把进货关　包括采收期是否合适、采收期是否明确表示、是否进行过保鲜剂处理、运输途径如何、运输时间长短、有无病虫害等。

(2)重新分级和包扎　分级时应将受伤的和带病的花材剔除，按花材开放程度归类。用蜡纸或聚乙烯膜包扎花束，达到相互隔离、减少茎秆破裂和擦伤，减少水分损失。为防止大型菊花相互缠绕，可用网套将花朵单独罩住。

(3)归类保藏　首先考虑花材是否对乙烯敏感，敏感的花材不能放在一起，如果在一起存放，必须有足够量的乙烯吸收剂。同时，根据花材的温度特点将花材分别存放。

(4)湿度管理　尽可能保持高的湿度。保持高湿度的措施有：聚乙烯膜包装，维持恒定的贮藏室温度，室内用加湿器提高湿度。

(5)对室内气体的要求　保持室内空气流通，减少有害气体蓄积。

2.8.2.4　花店的多种经营

(1)直接销售　根据消费者的需求，将到手的花材直接进行出售。

(2)插花销售　在美国，花店经营者必须持有插花培训证明。在我国，虽然没有这方面的规定，但是，花店经营者在熟悉各种花卉保鲜知识、了解各种花语，在此基础上又熟悉插花技艺，应消费者的要求插出各种造型的花束或花篮，以及其他各种花艺制品，这样的花店自然会生意兴隆。

(3)开展各种服务　包括礼仪送花、婚、丧以及开店租摆、电子商务、鲜花配送等业务。

在批发市场，鲜切花和盆花一般都要分开经营，而在小型花店零售时，鲜切花和盆花有时是混在一起。但通常鲜切花需要的室温较低，湿度较大，花朵应避免阳光直射。而盆花生长所需的温度较高。一些起源于热带和亚热带的植物在低温下难以生长，对光线的要求不同品种间则有很大不同。因此，大型盆栽植物花店一般单独经营，有关管理将在下面的章节进行介绍。

不同的花卉消费主体会有不同的消费需求。花店经营者应本着最大限度满足消费者需求的原则，根据顾客要求开展礼仪送花、宾馆饭店租摆、鲜花配送等业务。在网络信息时代，还可以进行网上购花，成为全国花卉信息网的会员花店，开展异地定花送花业务等。

2.8.2.5　盆栽花卉花店管理

盆栽植物因为采后继续生长的特性和观赏期的长时性，花店管理在温度、湿度、光照、水分、环境气体等方面有特殊的要求。

(1)温度　盆栽观叶植物多起源于热带和亚热带地区，在花店中，这些植物应保存在16～21℃温度条件下。低于16℃时，大部分观叶植物将停止生长。当温度降至8℃以下，对低温敏感的植物会受到伤害。盆栽观花植物中，包括菊花、仙客来、蒲苞花、瓜叶菊、月季和球根植物(如郁金香、风信子等)，存放于5～12℃的温度范围。在较高温度下，上述植物的花蕾发育较快，易于老化和失去观赏价值。花卉展示屋内的温度控制器应安装在与植物的位置在同一水平高度上。

(2)湿度　大部分盆栽植物可存放在空气相对湿度为50%～60%的环境中。室内要经常喷雾和洒水增加空气湿度。空气湿度的增加与存放在一定面积上的植株数量成正比。当把植株存放于高于最适温度下，高的相对湿度(80%～90%)可减轻高温的不利影响。当贮藏室和展示室的相对湿度低于30%时，应安装加湿器。

(3)光照　盆栽植物对光照的需求因种类而异。当盆栽植物经过较长时间黑暗环境运输后,需要较高的光照强度(6 000～12 000 lx)来刺激植株从运输的不利影响中复原。花店照明遵循满足特定种类最低光照要求的原则,光照不足条件会降低盆栽植物的质量,对盆栽观花植物影响更显著。花店展示室的照度一般应保持在 2 000～3 000 lx 范围内,每天照明 12～14 h。盆栽观花植物与切花一样,用红蓝混合光照表现最好。一般可采用日光灯和白炽灯混合照明,或用产生大量红光的日光灯照明。

零售商应让消费者知道各种植物的光照需求。盆栽植物出售后,在家里或办公室中保持适宜的光照水平对维持植株健康也是必要的。

(4)水分　当零售商将盆栽植物从拍卖市场运到花店后,应立即解包检查,看看植株根系是否过多,花盆基质是否干燥等。经长途运输之后,植株需尽快浇水,栽培基质过干会引起盐分上升,这会伤害植物,导致幼叶叶缘失绿和坏死,老叶黄化和脱落。浇水过多对盆栽植物也不利,花盆应能尽快去除过多的灌水。盆栽植物严忌根部水涝。

浇水水温应尽量和室温保持一致。水温过低会引起叶片伤害,产生白色斑点。对冷水特别敏感的植物有广东万年青、花叶万年青、网纹草、大岩桐等。

(5)施肥　花店通常不必给盆栽植物施肥。为了减少生长基质中过多的盐分,有时还需淋洗或把过多的缓释颗粒肥料移出盆去。在温室中给盆栽植物施的肥料一般足够在消费者家中维持 2～3 个月。因此,销售商应提醒消费者,在购买盆栽植物后不要立即施肥。

(6)环境气体　和鲜切花一样,盆栽植物花店要避免有害气体的存在。一般说来,盆栽植物花店中的观花植物对有害气体比观叶植物更敏感。如乙烯加速观花植物衰老过程,促进落蕾、落花和落花瓣。这些植物在到货后应立即解开包装,不要继续包裹在塑料膜中。观花植物应保存在通风良好、无乙烯污染的空间内。为了防止乙烯对观花植物的有害影响,零售商可以喷布 STS。但若先前已用 STS 处理过的盆花,则不应再重复喷布。

思考题

1. 如何确定各类观赏植物产品的最佳采收时间?
2. 简述适宜的采收方法对观赏植物产品品质的影响。
3. 简述鲜切花保鲜剂的概念、种类及其用途。
4. 简述鲜切花保鲜剂保鲜原理。

5. 简述观赏植物产品分级的必要性。
6. 常用于观赏植物产品的包装有哪些？试举例说明。
7. 简述压差通风预冷和真空预冷的原理。
8. 比较冷库空气预冷、强制通风预冷、压差通风预冷以及真空预冷等不同预冷方式的优缺点。
9. 简述真空预冷中的水分损失与补充的机理。
10. 影响贮藏效果的因素有哪些？它们是如何影响贮藏效果的？
11. 贮藏方式有哪些？分析比较它们的优缺点。
12. 观赏植物运输过程中有哪些影响产品品质的特有因素？
13. 比较几种运输工具的优缺点。
14. 环境条件如何影响盆栽植物品质？
15. 简述盆栽植物的包装技术。
16. 盆栽植物家庭养护需注意哪些问题？
17. 简述花卉市场的功能？
18. 什么是拍卖？拍卖有哪些优势？
19. 花卉零售应注意的关键问题有哪些？

（洪　波　张常青）

3 观赏植物采后基因工程

【内容提要】

提高观赏植物产品本身的耐贮运性是提高产品流通质量的最基本的且最重要的因素。抗性育种被认为是提高观赏植物产品耐性的一条有效途径。自 20 世纪 90 年代以来,采后生理、特别是采后分子生物学研究的深入,为观赏植物的采后抗逆性研究提供了很多重要的方向,如香石竹的抗衰老、长寿花育种、抗旱耐失水胁迫育种、耐低温育种、抗采后流通病害育种等。考虑到知识的系统性,这里,从介绍基因工程的操作程序等基本知识入手,讲述观赏植物抗逆基因工程方面的内容。

3.1 植物基因工程操作程序

植物基因工程(plant gene engineering)是指一切在基因水平上操作并改变植物遗传特性的技术。当前植物基因工程已具有较固定的操作程序,一般由目的基因克隆、载体构建、转化受体细胞、重组克隆的筛选和鉴定等步骤组成。

3.1.1 农杆菌介导法

利用农杆菌介导法(*Agrobacterium* mediated transformation)进行基因转导主要适用于双子叶植物。其操作程序见图 3-1。

3.1.1.1 目的基因克隆(clone)

A. 如果其他生物已有同源序列被克隆,可以以此为探针或据此合成引物,从所研究的植物中克隆出同源的基因。

B. 如果证明与衰老相关的蛋白质存在,可从蛋白质入手分离衰老基因。其方法是利用单向或双向电泳直接分析相关蛋白,并通过 mRNA 体外翻译间接证明它是衰老相关蛋白。如能纯化足够多的蛋白质,可制备抗体用以筛选表达蛋白的 cDNA。通过测定蛋白质 N 端氨基酸序列,可推测出编码蛋白质的基因片段序列。之后,以人工合成寡核苷酸序列做探针或以此为引物,通过 RT-PCR 直接扩增出特异蛋白基因(洪孟民,1998)。

另外,克隆基因的策略还有染色体步行法、转座子标签法、连锁标记法等多种。

3.1.1.2 质粒构建

将外源目的 DNA 克隆到一种适当的(iv 型)Ti 质粒上,构建重组质粒分子。

3.1.1.3 转化大肠杆菌

将带有外源 DNA 插入的(iv 型)Ti 质粒载体转化给大肠杆菌细胞。

3.1.1.4 转化农杆菌

通过细菌间的接合作用,使带有外源 DNA 插入的(iv 型)重组质粒从大肠杆菌转移到根瘤农杆菌,并在此与固有的 Ti 质粒发生同源重组,结果外源 DNA 便从 iv 质粒转移到固有的 Ti 质粒上;同时 iv 质粒或自发丧失或被排斥出宿主细胞(图 3-1)。

3.1.1.5 转化植株

将根瘤农杆菌直接接种到植物伤口部位,或是通过与植物原生质体或愈伤组织共培养,转化植物细胞。

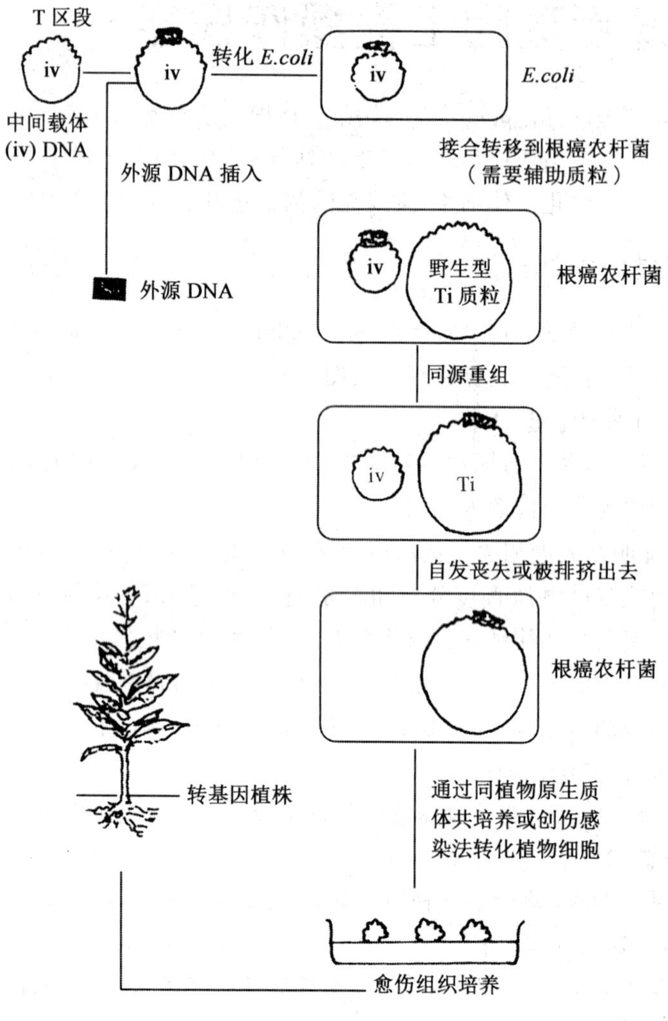

图 3-1 农杆菌介导法操作示意图

3.1.1.6 培育转基因植株

经过对愈伤组织或原生质体的培养，再生出转基因植株。

由于 Ti 质粒载体感染产生的肿瘤或致瘤基因(onc)会阻碍正常植株的再生。因此，近来发展的 Ti 质粒载体都是用可选择的显性标记取代 onc 基因作为筛选转化组织的记号。

3.1.2 直接转化法

目前在不借助农杆菌的直接转化方法(direct transformation)中应用最多的是基因枪法(biolistics method)。其基本原理是将在外源基因克隆完成后,将外源基因包被在微小的金粒或钨粒表面,然后在高压的作用下微粒被高速射入受体细胞或组织中,微粒上的外源基因进入细胞后,整合到植物染色体上得到表达,从而实现转化。转化程序如图 3-2 所示。

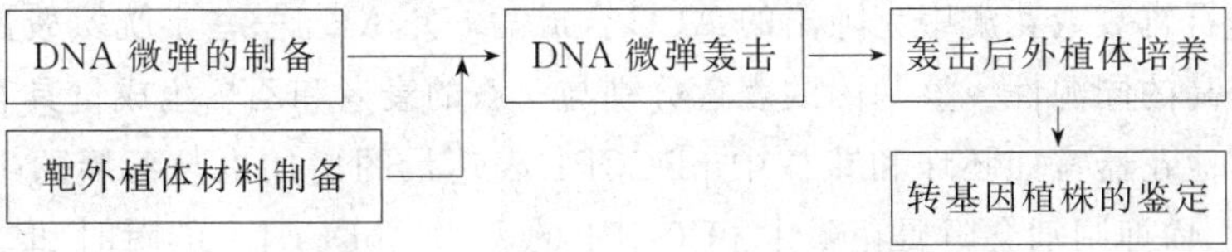

图 3-2 基因枪法操作程序示意图

此外,外源基因的直接转导方法还有花粉管导入法、脂质体法、化学刺激法等多种(许智宏,刘春明,1998)。

3.2 观赏植物采后基因工程

观赏植物采后基因工程(post-harvest gene engineering)是近年发展起来的一项新的内容,是指通过采后生理与分子生物学研究分离出与采后抗逆特性有关的基因,在此基础上进行转基因工作,获采后抗逆性强的,能够提高采后流通质量的新的观赏植物品种或品系。这里从以下几个方面分别介绍。

3.2.1 抗衰老基因工程

抗衰老基因工程(gene engineering to prolong shelf-life)在观赏植物采后基因工程中是进展最好的一个内容。

切花根据对乙烯的敏感性可以划分为乙烯敏感型品种和不敏感型品种。其中敏感型品种的开花衰老往往与内源乙烯的生成关系密切,通过各种途径减少内源乙烯的生成是延缓开花衰老进程的有效途径之一。不敏感型品种的内源乙烯生成量通常相对很少,花朵的开放和衰老与乙烯生成关系不是很密切,但是,超过一定浓度的外源乙烯也会对相应的器官产生影响,如导致菊花叶片脱落,并进而影响到产品质量。此外,观赏植物产品在从采收到消费者手中的各个流通环节中亦不可避免地要遭受各种物理的、化学的以及生物的胁迫,当胁迫达到一定程度时往往诱发乙烯生成,促进植株的衰老进程。因此,通过抗乙烯基因工程培育观赏植物新品种对于延缓衰老、提高流通质量是很重要的。

3.2.1.1 衰老中乙烯合成相关基因

香石竹被认为是观赏植物中研究乙烯的模式植物。Lawton 等(1990)从香石竹衰老花瓣中分离出 3 个与衰老有关的基因,并研究了乙烯对这些基因调控的影响。所得结果是其中的 2 个基因的表达具有花器官特异性,并且这些基因的表达还依赖于乙烯的连续刺激。

从香石竹衰老花瓣中克隆出的 ACC 合成酶 cDNA,与一些半胱氨酸蛋白酶基因有相当高的同源性。该基因的表达分别与花瓣的衰老和乙烯生成量具有显著相关性。其他花器官如胚珠和花柱中 pDCCP1 表达量的增加也与乙烯的生成量有关,加入乙烯抑制剂会阻碍花瓣中 pDCCP1 的表达。pDCCP1 的瞬时和空间表达表明,花衰老过程中半胱氨酸蛋白酶对蛋白的损失起作用(Williams J,Bulman M,Huttly A,1994)。

3.2.1.2 乙烯信号转导途径中的相关基因

通过对拟南芥乙烯不敏感突变体的获得与研究,取得了乙烯信号传导中相关基因的克隆。通过这些基因功能的研究,提出了乙烯信号传导途径的模式:ETR1→CTR1→EIN2→EIN3。其中,作用于上游的 ETR1 是一种乙烯受体蛋白,位于细胞膜上,通过与乙烯的结合使乙烯产生作用。目前普遍认为 ETR1 是乙烯反应的负调节物。同时,CTR1 也是乙烯反应的负调节物。EIN3 存在于细胞核中,是乙烯信号传导途径中的最后一个成分,具有调控转录功能(Chao 等,1997)。

3.2.1.3 乙烯相关基因在观赏植物中的转化与表达

通过导入正义或反义 ACC 合成酶和 ACC 氧化酶基因能够延长一些乙烯敏感型花卉的寿命。Aida 等(1998)用根癌农杆菌介导法将 ACC 氧化酶基因片段以正义或反义方向导入蓝猪草中,花寿命由对照植株的 2.4 d 延长到 7.1 d。

Bovy 等(1995)研究了拟南芥 etr1-1 等位基因在香石竹中的表达。该基因既可以受到自身启动子(组成型 CaMV 35S)的调控,也可以受到具有花特异性的矮牵牛 FBP1 启动子的调控,从而改变植株对乙烯的敏感性。结果还表明大约一半的转基因植株花朵寿命比对照至少延长了 6～16 d,其中最长的是未转化植株瓶插寿命的 3 倍。并且,转基因植物的花朵花瓣坚实,克服了未转化植株在衰老进程中所具有的花瓣卷曲症状。再者,转基因植株延缓花朵衰老的效果要远好于用抑制乙烯生物合成或作用抑制剂处理的效果。表 3-1 列举了近年来观赏植物抗衰老基因工程的一些成果。

表 3-1 观赏植物抗衰老基因工程成果举例

外源基因	受体植物	转化效果	资料来源
ACC 氧化酶 RNA	香石竹	切花瓶插寿命延长了 2 倍,乙烯积累不足对照的 10%	Savin,1995
ACC 合成酶	蓝猪草	寿命延长	Aida R. ,1998
etr1-1	矮牵牛	开花期延长	Wilkinson J. Q,1993

3.2.2 提高失水胁迫耐性的基因工程

目前国内外切花的运输特别是其中的远距离运输大多采用干运方式,而切花在干运中的水分损失是不可避免的。因此,通过提高失水胁迫耐性基因工程(gene engineering to improve water stress tolerances)培育失水胁迫耐性强的品种对于提高切花流通质量具有重要的应用价值。综合与植物抗旱相关的基因克隆报道,可以分为以下几类:编码与渗透调节物质合成酶相关的基因、与抗氧化胁迫相关的基因、编码脱水保护物质基因、调节基因等。目前观赏植物采后基因工程中尚缺乏耐水分胁迫方面的研究报道,这里引用其他植物方面的有关报道来讲述其原理和技术。

3.2.2.1 渗透调节物质

植物在干旱时可产生渗透胁迫。植物感受了这种胁迫后,细胞内溶质主动积累,渗透势降低,从而产生渗透调节现象。渗透调节物质包括无机离子、糖类、多元醇、氨基酸和生物碱等,这些物质通过降低细胞质的渗透压而使细胞保持较高水势,从而有利于植物在干旱胁迫下吸收水分。迄今为止,已经克隆的基因有脯氨酸合成酶基因、甘氨酸甜菜碱合成酶基因、甘露醇合成酶基因、海藻糖合成酶基因等。

高等植物在渗透胁迫条件下大量积累脯氨酸(Pro)。脯氨酸的超量表达可使转基因水稻幼苗具有一定的抗高盐和抗 PEG 的能力(苏金,1999)。

甜菜碱是植物中一类常见的亲和性渗透调节物质,广泛存在于高等植物、动物与细菌中,其生物合成是从胆碱开始经胆碱加单氧酶(CMO)和甜菜碱醛脱氢酶(BADH)两步氧化生成的。干旱胁迫下,甜菜碱的积累与 CMO 和 BADH 活性的增加密切相关。郭岩等(1997)用基因枪法将来源于菠菜的 BADH 基因导入水稻'中花 8 号',转基因植株的甜菜碱含量提高,耐盐性显著提高。

果聚糖是果糖多聚物,作为一种可溶性碳水化合物存在于植物细胞的液泡中。约有 15%的开花植物能自身合成果聚糖。催化细菌果聚糖合成的催化酶为果聚糖蔗糖酶。Pilon-Smits(1995)将编码枯草杆菌果聚糖蔗糖酶的 SacB 基因及其信号序列转化烟草,结果表明,在 10% 聚乙二醇(PEG)胁迫条件下,转基因植株的生长速率快于野生型植株，其生长量在胁迫条件下也明显高于野生型植株。

多胺是一类细胞内广泛存在的小分子含氮化合物。在盐渍和干旱条件下，植物体内大量积累多胺化合物。用燕麦精氨酸脱羧酶基因转化水稻后发现，转基因水稻叶绿素的损失降低，抗旱性增强(Capell，1998)。

3.2.2.2 清除活性氧物质

干旱胁迫会诱导细胞的氧化伤害，植物体内有完备的抗氧化防御系统，它由一些能清除活性氧的酶系和抗氧化物质组成，如超氧化物歧化酶(SOD)、过氧化物酶(POD)、过氧化氢酶(CAT)和抗坏血酸(AsA)等，它们协同作用共同抵抗干旱胁迫诱导的氧化伤害。SOD是植物体内清除活性氧的关键抗氧化酶，根据其结合金属离子的不同，可分为Cu/Zn-SOD，Mn-SOD和Fe-SOD三种类型，分别定位于叶绿体和细胞质、线粒体、叶绿体中(Slooten，1995)。Van Camp等(1994)将Mn-SOD定位于烟草的叶绿体和线粒体上，发现叶绿体中Mn-SOD的过量表达使烟草受干旱引起的氧化伤害程度比对照轻三四倍，而线粒体中增加的Mn-SOD活性对烟草抗氧化胁迫能力的影响不大。

3.2.2.3 脱水保护物质

胚胎后期丰富蛋白(Lea蛋白)是胚胎发育后期种子中大量积累的一系列蛋白质，它广泛存在于高等植物中。在植物个体发育的其他阶段，也能因ABA或脱水诱导而在其他组织中高水平表达。一般认为，Lea蛋白在植物细胞中具有保护生物大分子、维持特定细胞结构、缓解干旱、盐、寒等环境胁迫的作用。Xu等(1996)将来源于大麦的Lea蛋白HAV1 cDNA全序列用基因枪法导入水稻悬浮细胞系，获得的第二代转基因植株表现出明显抵抗干旱和盐渍的能力。这表明Lea蛋白基因在抗胁迫基因工程中具有潜在利用价值。

海藻糖是广泛分布于微生物中的脱水保护物质，具有稳定细胞膜及蛋白质结构的功能(Crowe，1984)。将编码酵母海藻糖-6-磷酸合成酶亚基的tps1以农杆菌介导法转化烟草，得到的转基因植株的抗旱能力大大增强(Holmstrom，1996)。进一步分析发现，转基因烟草叶片的海藻糖含量最高为3.2 mg/(g · dW)，这样低的浓度可能不足以起到渗透调节作用，因而推测转基因植株抗旱性增强的原因可能在于海藻糖能够维持细胞结构和生物大分子的稳定。

3.2.2.4 调节基因

调节基因(regulatory genes)是近年来抗旱机理与遗传转化方面研究的一项重要成就。其原理是植物在接受失水胁迫信号时，转录因子在诱导型启动子的诱导下表达；从而诱导具有特定核心元件的一系列与抗旱相关的基因的表达，积累胁迫诱导物质，调节各种生理生化反应，综合提高植物的抗旱能力。其中最成功的是日本学者 Yamaguchi-Shinozaki(1999)在拟南芥上的遗传转化成果。他们将诱导型启动子 Prd29A 和转录因子基因 DREB1A 构建的质粒利用农杆菌介导法转入拟南芥,转化株同时具有极强的抗旱(断水 2 周)、耐盐渍(海水浓度处理 2 h)以及耐低温(−6℃ 48 h)特性。

3.2.3 抗病基因工程

花材在采收过程中如造成开放性伤口,病原菌易从此伤口侵入植物体。同时贮运环境消毒不彻底,也会残留病原菌。在环境湿度较高、温度适宜时,这些病原菌便进行繁殖、蔓延,并通过花材的伤口、气孔或皮孔侵入,造成腐烂并诱导乙烯产生。

目前植物抗病基因工程(gene engineering to induce diseases resistances)已取得了长足的长进。从已有的研究资料来看,Derk F. H. M. 等将抗菌活性基因转入月季,明显延长其瓶插寿命,为采后寿命的延长开辟了一条新的途径。

3.2.3.1 观赏植物采后抗病性的概念

观赏植物采后抗病性是花材离开母体后,在贮运过程中植物与病原物之间相互关系中寄主植物抵抗病原物侵染的性能。从植物生理学的观点来看,植物的抗病性是植株在形态结构和生理生化等方面综合的时间上和空间上表现的结果,它是建筑在一系列的物质代谢的基础上,是有关基因通过酶蛋白的表达,有关抗病调节物质产生来实现的(王钧,1998)。

3.2.3.2 植物抗病基因工程

目前植物抗病基因工程中利用最多的是能直接杀伤病原的蛋白基因。几丁质酶和 β-1,3-葡聚糖酶在水稻、烟草等植物中表达能抑制一些致病真菌细胞的生长。如 PR1 基因在烟草中的表达能抑制霜霉病的增殖,PR5 在马铃薯中的表达能抑制晚疫病的增殖。

其他抗真菌蛋白(如核糖体失活蛋白)、几丁质的凝集素蛋白以及抗真菌肽的基因也可用于控制真菌病的发生。一个成功的例证是,将从葡萄中分离得到的 stilbene 合成酶基因导入烟草,提高了烟草抗灰霉病原的特性。月季切花抗病转基因也有成功的例子(古润泽,个人通信)。

到目前为止,直接控制细菌病原增殖的方法尚不多见。除葡萄糖氧化酶外,目前常用的还有抗菌肽 cecropin 和 T4 噬菌体溶菌酶的基因。此外,利用破坏细菌致病毒素 tabatoxin 的乙酰转移酶也取得了一定效果。

随着诱导植物产生抗病性反应的基因、抗病基因以及抗病信号转导基因的克隆,已有可能通过基因工程使植物同时产生多种防卫系统,对多种病原产生较强的抗病力。最近,有些与系统抗性相关的基因已经克隆,其中 NPR1 基因导入拟南芥提高了植株对细菌病原的抗性。

思考题

1. 农杆菌介导法操作的程序包括哪些步骤?
2. 观赏植物抗衰老基因工程取得了哪些成果?
3. 简述提高植物失水胁迫耐性的原理和基因工程技术。

(金基石　陆旺金　包满珠)

4 观赏植物产品质量和质量标准

【内容提要】

在观赏植物的生产、流通过程中,产品质量是花卉产业发展水平的标志,它与经济效益直接相关,是人们普遍关心的问题。尤其在国际贸易中,产品质量决定着商业竞争能力,显得更为重要。观赏植物产品质量标准有助于观赏植物产品的专业化生产,有助于实施集约化经营、规范花卉生产和市场、提高花卉产品质量。观赏植物产品质量标准规定了产品的质量分级、检验规则、包装、标志、运输和贮藏等环节的技术要求,是花卉生产、批发、运输、贮藏、销售等各个环节的质量把关基准和商品交易基准。本章重点介绍有关观赏植物产品质量因素、影响产品质量的原因以及各种观赏植物产品的各级行业质量标准的划分情况。

4.1 观赏植物产品质量

4.1.1 产品质量概念

4.1.1.1 质量的概念

质量被定义为产品特性的构成和等级。质量一词有多种含义，如市场质量、可食质量、运输质量、营养质量、内在质量和外观质量等。

观赏植物产品质量(quality of ornamental plant products)是给人类以享受的具有商品价值的特征、属性以及性质的综合。

4.1.1.2 不同流通环节的质量要求

观赏植物生产者所关心的是他们的商品有好的外观和尽可能少的外观缺陷，但是，对于他们来说，一个有用的观赏植物品种必须能有高产、抗病、容易采收以及好的运输质量。

集货商和批发商所关心的产品质量往往是外观质量，好的外观质量有利于产品的销售与流通，被认为是产品质量中最重要的。

消费者往往要求外观好(姿、型、新鲜度等)、有特色享受(好的色、香味等)以及长的瓶插寿命或生活期。虽然消费者在购买商品时是基于外观和直感，但是，他们的满足和再次购买则主要依赖于好的瓶插质量(切花)和较长的观赏期(盆花)。

4.1.2 产品质量因素概述

4.1.2.1 观赏植物质量因素划分

观赏植物产品质量因素主要包括基本因素和社会因素。其中基本因素又包括外观因素和内在因素。

(1)基本因素

①外观因素：是生产者最为重视的因子。既有通过非破坏性手段来计测并数值化的因子，也有因观测者不同判断时出入较大的、难以数值化的因子。前者如花茎长度、色彩、病虫害、冷害、机械损伤、落花落蕾、花朵开放程度等；后者如茎叶新鲜度、应时性、整体平衡性等。

②内在因素：主要是花卉消费者所要求的因子。这方面的研究进展相对缓慢。包括可测因子和难于计测并数值化的因子。前者如瓶插寿命、耐贮性、耐运性等；后者如用途的适合性、对环境的适应性等。

(2)社会因素　也称作消费需求，不同的国家、不同的地域、不同民族文化消费者有其特有的需求和偏好。是最难计测但很重要的因子。比如,西方国家喜欢颜色鲜艳、热烈奔放、雍容华贵的观赏植物产品,而以我国和日本为代表的东方国家则喜欢清新典雅,以幽雅见长的花卉种类。在我国,南方地区多喜爱以姿、质取胜的淡雅花卉;而北方地区多喜欢大红色等具喜庆色彩的花卉等。

4.1.2.2 各类观赏植物质量因素

观赏植物种类极其繁多,形状各异,与其他农业产品相比要复杂得多。观赏植物产品主要包括鲜切花、切叶、切枝、盆花(观花盆花、观叶盆花、观果盆花)、种球、种苗、种子等。这里分别介绍各类观赏植物产品质量因素(quality factors of ornamental plant products)。

(1)鲜切花(切叶、切枝)类 自活体植株上剪切下来专供插花及花艺设计用的枝、叶、花、果的统称。以下仅介绍切花和切枝。

①植株的整体平衡:是指花序(花朵)、叶片和茎秆之间的相互协调和平衡,是观赏植物的整体感观,也是引起购买欲望的第一印象。包括是否完整、均匀及新鲜程度。如标准菊花枝的要求是叶片大小适中、按叶序上下均衡排列,叶片平展斜上生长,花颈不宜过长或过短,茎部挺拔直立、无弯曲,花头要向上;要完整均匀、新鲜挺拔。

②花序排列与花朵形状和颜色:花序排列是指多花型切花花序的排列方向、小花之间的分布和距离等内容。花朵形状和颜色简称花形和花色。其中,花形包括花型特征和花朵形状两层含义。例如,标准切花菊的花型有球状型、莲座型、芍药型、盘状型、托桂型等。而花形指花朵形状是否完整,有无缺损。

③花枝形状和长度:指花枝上的整体布局,花茎的粗度、长度以及挺直程度等。这些指标直接影响到观赏植物的观赏性和用途。

④叶片排列、形状和色泽:指叶片在花枝上的排列角度、距离,叶片的形态特征,叶片的颜色和深浅以及叶片的光泽等。

⑤病虫害状况:包括检疫性病虫的存在与否,普通病虫的存在数量、危害状况及痕迹的有无和程度等内容。

⑥机械损伤和药物伤害:机械损伤是指由于粗放操作或由于贮运中的挤压、振动等造成的伤害。药害是指由于施用药物对花朵、叶片和茎秆造成的污染或伤害。

⑦采收标准:指观赏植物在采收时的生长和发育状况,直接影响流通质量和流通期限以及售后服务质量。

⑧采后处理:包括采收后的花材整理、捆扎、包装、标志等内容。

(2)盆栽花卉

盆花类:

①整体效果:是指植株的整体外观,包括品种形态特性、植株高度、冠幅、花盖

度、新鲜程度、生长状况、衰老症状以及植株的大小与盆的大小是否相称等内容。

②花部状况：是指植株上花的生长状况，包括花朵大小和数量均衡度（如初花者的比例、含苞欲放的花蕾的比例等）、花色（是否纯正、有无褪色或杂色斑点等）、花形完好整齐度、花枝（花梗、花序梗或花葶）健壮度等内容。

③茎叶状况：是指植株茎叶的生长状况，包括茎、枝（干）的健壮度，分布是否均匀；叶片排列是否整齐、均匀以及形态、色泽等。

④病虫害状况：包括检疫性病虫的存在与否，普通病虫的存在数量、危害状况及痕迹的有无和程度等内容。

⑤破损状况：是指植株在生产、流通过程中引起的折损、擦伤、压伤、冷害、水渍、药害、灼伤、褪色等内容。

⑥栽培基质：是否使用经过消毒的无土基质。常采用的无土基质有椰糠、草炭、苔藓、珍珠岩、蛭石、石棉等。

盆栽观叶植物类：

①整体效果：是指植株的整体生长状况，包括观赏期、株型、叶片完整度、植株大小是否与容器相称、协调等。

②茎叶状况：是指植株茎叶生长状况，包括茎叶生长健壮度、光泽度，叶片形状、大小、质地、色泽、斑纹等是否符合其品种特性等。

③病虫害状况：包括检疫性病虫的存在与否，普通病虫的存在数量、危害状况及痕迹的有无和程度等内容。

④破损状况：是指植株在生产、流通过程中引起的折损、擦伤、压伤、冷害、水渍、药害、灼伤、褪色等内容。

⑤栽培基质：是否使用经过消毒的无土基质。常采用的无土基质有椰糠、草炭、苔藓、珍珠岩、蛭石、石棉等。

(3)种球类　种球是指球根花卉用于繁殖的膨大的地下根或地下茎。种球一般是从围径、饱满度和病虫害来分级并以之作为划分项目。当种球的各单项指标不属于同一级时，以单项指标低的定等级。

①围径：用围径尺寸测定种球的最大周长，单位 cm，读数精确到 1 cm。

②饱满度：指种球的发育状况、营养状况、含水度等。一般目测评定。

③病虫害及损伤状况：指受病、虫害侵染程度及采收、运输时引起的机械损伤、碰伤、冷害等。一般目测，必要时可培养检查。

④抽样：抽样时同一产地、同一品种、同一批次的产品作为一个检验批次。样本从提交的检测批中随机抽取，单位产品一般以粒计。

(4)种苗类　种苗是用以生产观赏植物的基础材料。健康合格的种苗应具有发达的根系、健壮、充实、通直的苗干，正常的色泽，整个植株没有机械损伤和病虫害。通常以地径、苗高、叶片数和根系发育状况作为划分项目。优质的种苗应具有发达的根系，苗干健壮、充实、通直，色泽正常，无机械损伤，无病虫害。

①地径：是指地际直径，即栽培基质表面处苗干的周长，单位 cm。地径用软尺测量。

②苗高：是自地径至苗顶端的高度。苗高用直尺测量，单位 cm。

③叶片数：指叶片数是否适中。叶片数采用计量方法。

④根系发育状况：指根系的长度及发育状况。根系发育状况用目测评定结合直尺测量根系长度进行，根系长度单位 cm。

⑤其他：病虫害及损伤状况。

⑥抽样：抽样时同一产地、同一品种、同一批次的产品作为一个检验批次。样本从提交的检测批中随机抽取，单位产品一般以株或盆计。

(5)种子类　种子是用以播种繁殖观赏植物的器官。种子的质量因素包括品种质量和播种质量，品种质量是指种子的真实性和品种纯度；播种质量是指种子的净度、饱和度、生活力、发芽率、含水量等。优良的种子必须是纯度高、净度好、充实饱满、生命力强、发芽率高、水分含量较低而且没有病虫害的。

①净度：指从被检种子样品中除去杂质和其他植物种子后，被检纯净种子的重量占样品总重量的百分率，用称重法测定，以 g(克)为单位。

②发芽率：是指种子发芽试验终期(规定日期内)，全部正常发芽种子占供试种子数的百分比。

③真实性：是指种或品种的界定，一批种子所属种、品种或与其界定是否相符，是种子分级检测的首要环节。

④纯度：指一批种子个体之间在特征、特性方面典型一致的程度。采用形态学法、物理法或化学法鉴定。

⑤含水量：是指种子样品烘干后失去的重量占样品原始重量的百分率。在测定的过程中要严防水分损失，一般方法有低温恒重烘干法、高温烘干法、高温水预先烘干法和种子水分测仪法。

⑥生活力：是种子发芽的潜在能力或种胚具有的生命力。一般使用生物化学四唑法测定。

⑦千粒重：从净种子种数取 1 000 粒种子称重得到的重量。可检验种子的饱满程度。

⑧病虫害：病虫害损害程度。病害可用目测、过筛、萌芽、分离培养等方法评定，虫害一般目测评定。

⑨抽样：抽样时应从种子批不同部位随机抽取若干次小部分种子合并而成，然后把样品经过对分递减或随机抽取规定重量的样品，每一步骤都必须有代表性。种子批是指同一来源、同一品种、同一年度、同一时期收获，质量基本一致，在规定数量之内的种子。一批种子有重量的限制，若超重须分成多批，分别给以批号（赵玉巧等，1998）。分级时严格按照种子分级标准进行，各指标不属于同一级时，以单项指标低的定等级。

4.1.3 产品质量影响因素

影响观赏植物质量的因素有很多，归纳起来主要包括观赏植物采前的因子和采后的因子，这些因子都直接或间接地影响产品的质量。

4.1.3.1 遗传因子

遗传因子是最重要的和直接的影响因子。要想获得高质量的产品，必须选择好的播种材料，如品种选择、砧木选择等。

4.1.3.2 采前环境因子

采前环境包括观赏植物栽培的大环境和微环境。其中，前者是指生产地域的气候条件，后者是指观赏植物栽培的具体条件。露地栽培的观赏植物直接受到栽培地域气象因子的影响，这里包括温度、光照、气流交换、降水等。

观赏植物，特别是以商品化生产为目的的花卉植物，大多是在一定的设施条件下进行栽培的，设施微环境直接影响花卉的质量。此外，不论是露地栽培还是设施栽培，栽培管理措施，如施肥、灌水等都直接或间接地影响到花卉质量。

4.1.3.3 采收

采收工具的选择、采收时间及采收成熟度的掌握等都影响到观赏植物的质量。理想的采收工具必须保证所采收部分的产品质量，并对整个植株生长影响很小。

采收时间关系到植株营养成分的积累和对机械损伤的耐性。一般来说，以日落前采收为好，这时的植株经过 1 d 的光合作用，养分积累相对充足；同时由于经过 1 d 的日光照射，水势相对较低，在采收等操作过程中不易遭受机械损伤。

采收成熟度即采收标准的掌握是非常重要且直接的影响因子。观赏植物必须根据种类、品种、生长季节、生长环境、流通距离和流通时间等来确定相应的采收标准。

4.1.3.4 采后处理

采后处理包括采收后的花材整理、捆扎、包装、标志等内容，每一个环节都直接或间接地影响到产品的质量。如将长短不同的切花捆扎到一起，会直接影响到产品质量。对于切花来说，保鲜剂的使用是极其重要的，关于这一点将在有关章节进行详细介绍。

4.1.3.5 各种因子之间的相互作用

上述各个方面对于观赏植物质量的影响绝不是孤立的，而是相互影响和相互作用的，必须综合分析，才能保持和提高观赏植物产品质量，在产品生产与采后流通中找到最佳的配套组合。

4.1.4 产品质量评估方法

观赏植物不同于其他农业产品，其价值在于观赏性，主要依靠视觉来判断，而外观的好坏不仅受内在因素的影响，还受消费者所处的社会因素的影响。影响因素不仅多，而且错综复杂，大多数影响因素都很难量化。迄今为止，还没有一个能让涉及生产、流通、消费等各个方面都认可的产品质量评价方法（quality evaluation methods of plant products）。

在国际贸易中，切花的质量通常由有经验的经纪人用肉眼评估。主要基于总的外观，如切花形态、色泽、新鲜程度和健壮程度等。其他品质测定主要包括物理测定和化学分析，如花茎长度、花朵直径、花序中的小花朵数以及某些对乙烯敏感切花内所含银离子浓度等。

4.1.4.1 评估方法划分

根据对观赏植物有无破坏性划分为破坏性评估方法和非破坏性评估方法两大类。也可以根据主观与客观程度划分为基于仪器读数的客观评估方法和基于人的判断、感官标准的主观评估方法。

4.1.4.2 评估方法

我国目前所采用的产品质量评估方法主要包括检验规则和检验方法，这里以鲜切花为例介绍如下：

(1)检验规则

①同一产地、同一批量、同一品种、相同等级的产品作为一检测批次。

②按一个检测批次随机抽样，所检样品量为一个包装单位（如箱）。

③单枝花的等级判定：在完全符合某级所有条件时，才能说明达到该级标准。

④整个批次的等级判定。

一级花，必须是所检样品的95%以上符合该标准；二级花，必须是所检样品的90%以上符合该标准；三级花，必须是所检样品的85%以上符合该标准；四级花，必须是所检样品的80%以上符合该标准。

(2)检验方法

①切花品种：根据品种特征图谱进行鉴定。

②整体感：根据花茎叶的整体平衡进行目测评定。

③花形和花色：根据品种特征和分级标准进行目测评定。

④花枝：包括长度和挺直程度。花枝长度自剪口到花朵顶部，用尺测量，单位cm；挺直程度目测评定。

⑤药害：目测评定。

⑥冷害：通过花瓣和叶片的颜色来判断；也可通过瓶插观察花朵能否正常开放来确定。

⑦机械损伤：目测评定。

⑧采切标准：目测评定。

⑨保鲜剂：通过化学方法检测保鲜剂的主要成分来确定（中华人民共和国农业行业标准 NY/T 323—1997）。

4.2 观赏植物产品质量标准

观赏植物产品质量标准（quality standards for ornamental plant products）根据其适用范围，可以划分为国际标准、国家级标准、行业标准、地方标准等。这里分别讲述。

4.2.1 国际质量标准

事实上，迄今为止观赏植物还缺乏国际标准，只有欧洲经济委员会（The United Nations Economic Commission for Europe, ECE）标准，这一标准属于花卉类地域标准。欧洲经济委员会位于瑞士日内瓦，1982 年颁布了有关花卉类的质量等级标准，之后又增加了一些附加标准及详细规定。这些标准控制着欧洲国家之间及进入欧洲市场贸易的花卉产品的质量。该标准适用于以花束、插花或其他以装饰为目的的所有鲜切花、花蕾及切叶。该标准将切花划分为三个等级：特级、一级和二级（表 4-1）。

特级切花必须具有最好的品质，具有该种或品种的所有特性，没有任何影响外观的掺杂或病虫害。只允许 3%特级花、5%一级花和 10%二级花具有轻微的缺陷。花卉拍卖行展出的花卉样品必须是整批材料的代表。为了易于识别，花卉产品的标签和发货清单必须写清必要的信息，如生产者、包装场地和贸易企业的名称、花卉种类、品种或花色等。

表 4-1 一般外观的 ECE 切花分级标准

等级	对切花的要求
特级	切花具有最佳品质，无外来物质，发育适当，花颈粗壮而坚硬，具备该种或品种的所有特性，允许切花的 3%有轻微的缺陷
一级	切花具有良好品质，花茎坚硬，其余要求同上，允许切花的 5%有轻微缺陷
二级	在特级和一级中未被接受，但满足最低质量要求，可用于装饰，允许切花的 10%有轻微的缺陷

注：资料来自胡绪岚(1996)。

4.2.2 国外一些国家的质量标准

4.2.2.1 美国花商协会标准(cut flower standards of the Society of American Florists)

美国花商协会(The Society of American Florists，SAF)仅对几种切花制定出推荐性的分级标准，是否遵从这些标准完全是自愿的。

此标准的内容以 ECE 标准为基础，但分级名称不同于 ECE 标准，采用蓝、红、绿、黄的称呼，大体上相当于 ECE 的特级、一级和二级。

主要的外形质量有：茎秆长度、茎秆的坚挺度、花的缺陷、花瓣与叶片的色泽以及特定种类的其他特征。除此之外，对主要切花还制定了一些补充规定。

在美国，除了 SAF 标准外，还有 C. A. Conover 1986 年提出的新的切花质量分级标准，该标准不论花朵的大小，完全根据质量打分，质量最高的切花可以得到最高分 100 分，质量较差的切花，得到的分数相对要少(表 4-2)。

表 4-2 切花质量百分制等级标准

状况 (25 分)	花朵和茎秆没有机械损伤、没有病虫害侵染(10 分)，外观新鲜、质量优良、没有衰老征兆(15 分)
外形 (30 分)	外形符合品种特征(10 分)，花朵开度适宜(5 分)，叶形一致(5 分)，花朵大小与茎秆长度和直径相称(10 分)
颜色 (25 分)	色泽光亮、纯净(10 分)，颜色一致、符合品种特征(5 分)，没有褪色、没有喷洒残留物(5 分)
茎秆和叶片 (20 分)	茎秆粗壮直立(10 分)，叶色正常，没有失绿或坏死现象(5 分)，没有残留物

注：资料来自 Conoyer(1986)。

4.2.2.2 日本标准

和欧美一样，日本切花质量标准(cut flower quality standards of Japan)也分为三级，分别称为秀、优、良。日本农林水产省农蚕园艺局于 1991 年、1992 年、

1994 年分别颁布了月季、百合、香石竹、菊花、郁金香、唐菖蒲等 13 种切花的质量标准，即“切花全国标准上市规格的设定”。下面以月季切花为例介绍日本等级划分标准（表 4-3 和表 4-4）。

表 4-3 日本使用的月季切花分级标准

评价项目	等级		
	秀	优	良
花、茎、叶的整体平衡	整体平衡极好	整体平衡极好	整体平衡好
花型、花色	具有本品种特征，花型、花色极好	具有本品种特征，花型、花色很好	具有本品种特征，花型、花色次于优级
茎秆弯曲	粗壮，没有弯茎	粗壮，没有弯茎	有轻微的弯茎
病虫害	无病虫危害	几乎无病虫危害	有轻度的病虫危害
损伤等	没有日灼伤、药害及擦伤	几乎没有日灼伤、药害及擦伤	有轻度的日灼伤、药害及擦伤
采收标准	适期采收	适期采收	适期采收

注：资料来自日本花卉协会（1994）。

表 4-4 日本使用的月季切花分级标准中的等级划分

等级/cm	花枝长度/cm	
70 以上	70 以上	
60 以上	60 以上	70 以下
50 以上	50 以上	60 以下
40 以上	40 以上	50 以下
40 以下	40 以下	

注：资料来自日本花卉协会（1994）。

4.2.2.3 荷兰标准

荷兰是世界花卉生产贸易的中心，一些大的花卉拍卖市场的交易都是利用航空进行大规模的远距离运输。因此，对花卉除了等级划分外，还进行了观赏期、运输特性等内在品质要素的研究和实施，是当今世界上花卉质量标准评价最为彻底的国家。荷兰花卉产品质量标准（flower quality standards of the Netherlands）是由花卉中介机构根据农产品质量法分别制定，由荷兰植物保护局、植物检验总局和国家新品种鉴定中心等机构执行。生产者将花卉带到批发市场后，由专门的检查员进行严格的质量检查。除检查病虫害外，还检查保鲜剂的利用情况。在荷兰，保鲜剂的使用有明确的规定，有些是必须使用的，如香石竹切花，有些是希望使用的。

此外，观赏期也是一个重要指标。

4.2.3 中国的质量标准

4.2.3.1 国家标准

国家质量技术监督局2000年11月16日发布了主要花卉产品等级标准——国家标准(National standards)。将观赏植物产品分为以下7种类型：

第一种：鲜切花质量标准(quality standards of cut flowers)13种，包括月季、唐菖蒲、香石竹、菊花、非洲菊、满天星、亚洲型百合、麝香百合、马蹄莲、花烛、鹤望兰、肾蕨、银芽柳。表4-5以月季切花为例列出了我国鲜切花质量等级划分的详细内容。

表4-5 月季切花质量等级划分标准

项目	级别		
	一 级	二 级	三 级
花	花色纯正、鲜艳、具光泽，无变色、焦边；花形完整，花朵饱满，外层花瓣整齐，无损伤	花色纯、鲜艳，无变色、焦边；花形完整，花朵饱满，外层花瓣较整齐，无损伤	花色良好，略有变色、焦边；花形完整，外层花瓣略有损伤
花茎	质地强健，挺直、有韧性、粗细均匀，无弯茎 长度： 大花品种≥80 cm 中花品种≥55 cm 小花品种≥40 cm	质地较强健，挺直，粗细较均匀，无弯茎 长度： 大花品种：65～79 cm 中花品种：45～54 cm 小花品种：35～39 cm	质地较强健，略有弯曲，粗细不均，无弯茎 长度： 大花品种：50～64 cm 中花品种：35～44 cm 小花品种：25～34 cm
叶	叶片大小均匀，分布均匀；叶色鲜绿有光泽，无褪绿；叶面清洁、平展	叶片大小均匀，分布均匀；叶色鲜绿，无褪绿；叶面清洁、平展	叶片大小较均匀；叶色略有褪色；叶面略有污物
采收时期	花蕾有一两片萼片向外反卷至水平时		
装箱容量	每20支捆为一扎，每扎中切花最长与最短的差别不超过1 cm	每20支捆为一扎，每扎中切花最长与最短的差别不超过3 cm	每20支捆为一扎，每扎中切花最长与最短的差别不超过5 cm

注：①形态特征：灌木，枝具皮刺。叶互生，奇数羽状复叶(小叶5～7枚)；花单生新梢顶部；花瓣多数，花色繁多，主要白、黄、粉、红、橘红等色；花瓣多数，花型、花色丰富多彩。

②引自中华人民共和国国标，第1部分：鲜切花第3页(2000)。

第二种：盆花类质量标准(quality standards of pot flowering plants)20种，包括金鱼草、四季海棠、蒲苞花、温室凤仙、矮牵牛、半枝莲、四季报春、一串红、瓜叶菊、长春花、国兰、菊花(大中型)、小菊、仙客来、大岩桐、四季米兰、山茶花、一串红(二年生)、茉莉花、杜鹃花、大花君子兰。在盆花质量等级标准中以整体效果、花部状态、茎部状态、病虫害或破损状况为评价指标,对上述所列盆花划分为一、二、三3个等级(表4-6)。

表4-6 盆花产品等级划分公共标准

评价内容	等级		
	一级	二级	三级
整体效果	外观新鲜,花朵大小和数量正常;生长正常,无衰老症状;符合该品种特性。植株大小与盆的大小相称	外观较新鲜,花朵大小和数量较正常;生长正常,无衰老症状;符合该品种特性。植株大小与盆的大小相称	外观较新鲜,生长较正常,符合该品种特性。植株大小与盆的大小相称
花部状况	含苞待放的花蕾者≥90%;初花者10%~15%。花色纯正,无褪色或杂色斑点,花形完好整齐;花枝(花梗、花序或花葶)健壮	盛花者30%~50%;花色纯正,无褪色,花形完好较整齐;花枝(花梗、花序或花葶)较健壮	盛花者60%;花色纯正,无褪色,花形完好较整齐;花枝(花梗、花序或花葶)较健壮
茎叶状况	茎、枝(干)健壮,分布均匀;叶片排列整齐,匀称,形状大小完好,色泽正常,无褪色	茎、枝(干)健壮,分布较均匀;叶片排列整齐,匀称,形状大小完好,色泽正常,无褪色	茎、枝(干)健壮,分布较稀疏;叶片排列较整齐,形状大小完好,色泽正常,略有褪色,落叶
病虫害或破损状况	无病虫害、折损、擦伤、压伤、冷害、水渍、药害、灼伤、斑点、褪色	无病虫害、折损、擦伤、压伤、冷害、水渍、药害、灼伤、斑点、褪色	有不明显的病害斑迹或虫孔,有轻微折损、擦伤、压伤、冷害、水渍、药害、灼伤、斑点、褪色
栽培基质	必须使用经过消毒的无土基质		

注:引自中华人民共和国国标,第2部分:盆花第3页(2000)。

第三种:盆栽观叶植物质量标准(quality standards of foliage pot plants)24种,包括香龙血树(巴西木)、朱蕉、马拉巴栗(发财树)、绿巨人、白鹤芋、绿地王(丛叶喜林芋)、红宝石(红柄蔓绿绒)、花叶芋、绿萝(藤芋)、美叶芋、金黄后(白柄亮丝草)、大王黛粉叶、变叶木、袖珍椰子、散尾葵、蒲葵、棕竹、南洋杉、孔雀竹芋、果子蔓等。

第四种:花卉种子质量标准(quality standards of flower seeds)48种,包括霍香蓟、香雪球、金鱼草、四季海棠、羽衣甘蓝、蒲苞花、金盏菊、瓜叶菊、仙客来等。表4-7列出了部分花卉种子质量的等级标准。

表 4-7 部分花卉种子质量的等级表

序号	品种	一级		二级		三级		各级种子含水量，%不高于	各级种子每克粒数
		净度，%不低于	发芽率，%不低于	净度，%不低于	发芽率，%不低于	净度，%不低于	发芽率，%不低于		
1	霍香蓟	95	85	90	80	90	60	9	7 000～7 500
2	金鱼草	95	90	90	80	90	70	9	4 000～7 000
3	四季海棠	95	90	90	80	90	75	9	7 000～8 000
4	羽衣甘蓝	98	0	90	85	0	80	9	245～300
5	蒲苞花	98	90	95	85	90	80	9	16 000～25 000
6	金盏菊	95	90	90	85	80	70	9	120～150
7	瓜叶菊	98	90	95	80	90	80	11	3 300～4 200
8	仙客来	98	90	90	80	90	75	9	100～125

注：引自中华人民共和国国标，第 4 部分：花卉种子第 2～3 页(2000)。

第五种：花卉种苗质量标准(quality standards of flower nursery stocks)10 种，包括香石竹、菊花、满天星、紫菀、火鹤、非洲菊、月季、一品红、草原龙胆、补血草等。表 4-8 列出了 4 种花卉种苗的质量等级标准。

表 4-8 几种花卉种苗等级表

序号	种名	苗木种类	一级					二级					三级				
			地径	苗高	叶片数	根系状况	其他	地径	苗高	叶片数	根系状况	其他	地径	苗高	叶片数	根系状况	其他
1	香石竹	扦插	≥0.6	≥15	≥14	完整新鲜	无病虫害	≥0.4	≥25	≥8	完整新鲜	无病虫害	≥0.3	≥25	≥6	完整新鲜	无病虫害
2	非洲菊	组培	≥0.7	≥20	≥6	完整新鲜	无病虫害	≥0.5	≥20	≥5	完整新鲜	无病虫害	≥0.3	≥20	≥3	完整新鲜	无病虫害
3	月季	嫁接	≥0.8	≥20	≥8	完整新鲜	无病虫害	≥0.6	≥20	≥6	完整新鲜	无病虫害	≥0.4	≥20	≥4	完整新鲜	无病虫害
4	草原龙胆	播种或组培	≥0.3	≥5	≥8	完整新鲜	无病虫害	≥0.3	≥5	≥6	完整新鲜	无病虫害	≥0.2	≥5	≥6	完整新鲜	无病中害

注：引自中华人民共和国国标，第 4 部分：花卉种子第 2～3 页(2000)。

第六种：花卉种球质量标准(quality standards of flower bulbs)28 种，包括亚洲型百合、东方型百合、铁炮百合、郁金香、唐菖蒲、小苍兰、风信子、花毛良、鸢尾等。表 4-9 列出了部分花卉种球质量分级标准。

表 4-9 几种花卉种球质量等级表

序号	种名	一级			二级			三级			四级			五级		
		围径	饱满度	病虫害	围径	饱满度	病虫害	围径	饱满度	病虫害	围径	饱满度	病虫害	围径	饱满度	病虫害
1	亚洲型百合	≥16	优	无	≥14	优	无	≥12	优	无	≥10	优	无	≥9	优	无
2	东方型百合	≥20	优	无	≥18	优	无	≥16	优	无	≥14	优	无	≥12	优	无
3	郁金香	≥12	优	无	≥11	优	无	≥10	优	无						
4	唐菖蒲	≥14	优	无	≥12	优	无	≥10	优	无	≥8	优	无	≥6	优	无
5	小苍兰	≥5	优	无	≥4	优	无	≥3.5		无						
6	风信子	≥19	优	无	≥18	优	无	≥17	优	无	≥16	优	无	≥15	优	无

注：引自中华人民共和国国标，第 6 部分：花卉种球第 1 页(2000)。

第七种：草坪质量标准(quality standards of turfgrass)，包括 17 种主要草坪种子、草坪草营养枝、草皮、草坪植生带、开放型绿地草坪、封闭型绿地草坪、水土保持草坪、公路草坪、飞机场跑道区草坪、足球场草坪等。

4.2.3.2 行业标准

农业部于 1997 年 12 月发布了月季、菊花、唐菖蒲、香石竹、满天星 5 种切花产品农业行业质量标准(quality standards of agricultural industry)，并于 1999 年发布了郁金香、亚洲百合、补血草、非洲菊、小苍兰 5 种切花产品质量标准，这些标准在花卉流通中得到正式实施。

农业部颁布的标准规定了上述 10 种切花产品质量分级、检验规则、包装、标志、运输和贮藏技术要求，可以作为切花生产、批发、运输、贮藏、销售等各个环节的质量把关基准和商品交易基准。该质量标准的特点是：

(1)质量标准梯度较大　其中一级要求很高，相当于发达国家的一或二级标准，在我国只有极少数企业生产的鲜花能达到这个标准，但是如果达到这一标准，从质量上就可以直接出口进入国际市场；二级和三级标准，在我国一些龙头企业已经具备足够的技术能力，只要管理上严格把关应当能够实现；四级标准是多数花卉企业经过努力能够实现的标准。这样大的梯度，既可作为努力目标，也可作为当前市场的操作规范。

(2)主要质量内容只规定下限标准　一些关键内容如月季的花枝长度，只规定了各个等级的最小长度。

(3)可操作性大，尽可能增加可操作指标，如采收期　基于我们多年的研究、生产经验积累和国外的采收标准，明确划分了 4 个采收指数，其中一级适合于远距离运输；二级可以兼作远距离和近距离运输；三级适合于就近批发出售；四级必须就近很快出售。表 4-10 以月季切花为例列出了该质量分级的标准。

表 4-10 月季节花产品质量分级标准

评价项目	等级			
	一级	二级	三级	四级
1 整体感	整体感、新鲜程度好	整体感、新鲜程度好	整体感、新鲜程度好	整体感、新鲜程度一般
2 花形	完整优美，花朵饱满，外层花瓣整齐，无损伤	花形完整，花朵饱满，外层花瓣整齐，无损伤	花色良好，不失水，略有焦边	花色良好，略有褪色，有焦边
3 花色	花色鲜艳，无焦边、变色	花色好，无褪色失水，无焦边	花色良好，不失水，略有焦边	花色良好，略有褪色，有焦边
4 花枝	①枝条均匀、挺直 ②花茎长度 65 cm 以上，无弯茎 ③重量 40 g 以上	①枝条均匀、挺直 ②花茎长度 55 cm 以上，无弯茎 ③重量 30 g 以上	①枝条挺直 ②花茎长度 50 cm 以上，无弯茎 ③重量 25 g 以上	①枝条稍有弯曲 ②花茎长度 40 cm 以上，无弯茎 ③重量 20 g 以上
5 叶	①叶片大小均匀，分布均匀 ②叶色鲜绿有光泽，无褪绿叶片 ③叶面清洁，平整	①叶片大小均匀，分布均匀 ②叶色鲜绿，无褪绿叶片 ③叶面清洁，平整	①叶片分布较均匀 ②无褪绿叶片 ③叶面较清洁，稍有污点	①叶片分布不均匀 ②叶片有轻微褪色 ③叶面有少量残留物
6 病虫害	无购入国家或地区检疫的病虫害	无购入国家或地区检疫的病虫害，无明显病虫害斑点	无购入国家或地区检疫的病虫害，有轻微病虫害斑点	无购入国家或地区检疫的病虫害，有轻微病虫害斑点
7 损伤	无药害，冷害，机械损伤	基本无药害，冷害，机械损伤	有极轻度药害，冷害，机械损伤	有轻度药害，冷害，机械损伤

续表 4-10

评价项目	等级			
	一级	二级	三级	四级
8 采切标准	适用开花指数 1～3 级	适用开花指数 1～3 级	适用开花指数 2～4 级	适用开花指数三四级
9 采后处理	①立即入水保鲜剂处理 ②依品种 12 枝捆绑成扎，每扎中花枝长度最长与最短的差别不可超过 3 cm ③切口以上 15 cm 去叶、去刺	①保鲜剂处理 ②依品种 20 枝捆绑成扎，每扎中花枝长度最长与最短的差别不可超过 3 cm ③切口以上 15 cm 去叶、去刺	①依品种 20 枝捆绑成扎，每扎中花枝长度最长与最短的差别不可超过 5 cm ③切口以上 15 cm 去叶、去刺	①依品种 30 枝捆绑成扎，每扎中花枝长度最长与最短的差别不可超过 10 cm ③切口以上 15 cm 去叶、去刺

①开花指数 1：花萼略有松散，适合于远距离运输和贮藏；②开花指数 2：花萼伸出萼片，可以兼作远距离运输和近距离运输；③开花指数 3：外层花瓣开始松散，适合于近距离运输和就近批发出售；④开花指数 4：内层花瓣开始松散，必须就近很快出售。

注：引自中华人民共和国农业行业标准：月季切花第 2 页（1997）。

4.2.3.3　地方标准

（1）云南省地方标准　在观赏植物产品地方标准（local standards）中，云南省技术监督局于1997年8月发布了鲜切花及切叶（枝）的等级规格，并于1997年10月1日起在该省实施。这是我国第一部地方花卉质量标准。标准规定了29种鲜切花和6种切叶（枝）的等级规格、采切时间、枝长档次、包装数量、标识、运输等技术要求，适用于出口和国内销售鲜切花及切叶（枝）的分级。其中，鲜切花包括月季、百合、香石竹（康乃馨）、菊花、郁金香、唐菖蒲、紫罗兰、非洲菊、飞燕草、满天星、补血草（勿忘我）、小苍兰、六出花、马蹄莲、向日葵、小天堂鸟、孔雀草、金慧星、晚香玉、鸡冠花、文心兰、石斛兰、蝴蝶兰、鹤望兰、鸢尾、金鱼草、茴香、宫灯花、麒麟菊。切叶（枝）包括银柳、万年青、非洲天门冬、棕蕨型文竹、剪形蕨状竹。下面以月季切花为例列出了云南省地方标准的等级规格（表4-11）和枝长档次（表4-12）的划分方法。

表4-11　云南省地方标准等级规格表

评价项目	等级		
	一级	二级	三级
花、茎、叶的平衡	平衡状态非常好，无曲折现象	平衡状态较好，无曲折现象	平衡状态一般，基本无曲折现象
花型、花色	花型和花色非常好，保持本品种原来特性	花型和花色良好，保持本品种原来特性	花型和花色一般，保持本品种原来特性
病虫害	无病虫害	无明显病虫害	无严重病虫害
缺损	无折损、擦伤、弯曲、褪色、变形、污物、水伤、冻伤、斑点、灼伤、药害等现象，允许3%的切花有轻微缺陷	无明显折损、擦伤、弯曲、褪色、变形、污物、水伤、冻伤、斑点、灼伤、药害等现象，允许5%的切花有轻微缺陷	无严重折损、擦伤、弯曲、褪色、变形、污物、水伤、冻伤、斑点、灼伤、药害等现象，允许10%的切花有轻微缺陷

注：引自云南省地方标准鲜切花及切叶（枝）等级规格（1997）。

表4-12　月季切花枝长档次表

枝长分类（代码）	70	60	50	40	<40
枝长/cm	70以上	60～70	50～60	40～50	40以下

注：引自云南省地方标准鲜切花及切叶（枝）等级规格（1997）。

（2）台湾省地方标准　台湾花卉质量标准（flower quality standards of Taiwan）是由台北花卉产销股份有限公司在台湾省行政院农业委员会、台湾省政府农林厅和台北市政府市场管理处协助下制定了近40种切花的质量等级标准。这个标准将原来的特、优、良分级标准修订为以品质和长度分级的二码标准。一般花卉标准第一码是依花卉品质分 A,B,C 三级,分别对花部、叶部和茎部的质量进行限定;第二码是依花茎长度分为 12 个级别(表 4-13)。除了一般花卉以外,还针对花烛和月季切花另外制定标准,其中花烛品质分 A,B 两个级别(图 4-1),只对花部和茎部质量进行限定,而月季品质与一般花卉的分级标准相同(图 4-2)。花烛依花径大小和花梗长度分为 8 级(表 4-14),月季依花茎长度分为 4 级(表 4-15)。

表 4-13 一般切花(除花烛、月季以外)依花茎长度分级标准

级数	—	3	4	5	6	7
花茎长度/cm	30 以下	30～39	40～49	50～59	60～69	70～79
级数	8	9	0	1	2	+
花茎长度/cm	80～89	90～99	100～109	110～119	120～129	130 或以上

注:引自台北省政府农林厅花卉分级包装手册(三)。

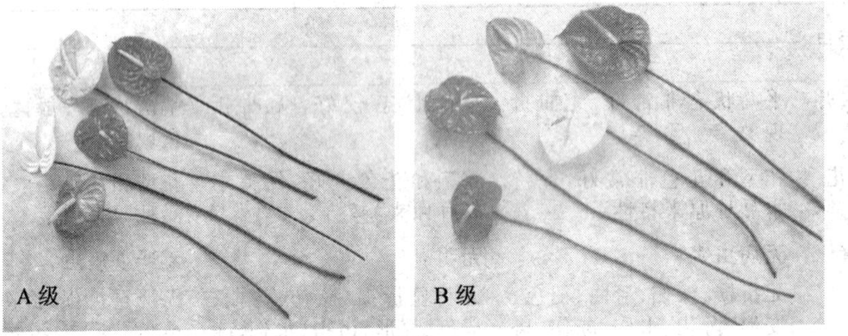

图 4-1 花烛品质 A 级、B 级

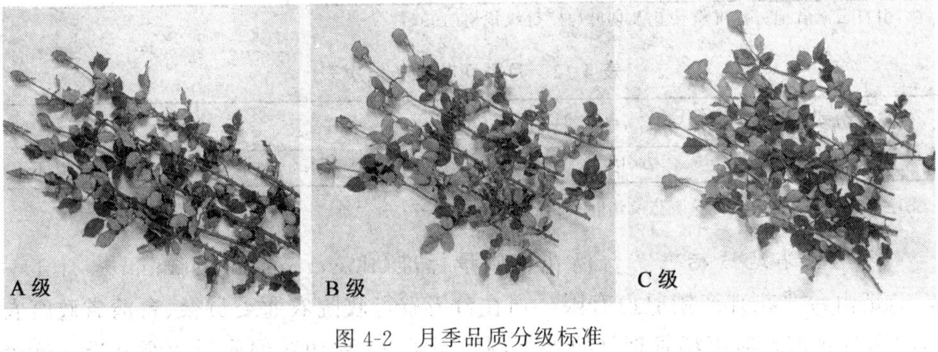

图 4-2 月季品质分级标准

表 4-14 花烛切花依花径大小和花梗长度分级标准

类别和级数	1	2	3	4	5	6	7	8
花径大小/cm	15 以上	13～15	11～13	9～11	7～9	5～7	5 以下	5 以下
花梗长度/cm	45 以上	40 以上	40 以上	35 以上	30 以上	25 以上	25 以上	25 以下

注:引自台北省政府农林厅花卉分级包装手册(三)。

表 4-15 月季切花依花茎长度分级标准

类别和级数	1	2	3	4
花茎长度/cm	66 以上	54～66	45～54	45 以下

注:引自台北省政府农林厅花卉分级包装手册(三)。

思考题

1. 花卉质量和花卉质量标准的概念。
2. 简述国内外花卉质量标准的制定依据。
3. 简述影响花卉质量标准的因素。

（洪 波 高俊平）

5 观赏植物采后技术各论

【内容提要】

本章是在前述各章节采后生理概论、采后技术概论等内容的基础上，就各类观赏植物的具体流通保鲜技术分别进行讲述。这里，切花（含切枝）共介绍 18 科、29 种；切叶是按蕨类切叶、草本切叶以及木本切叶三个方面分别介绍；盆花讲述了大戟属、花烛属、杜鹃属、仙客来属、榕树属等；种苗贮运技术详细讲述了种苗的包装、运输、假植和贮藏等技术措施；种子贮藏技术讲述了影响种子寿命的因素，以及正常型种子和顽拗性种子的各种贮藏技术措施。要求学生在学习本章时，充分温习前面章节中的有关内容，将理论与实践结合起来。同时，能够应用所学到的基本理论去开发新的保鲜技术。

5.1 切花贮运综合保鲜技术

切花是花卉市场的主导产品，在花卉交易中占有极其重要的地位。从国际花卉市场分析，解决切花供给的基本途径是异地之间的余缺互补。因此，学习和掌握切花的综合保鲜技术(comprehensive techniques of cut flowers)，对于减少切花在流通中的损耗，提高流通质量是极其重要的。考虑到同科植物在采后生理特性方面的相似性和采后技术上的类同性，将切花按科排序；在切花种类的选择上，以市场上大宗切花为主，兼顾我国传统的具有市场前景的名优花卉。

5.1.1 石蒜科 Amaryllidaceae

5.1.1.1 六出花 *Alstroemeria aurantiaca*

(英名：Yellow lily-of-the-incas)

六出花属，多年生草本植物，原产于智利。花序伞形，着花 10～30 朵，内轮有紫色或酒红色条斑。花期 12 月份至翌年 2 月份。六出花栽培品种多，花色丰富，花朵繁密，花形清丽优雅，为优良的切花材料，可用于各类插花花艺装饰。

(1)采后流通中的主要问题　花瓣和花丝(雄蕊)脱落；茎叶黄化等。

(2)采后生理特性　低温条件下切花货架期长，瓶插寿命较长；温度升高货架期和瓶插寿命显著缩短。如 20℃时的瓶插寿命是 25℃时的两倍。因此，流通中的温度管理必须控制在 20℃以内。通常鲜度下降的症状有花瓣萎蔫、叶片黄化等，高温季节，花瓣和花丝脱落，茎叶黄化进程加快。

六出花切花对乙烯非常敏感，乙烯是影响其流通质量的重要原因之一。一些对乙烯敏感性差的品种(花朵为蝴蝶形的品种)，瓶插寿命较长(大川清，1986)。因而不同品种之间瓶插寿命存在着差异。开花程度影响到对乙烯的敏感程度，与 3 成、5 成开放相比，8 成开放时对乙烯最敏感，盛开时反而对乙烯的敏感性下降。

切花瓶插寿命结束的标志是在 1 对花出现萎蔫，花瓣和花丝脱落之前，这时 2 对花还处于开花期。

(3)采收标准　通常在分枝上第一朵小花充分开放，即花药开裂时采收。高温季节花朵开放速度加快，采收期要略为提前，并且要求在气温相对较低的清晨采收。

(4)贮藏技术　六出花切花贮藏之前要求进行预冷，预冷终温设定为1～3℃。适宜的预冷方式有真空预冷、压差预冷和强风预冷等，并且这三种方式之间没有多大的效果差异。真空预冷中的主要问题是失水萎蔫。预冷时的包装容器以纸箱为好。

开花五六日前的花蕾期采收，预处液处理后干藏或湿藏在2℃下可以贮藏两周。贮藏中的问题是花朵褪色，目前还没有很好的解决方法。

(5)运输技术　未经贮藏的切花在运输之前必须进行预冷。理想的运输链是产地预冷—保冷车运输—常温市场。内包装建议使用聚丙乙烯(OPP)薄膜，外包装使用纸箱。OPP薄膜粘贴纸箱内部可以防止切花水分损失，减轻运输中的萎蔫。运输的适宜温度范围是1～5℃，10℃为上限，不能在20℃以上的温度条件下运输。

(6)保鲜剂处理技术　包括预处液处理和瓶插液处理。前者以防止花瓣和花丝脱落以及茎叶黄化为主要目的。预处液的主要成分是STS和BA或GA。STS中银的用量是100 g切花用1.2 μg，如果超过这个量不会有更好的效果。通常是用0.1～0.2 mmol/L的质量分数，在5～10℃条件下处理12 h。

瓶插液以防止落花、延长盛开期以及防止叶片黄化为主要目的。瓶插液中通常不含STS成分，主要成分有8-羟基喹啉柠檬酸(8-HQC，hydroxyquinoline citrate)100 g/L，蔗糖20 g/L，GA 20 g/L等。

5.1.1.2 法国水仙 *Narcissus tazetta*

(英名：Polyanthus narcissus)

水仙属，多年生鳞茎类球根花卉。叶扁平带状，丛生；花葶数个，伞形花序，花被片6枚，白至黄色，开时平展；副冠杯状，乳白色至深黄色。花期秋季至翌年春季。品种多，其变种中国水仙花被片洁白，为中国传统名花。水仙花叶色碧绿青翠，花朵轻盈优雅，芳香宜人，为世界各国人民所喜爱，是优良的切花材料。可用于花篮、花钵等各种插花花艺装饰。

(1)采后流通中的主要问题　因乙烯气体环境而影响到花朵的正常开放；放置过程中花茎容易弯曲等。

(2)采后生理特性　对乙烯极其敏感，花朵在开放过程中乙烯生成量增加，进而促进衰老进程(Piskornik，1986)。切口部位分泌出有害汁液，既影响其自身的瓶插寿命，也对其他切花有不利影响，在瓶插之前单独将切口浸泡在清水中24 h，瓶插时不要重新剪切。

(3)采收标准 花颈弯曲、花蕾开始膨胀时采收。如果花瓣还未从花苞中露出时采收,花朵小,瓶插寿命短。

(4)贮藏技术 干藏或湿藏均可。温度1~2℃、相对湿度90%的条件下可以存放7 d左右。在100% N_2,4℃条件下能干藏3周(新堀二千男,1993)。为了防止花颈弯曲,贮藏时最好能够直立放置。

(5)运输技术 通常采用纸箱包装,低温运输。

(6)保鲜剂处理技术 预处液的主要成分是25~60 mg/L $AgNO_3$,2%~7%蔗糖以及20 mg/L GA等。其中GA的作用主要是用来促进花朵盛开、延长瓶插寿命。

瓶插液主要成分是200 mg/L杀菌剂8-羟基喹啉柠檬酸和2%蔗糖。

5.1.2 天南星科 Araceae

5.1.2.1 花烛 *Anthurium* spp.

(英名:Flamingo flower)

花烛属,多年生附生常绿草本植物,亦称红掌、安祖花等。叶鲜绿色,革质,长椭圆状心形。佛焰苞片阔心脏形,革质开展,表面波状,鲜朱红色,有光泽。肉穗花序圆柱形,黄色,花期全年。本属种类繁多,用于切花的主要是*A. andraeanum*和*A. scherzerianum*的许多栽培品种,是较为名贵的切花。花烛花形奇特,花色鲜艳,瓶插寿命长。除红色之外还有粉、白、紫红甚至绿色,可用于各种礼仪和艺术插花,在中国多用于婚礼、开业等,以烘托喜庆气氛。

(1)采后流通中的主要问题 采后质量损失主要是对佛焰苞及肉穗花序的机械损伤、矿物质缺乏、昆虫咬伤及病害。中度的水分胁迫下花朵即出现萎蔫的症状。

(2)采后生理特性 佛焰苞失色、佛焰苞及肉穗花序的变形等是主要的采后生理问题。失色被认为与钙质的缺乏有关,缺钙会导致非常严重的生理失调。茎秆的堵塞或严重水分胁迫引起的萎蔫也是流通中的主要问题。采后寿命品种之间差异较大,有的品种可达60 d,有的品种仅为2 d。

(3)采收标准 三四朵花(佛焰苞)开放时为采收的理想时期。采收过早的花较采收较晚的花瓶插寿命短。在肉穗花序上约1/3的真正的花开放时采收最好(Salunkhe等,1990)。

(4)贮藏技术 包装前,常在花茎基部缚以浸泡饱和水分的脱脂棉或将花茎浸入装有水或保鲜液的塑料管中。夏威夷的种植者还将肉穗花序浸蘸溶解后的石蜡或在装入纸箱前将花枝先套入塑料袋以降低水分损耗。荷兰生产者则常将花茎基部套入装水的试管，然后将花枝固定在湿纸箱中，佛焰苞和肉穗花序之间填充软质材料如海绵等保护花朵不变形。常用的包装箱尺寸为 21.6 cm×50.8 cm×91.4 cm 或 27.9 cm×43.2 cm×10.16 cm。

花烛在 13～15℃间可贮存 3～5 周。13℃下容易受冷害，表现症状为佛焰苞变暗或蓝变。深红色品种尤其易受冷害。适当预处理可减少冷害发生。室温下(22～25℃)可采用 2%～10%的气调环境贮存。

(5)运输技术　冷链运输最佳。运输温度不低于 13℃。长距离宜采用空运。

(6)保鲜剂处理技术　营销过程中任何阶段都可进行保鲜剂处理。预处液：采收后 12 h 之内采用 4 mmol/L 硝酸银溶液处理 10～60 min，对运输后的瓶插寿命可以延长 40%～60%；采后经 10 mg/L N^6-BA 预处理可以降低呼吸速率，延长瓶插寿命，并减轻冷害。

瓶插液：用含有苯甲酸钠、苯甲酸、蔗糖、次氯酸钠、次氯酸等的瓶插液可以大大延长货架期(Salunkhe 等，1990)。

5.1.3 蜡梅科 Calycanthaceae

5.1.3.1 蜡梅 *Chimonanthus praecox*

(英名：Winter sweet)

又名黄梅花、香梅、香木、蜡梅，蜡梅属，落叶灌木。花着生于二年生枝条叶腋内，先叶开放。外花被黄色，内轮紫色，具浓香。有‘狗牙’(Intermedius)、‘罄口’(Grandiflora)、‘素心’(Concolor)等多个品种。花期 12 月份至翌年 2 月份。蜡梅“本非梅类，以其与梅同时，香又近，色酷似蜜脾，故名蜡梅”(宋· 范成大《梅谱》)。蜡梅花开于隆冬季节，幽香淡雅，姿韵俱佳，是中国传统插花中常用的名贵木本切枝花卉。

(1)采后流通中的主要问题　花冠脱落，花朵易失水萎蔫，贮藏后开花不均匀，褪色，失香。

(2)采后生理特性　蜡梅内源乙烯匮乏，且对外源乙烯不敏感，是非乙烯跃变及乙烯不敏感切花；衰老期间 IAA 及 ABA 显著增加，是主要促衰因子(盛爱武等，1999)。随花蕾生长发育，呼吸速率迅速增加，至盛开时达呼吸高峰(王支槐和黄继承，1992)；SOD 活性在花开放时达最高，然后迅速降低，萎蔫时达最低；花衰老时细胞膜相对透性值迅速升高(王支槐,1995)。

(3)采收标准　花蕾初开时采收(吴少华和李房英,1999)。

(4)贮藏技术　干藏和湿藏皆可。0～2℃、相对湿度80%～90%的冷藏条件下,安全保藏期为30～50 d,一般也可保藏15 d(杨康明和李瑞容,1989)。湿藏有利于瓶插早期花枝吸水,干藏可减缓瓶插后期鲜重的下降并促进开花。适宜的预处液及处理方式可提高低温湿藏后的观赏品质(吴少华和李房英,1999)。减少水分失调,采用抗生长素及生长素运输抑制剂,如TIBA等,以阻止、延缓IAA的增加可提高贮藏后品质(盛爱武等,1999)。

(5)保鲜剂处理技术　预处液中使用4%蔗糖,5 mg/L BA,100 mg/L STS或8-HQS,0.5% $Ca(NO)_2$ 等对蜡梅切花的保鲜具有良好的效果。保鲜液中添加4%蔗糖,5 mg/L BA,250 mg/L 8-HQS等,有利于蜡梅切花花蕾率的保持(王支槐,1992)。采用含杀菌剂等的保鲜剂,如8-HQ盐,苯甲酸钠,$AgNO_3$。$Al_2(SO_4)_3$,TBI等可防止导管堵塞,改善水分平衡;外源CTK类和GA处理及采用抗氧化剂(如维生素E、抗坏血酸、谷胱甘肽、多胺及嘌呤醇等)抑制自由基生成,维持膜的稳定性并延缓衰老(盛爱武等,1999)。瓶插液用4%蔗糖+50 mg/L 8-HQS+10 mg/L BA溶液。我国民间在瓶插液中加适量食盐来保鲜蜡梅切花(杜玉宽和杨德兴,2000)。

5.1.4 桔梗科 Campanulaceae

5.1.4.1 风铃草 *Campanula medium*

(英名:Canterbury-bells)

风铃草为二年生草本植物。总状花序顶生,着花多数,花冠钟状,花色白、蓝、紫及淡桃红等,花期春夏间。风铃草花枝挺直,花序繁密,花形奇特有趣,花色优雅,可用于各种礼仪和艺术插花。

(1)采后流通中的主要问题　风铃状的花瓣在流通中极易受损;切口容易被分泌物堵塞等。

(2)采后生理特性　风铃草切花属于对乙烯不敏感种类。采后吸水性良好,货架期长。瓶插过程中多以风铃状的花瓣萎蔫、干枯而结束瓶插寿命。风铃草的花瓣比较娇嫩,在运输中容易受损。在采收时,切口部位分泌出橡胶状乳汁,容易堵塞导管。

(3)采收标准　如需长距离运输,在花序顶端第一朵花初开、下面花朵显色时采收;需短距离运输时,在两三朵花开放,近1/3花朵初开时采收;如有一半花朵初开时须立刻销售。

(4)贮藏技术　一般说来，风铃草切花不适宜贮藏。

(5)运输技术　运输之前用预处液处理。纸箱包装、低温、干式运输。

(6)保鲜剂处理技术　风铃草切花在技术发达国家如荷兰、日本，通常很少使用预处液处理。不过理论上，用以糖分和杀菌剂为主要成分的预处液或瓶插液处理对于保证风铃状的小花蕾开放是非常有效的。

5.1.5 石竹科 Caryophyllaceae

5.1.5.1 香石竹 *Dianthus caryophyllus*

(英名:Carnation)

石竹属，亚灌木花卉。全株被白粉呈灰绿色，花通常单生，呈聚散状排列，花冠石竹形，花朵内花瓣多呈皱缩状，花色有大红、粉红、鹅黄、白、深红以及复色及镶边等，有香气。切花栽培品种常分为两大类:大花(单头)型(standard)或散枝(多头)型(spray)。香石竹品种繁多，花枝挺拔，花色娇艳，并且芳香，单朵花的花期较长，是世界各国重要的切花植物，尤其适用于各种礼仪插花，在西方花文化中被誉为“母亲花”。

(1)采后流通中的主要问题　很容易遭受乙烯伤害，表现为开花进程过快；茎叶无变化但花瓣却凋萎；在极端高乙烯浓度下花蕾不能正常开放就出现凋萎。

(2)采后生理特性　几乎所有的香石竹品种(品系)都为典型的乙烯跃变型切花，对乙烯反应极其敏感。其花朵开放和衰老进程是由香石竹本身产生的乙烯而调控的。具体表现为用乙烯处理则促进开放和衰老，而去除乙烯则延缓开花和衰老进程。与其他切花相比较，香石竹叶片细长，有蜡层覆盖，加之茎秆木质化程度较高，水分不容易散失。香石竹切花复水容易，即使在萎蔫状态，剪切茎秆基部，也能比较容易地复水。此外，香石竹为典型的温带型花卉，切花可以在0℃条件下存放一定时期。

(3)采收标准　采切适宜时期因品种和采后用途不同有所不同。

大花香石竹品系，用于短期或较长期贮藏，以及远距离运输时，采收期相对较早，一般为萼片呈十字开裂、花瓣略微露出时采收。用于短距离运输或就近销售时，采收期相对较晚，一般是花瓣露出花萼10 mm左右，花瓣刚刚开始松散时采收(图5-1)。

多头香石竹品系，用于短期或较长期贮藏，以及远距离运输时，采收期相对较

图 5-1 香石竹采收标准图谱

早，一般在 1/3 的花朵花瓣露出花萼并充分显色，其中的一个花朵轻度展开时采切。用于短距离运输或就近销售时，采收期相对较晚，一般在 2/3 的花朵花瓣露出花萼并充分显色，其中的 3 个花朵展开时采切。

(4)贮藏技术　一般说来，香石竹切花可以长期贮藏。小型试验结果可以贮藏 16 周，但是商业上一般只能贮藏 4 周。

贮藏之前，一般需要充分杀菌。具体方法是用杀菌剂直接浸泡数秒钟后取出晾干，然后进行贮藏。长期贮藏时，最好采用干藏方法。干藏之前用保鲜液处理。温度维持在－0.5～0℃，相对湿度保持在 90%～95%。为了保持高的湿度，可以采用聚乙烯膜衬里容器。研究结果表明，香石竹切花干藏优于浸泡在水中湿藏的效果；接近 0℃贮藏优于 4℃的效果(高俊平等，结果未发表)。包装容器不宜密闭太严实，要防止无氧呼吸带来危害。同时，用纤维纸等将花与湿的聚乙烯膜隔开，以避免结露对花材造成危害。干藏之后在瓶插或运输之前，要求用催化液处理花材。催化处理条件为：温度 20～25℃，相对湿度 80%以上，光照 1 000 lx 以上。

(5)运输技术　不作贮藏而直接运输的花材，采切后通常结合预冷进行保鲜剂处理。一般采用干运方式。最好用 0.04 mm 左右的聚乙烯膜包装，通过花材自身呼吸使氧气质量分数降低到3%～5%，二氧化碳质量分数升高至5%～15%，达到自发气调的效果。采用塑料薄膜包装时，包装袋内必须放置乙烯吸收剂，吸收花朵不断释放的乙烯。温度要求8℃以下，相对湿度90%以上。在没有冷藏集装箱的情况下，要在包装箱内放置蓄冷剂。远距离运输通常采用空运，也可采用铁路运输。

(6)保鲜剂处理技术　基于香石竹切花对乙烯极其敏感的特点，在商业贮运过程中，通常采用以乙烯作用抑制剂为主要成分的保鲜剂处理，包括预处液和瓶插液。常用的主要成分是STS，近年来，开始采用高效无毒、无环境污染的1-MCP(1-甲基环丙烯)处理。保鲜剂处理可以获得很好的延缓衰老效果，使通常只能开1周左右的花材延长到2周或2周以上。STS的浓度和处理时间很关键。宇田等(1986)报道，香石竹切花预处液STS的最适吸收量为每支花0.5 μmol。

5.1.5.2 满天星 *Gypsophila*

(英名：Gypsophila)

满天星为丝石竹属，一二年生或多年生草本植物。用于切花栽培的主要是一二年生的丝石竹(又名霞草、满天星)*G. elegans* 和多年生的锥花丝石竹 *G. paniculata*。全株粉绿色，花白色或粉色，具长梗，呈疏松的圆锥状聚散花序。满天星类花朵繁密细致，分布均匀，犹如繁星优雅浪漫，用于各种礼仪插花如花篮、花束中，起到衬托其他切花的作用，是优良的填充式花材。

(1)采后流通中的主要问题　枝条很细，易折断；茎秆中空，很容易失水，且一旦失水便很难恢复。很容易遭受乙烯伤害，乙烯伤害后小花开花进程加快，并出现枯花、枯蕾。

(2)采后生理特性　几乎所有的满天星品种(品系)都为典型的乙烯跃变型切花，对乙烯反应极其敏感。小花开放和衰老进程是小花本身产生的乙烯所调控的。小花的充分开放同时需要光照和乙烯条件，而一定浓度的乙烯环境又容易带来小花的黄化萎蔫。因此，在小花盛开之前，及时用乙烯作用抑制剂为主要成分的预处液处理，是满天星采后保鲜的关键技术。

满天星茎秆中空，极易失水萎蔫，在运输前用含有特效表面活性剂的预处液处理是非常重要的措施。在流通实践中经常采用在茎秆基部用蘸有水或保鲜剂的棉球包扎的方法，以防止在运输中的失水，这样的措施收效甚微，没有用预处液处理效果好。

满天星枝条细长，茎秆木质化程度高，通过茎秆水分蒸腾极其困难。满天星为典型的温带型花卉，切花可以在0℃条件下存放一定时期。

(3)采收标准　满天星的采收标准主要以小花的盛开率为依据。小花盛开率10%～15%,适合于贮藏或远距离运输;小花盛开率16%～25%,可以兼作远距离运输和近距离运输;小花盛开率26%～35%,适合于就近批发出售;小花盛开率36%～45%,必须就近很快出售(图5-2)。

图5-2　满天星采收标准图谱

(4)贮藏技术　一般采用湿藏。蕾期采切的满天星切花经过预处液处理后,贮藏在以杀菌剂和2%～4%的蔗糖溶液中,温度要求1℃,黑暗条件下可以存放4周。贮藏结束后在照光条件下进行催花处理,达到销售基准。同时需要清理下部的黄叶。

(5)运输技术　通常采用公路运输和航空运输。无论哪种运输方式,运输之前要求进行充分的预冷,预冷终温为5℃以下,预冷方式以压差预冷为好。目前多采用干运,但是理想的运输方式应当是湿运。运输中需要采用冷藏集装箱,温度保持在5℃以下。日本北海道立中央农业试验场的研究表明,5℃下可以运输5 d,10℃只能运输2 d,15℃下运输的时间显著缩短。日本的发展趋势是开发汽车冷藏集装箱的湿运方式(土井,1997)。

(6)保鲜剂处理技术　基于满天星切花对乙烯极其敏感的特点,预处液的主要成分之一是乙烯作用抑制剂 STS。同时,为了保证小花充分开放,预处液中糖的质量分数要求达到 10%～15%。通常满天星采收后首先要进行预处液吸收处理和催花处理。其步骤是:在采收后 12 h 之内用预处液处理花材,处理条件是在黑暗下,温度为 20℃左右,吸收时间为 12 h。STS 的用量是 1 μmol/50 g,待预处液充分吸收后,将花材置于光照条件下,促进小花充分开放。

5.1.6 菊科 Compositae

5.1.6.1 菊花 *Dendranthema×grandiflorum*

(英名:Chrysanthemum)

菊属,多年生宿根亚灌木类花卉。头状花序生于枝顶。全世界栽培品种逾万种,我国也有 3 000 多种。菊花因其花形多变,花色丰富,在我国有着悠久的栽培历史,为传统名花,历代文人多有吟咏,具有丰富的花文化内涵。又因其较耐贮运和具有较长的瓶插寿命,因此世界各地广为栽培,长久以来菊花与月季、香石竹、唐菖蒲一起,合称为世界 4 大切花。近年来,人们将非洲菊也归为一大切花,于是便有世界 5 大切花之称。其中,菊花的生产量消费量最大,约占整个切花的 30%以上。

用于切花生产的菊花品种可以分为大菊和小菊类。大菊常作单头栽培,小菊则常栽培成多头式。

(1)采后流通中的主要问题　在世界 5 大切花中,菊花是最耐贮运并且瓶插寿命最长的切花。菊花切花最重要的质量标准是采收后头状花序能不断发育和生长。流通中常见的问题是:采收太早,花瓣不能正常展开;运输途中发热,叶片黄化;花瓣褐变;花瓣充分展开,但易脱落。

(2)采后生理特性　菊花为典型的乙烯非跃变型切花,花朵开放与衰老对乙烯不敏感;但是其叶片对乙烯处理敏感,且容易形成离层而脱落。舌状花瓣在采收过早时,往往因吸水能力较弱、糖分不足而不能正常开放。菊花为典型的温带型花卉,可以在－0.5～0℃温度下存放。

(3)采收标准　供切花用的菊花分为大菊和小菊。

①小菊:当主枝上的花盛开、侧枝上有 3 朵花色泽鲜艳时即可采收。如果提前采收,主枝上必须有三四朵花已显露出该品种的典型特征和色泽。

②大菊:用于远距离运输和贮藏,应在舌状花序紧抱,其中一两个外层花瓣开始伸出时采收;兼做远距离和近距离运输,应在舌状花外层开始松散时采收;用于近距离运输和就近批发出售,应在舌状花最外两层都已开展时采收;用于直接出售

时,可以在舌状花大部开展时采收(图 5-3)。

图 5-3 菊花采收标准图谱

采收时切口要整齐,一般还要在水中进行第二次剪切。

(4)贮藏技术 菊花属于耐贮藏的品种,但是有以下情况之一时应当避免作长期贮藏。桃色或红色系品种;花瓣上容易产生斑点的品种;叶肉薄或者是轻微的水分损失就容易带来明显的萎蔫症状的品种;从积水或因土壤病害而使根部受到损伤的植株上采收的切花;高温、高湿的设施环境下栽培的嫩弱切花。

菊花既可采用干藏也可采用湿藏。干藏中最大的问题是贮藏中的水分损失。研究结果表明,菊花当失水超过 10%时即出现萎蔫症状,并且贮藏过程中的水分损失速率与贮藏前的萎蔫程度无关(松浦英子,1997)。因此,应当尽可能在充分复水的情况下进行贮藏。

菊花为典型的温带花卉,在－0.5～0℃、相对湿度为 85%～90% 的条件下可以贮藏 3～4 周或更长的时间。冬季在 2℃下可存放 10～15 d;5℃下可以存放 5 d。

(5)运输技术 在日本,菊花通常用纸箱包装。每 50 支装一层,共两层。每层用薄纸包扎花朵,防止花朵在运输中受伤。

菊花通常采用干运，有时在纸箱内贴一层薄的耐水性树脂，以提高纸箱内湿度，减缓花材萎蔫。

菊花在运输途中极易发热，引起叶片黄化。理想的运输应当在低温下进行。

干藏或干运后的花材在浸入水中前要将切口端置入 80～90℃的热水中浸泡 2～3 min，也可插入开水中浸泡 30 s 左右，其目的是排出导管中的气泡和对伤口进行消毒、杀菌，使花材顺利吸收水分，对于保证花朵正常开放、延长瓶插寿命有很大作用。

(6)保鲜剂处理技术　菊花对糖极其敏感，糖质量分数不能超过 3%，否则容易引起伤害。由于菊花的舌状花瓣娇嫩，在贮运中极易受到损伤而不能正常展开，为此往往在花蕾期采收。但是，在蕾期采收的菊花，必须进行催花处理才能保证正常开放。

瓶插液参考配方为每升水中含有下列成分：0.025 g 硝酸银，0.075 g 柠檬酸，25 g 糖。

5.1.6.2　非洲菊 *Gerbera jamesonii*

(英名：Gerbera)

又称扶郎花，大丁草属，多年生常绿草本植物。头状花序，花色自白至多种黄、橙、玫红、红等色，条件适宜可终年开花。非洲菊因其花色丰富，花形美丽，花期长，在世界各地广为应用，与菊花、月季、唐菖蒲、香石竹并称为当代世界 5 大切花。可用于各种礼仪和艺术插花。

(1)采后流通中的主要问题　非洲菊在采后贮运中容器内易结露、发热而招致病菌侵染，使商品受损；非洲菊失去观赏价值的情况有以下几种：a. 在瓶插过程中插入水中的花葶基部腐烂，伴随着腐烂，花瓣出现萎蔫，花颈出现软化；b. 花葶基部没有腐烂现象，但是导管中细菌繁殖，引起导管堵塞，使花葶吸水困难，导致花瓣萎蔫、花颈软化等；c. 管状花花药发生霉变，舌状花出现斑点，进一步扩大成整朵花腐烂。

(2)采后生理特性　通常非洲菊切花乙烯生成量很低，但是管状花被霉菌侵染时乙烯生成量增加。花材对外源乙烯的敏感性较低，乙烯处理只有微弱的伤害，瓶插寿命缩短 10%左右。

在高温季节花朵容易发生腐烂现象，管状花和舌状花容易被‘*Fusarium*’，‘*Rhizopus*’，‘*Alternaria*’等病菌侵染；在低温季节，灰霉病侵染舌状花引起褐变。从花圃带出的病菌往往在采后流通过程中蔓延，使切花失去商品价值。

非洲菊切花采收时不带叶片，流通中的水分损失比带叶的切花要少。

(3)采收标准　舌状花瓣基本长成，但未充分展开，花心管状花雌蕊有两轮开放时，适合于远距离运输和贮藏；舌状花瓣充分展开，花心管状花雌蕊有三四轮开放时，可以兼做远距离和近距离运输；花心雌蕊大部分开放，管状花花粉开始散发时，适合于近距离运输和就近批发出售；花心雌蕊大部分开放，管状花花粉大量散发时，必须就近很快出售(图 5-4)。

图 5-4　非洲菊采收标准图谱

(4)贮藏技术　管状花开后，贮藏中花粉容易被霉菌侵染，促进花朵霉烂。同时，花瓣即使有轻微的斑点在贮藏中病菌也容易大量繁殖引起霉变。因此，非洲菊切花通常被认为是难于贮藏的切花种类。在流通中，为了不损伤花瓣通常用聚乙烯帽子套戴，但在高温、高湿季节往往因此而在套戴处结露，在贮藏中病菌繁衍，引起花朵腐烂。

非洲菊切花温度与呼吸特性之间关系的研究结果表明，在 5℃附近有一个拐点，即 5℃以下呼吸强度迅速降低，因此贮藏适温通常设定为 2～5℃(松浦英子，1997)。关于贮藏方法，在实践中湿藏与干藏都有应用的例子，不过在干藏时需要注意防止因横置而带来茎秆弯曲，同时，干藏最大的问题是贮藏中的水分损失。研究结果表明，贮藏中的水分损失率往往是恒定的，不受贮藏前切花含水量的影响。

于是,在贮藏前需要把切花充分复水(松浦英子,1997)。为了减少干藏中的水分损失,通常采用提高贮藏环境湿度的方法,如贮藏库内安放加湿器,在通道中洒水,放置水桶等,也可以用聚乙烯薄膜包装。

湿藏非洲菊,最大的问题是冷库利用率低,通常采用隔板来提高空间利用率。同时,栽培过程中带有病菌时,切花往往在湿度较高的环境中病菌蔓延。但是,为了降低环境湿度,采用通风装置时,必须防止通风量过大而带来的水分损失,比如用聚乙烯薄膜覆盖花朵等。

严格来说,非洲菊不宜长期贮藏,只适宜贮藏1周以内。

(5)运输技术　为了防止花朵受伤,通常采用圆锥形的聚乙烯包装,聚乙烯套袋要求开孔,防止结露。通常10支一扎,用大的包装材料包装到一起。

非洲菊切花通常采用纵置运输,防止负向地性弯曲。高温季节运输在没有冷藏设施的情况下,包装容器必须开孔,防止花材发热,以及由此带来的病菌蔓延。非洲菊切花浸入水中的部分,容易发生腐烂现象,不适合采用湿运。

非洲菊切花一般采用低温运输,特别是经过冷藏后更应采用低温运输。

(6)保鲜剂处理技术　非洲菊在日本一般不采用保鲜剂处理,在荷兰采用保鲜剂处理,但是其主要成分是杀菌剂。我国自行研究的预处液同时具有防止弯茎、促进花朵充分开放的效果。关于处理时间,在国外通常为1～2 h,我国往往结合预冷进行,一般处理12 h。

5.1.7　十字花科 Cruciferae

5.1.7.1　紫罗兰 *Matthiola incana*

(英名:Stock)

紫罗兰属,多年生草本植物,常作二年生栽培。全株被灰色星状柔毛。总状花序顶生,小花从下至上逐渐开放。花瓣4枚,花淡紫、深粉红或白色,具芳香,花期4—5月份。园艺品种甚多,有重瓣及各色切花品种。紫罗兰开花繁茂,花枝挺直,花色雅致,芳香宜人,可用于各种礼仪及艺术插花。

(1)采后流通中的主要问题　因乙烯而使花瓣过早出现萎蔫、茎叶发生黄化;STS预处液处理过度带来STS中毒,表现为叶片失绿;运输途中花序顶部出现弯曲,叶片出现脱落;复水时间过长时,容易带来花序徒长等。

(2)采后生理特性　切花正常开放时有1周的瓶插寿命,而复水差时,往往导致过早衰败。切花瓶插后失去观赏价值的正常过程是:首先花序下部的小花萎蔫、干枯、最后花瓣脱落。紫罗兰切花对乙烯极其敏感，需要用 STS 预处液处理来减少流通中的损耗，保证和提高流通质量。切花基部叶片容易黄化，插入水中的茎叶容易出现腐烂，整个花枝出现萎蔫。细弱的花枝在水中花序容易徒长，顶部发生弯曲。

(3)采收标准　花序下部 3～5 朵小花初开、1/3 小花花蕾显色时采收，适宜长距离运输；5 朵以上小花初开、1/2 小花花蕾显色时采收，适宜短距离运输或就近批发出售；如有 2/3 的小花初开应就近很快出售。

(4)贮藏技术　紫罗兰切花呼吸强度高，如果将花材直接装入包装容器内，花枝容易发热而使茎叶黄化，因此，采后应当及时进行预冷处理。预冷终温以 5℃为宜，方法可采用压差预冷、真空预冷等；也可以在 5℃或 5℃以下的冷库内结合预处液吸收进行预冷。贮藏前必须用预处液处理。

紫罗兰切花作贮藏时，通常用聚乙烯薄膜包装后装入纸箱内，在 1～4℃低温下干藏 1 周以内。不过粉、红、蓝色切花品种在贮藏过程中花色容易减褪。贮藏 7 d 以上时，下部叶出现黄化，失去紫罗兰特有的香气。而－1℃贮藏时，花序容易受冻。

(5)运输技术　将充分复水的切花横置入纸箱内，在运输途中花序顶部容易因负向地性而出现弯曲。因此，通常将轻度萎蔫的花枝横置入纸箱内。理想的装箱方式应当是纵置。运输多采用干运，建议采用低温运输。

紫罗兰切花运输结束后有一项关键技术——复水技术。花序和叶片大，蒸腾强度高，在运输结束后复水比较困难。同时，横置运输的切花往往出现负向地性弯曲，也需要进行矫正。复水结合矫正的方法是：将不必要的下部叶去掉，用报纸将花束缠紧，剪切茎秆基部后直立入水中。在重度萎蔫时，可以在报纸上洒水。如果上述措施还不能使鲜度恢复时，可以考虑用 60℃热水作短时间的浸泡，然后置入冷水中。也可以将茎秆基部用煤气炉作短时间的烧烤，而后置入水中复水。也可以在水中加入柠檬酸促进吸水，但复水效果没有热水浸泡和煤气炉烧烤效果好。

(6)保鲜剂处理技术　严格来说，紫罗兰切花必须进行以 STS 为主要成分的预处液处理。在没有低温的条件下，预处液处理时间不宜超过 3 h 以上，以避免因吸水时间过长而带来花序徒长。在具备 5℃以下的冷库条件时，可以结合预冷进行 12 h 的预处液处理。试验结果表明，每 100 g 切花吸收 0.1 μmol 的银离子为宜，如果高达 0.5 μmol 时，叶片出现失绿症状(宇田明，1996)。因此，在室温(20～25℃)下，预处液处理时间为 1 h，银离子的适宜质量分数是 0.1 mmol/L，而 0.2 mmol/L 时则容易出现药物伤害。由此可见紫罗兰属于对 STS 敏感的切花，在研制或使用预处液时必须充分考虑这一点。要想获得良好的复水效果，在紫罗兰切花预处液成分中还必须添加表面活性剂成分，如 Tween-20 及 TritonX-100 等，处理质量分数为 100～1 000 mg/L，处理时间为 1 h，就能有好的复水效果。

在运输或销售前，瓶插液的处理也很重要。主要成分是糖和生长调节剂，前者主要用来保证花序充分开放，而后者主要用来防止茎叶黄化。

5.1.8 龙胆科 Gentianalceae

5.1.8.1 草原龙胆 *Eustoma grandiflorum*

(英名：Eustoma)

又名洋桔梗，草原龙胆属，一二年生草本植物。茎直立，光滑。花单生枝顶或上部叶腋，呈圆锥花序状，花冠阔钟形，直立，先端稍反卷，花色浅粉、蓝紫、紫、白色等，有单瓣、重瓣之品种，花期春末至秋季。草原龙胆品种繁多，花色淡雅，花形美丽，花期持久，可用于各种花卉装饰。尤其是夏季高温季节的重要切花，近年来其生产面积和销售量在世界范围内迅速增加。

(1)采后流通中的主要问题　花瓣卷曲萎蔫，顶端褐变；灰霉病危害严重等。

(2)采后生理特性　花朵自下而上陆续开放。花朵在衰老进程中乙烯生成量增加。乙烯生成的主要部位是雌蕊，而花瓣中的乙烯生成只占很少的部分。花朵对乙烯不敏感，有研究结果表明用 5 μL/L 的乙烯处理 6 h，切花外观几乎没有变化，但用 STS 处理能够显著延长瓶插寿命(市村一雄和久松完，1997；岛村美佐等，1995；Zhang 和 Leang，2001)。在高湿条件下容易出现灰霉病。

(3)采收标准　花序中的花朵三四轮充分展开时采收。以早晚采收为好，采后立即用清水复水处理。其中 2 cm 以下的花蕾用保鲜剂处理也很难促进开放，需要去除。

(4)贮藏技术　贮藏前必须采用预冷措施。可以单独进行预冷，也可以结合吸收预处液来处理。贮藏温度为 7～8℃，贮藏期为 2 周。

(5)运输技术　在日本，近距离运输通常不采用预冷，主要是防止预冷后的花材在常温下结露，反而促进灰霉病蔓延。在远距离运输时，预冷是必需的。有研究报道表明，预冷到 10℃可以延长 2～3 d 的观赏期，但是，预冷终温在 7℃以下时容易损伤花瓣，预冷方法以压差预冷为好。

包装时，每 10 支为一扎，用聚丙烯薄膜(OPP)包扎后，置入纸箱中。用 OPP 包装可以达到防止水分损失和花瓣损伤的目的。近距离运输时，多采用常温、干运方式;远距离运输时,以采用将切花纵置入盛水的容器内进行湿运的方式为好,并且,温度要求控制在5～10℃。

运输结束后,要求结合催花,进行充分的复水处理。

(6)保鲜剂处理技术　草原龙胆切花保鲜剂的主要成分为STS和糖分。在日本等国常用预处液和瓶插液处理切花。在采收后立即进行预处液处理,用0.2～0.8 mmol/L的STS预处液处理12 h,瓶插寿命能够延长1.5倍(岛村美佐等,1995)。预处液中糖分通常使用2%的蔗糖,对于促进花蕾开放和花瓣显色非常有效。

瓶插液的主要成分是2%的蔗糖和8-羟基奎啉硫酸盐。用此处理可以促进花朵充分开放和显色。

5.1.9 鸢尾科 Iridaceae

5.1.9.1 小苍兰 *Freesia refracta*

(英名:Freesia)

又名香雪兰,香雪兰属,多年生球茎植物。其茎柔弱,少分枝。花茎细长,单歧聚散花序,小花偏生一侧,直立,花冠呈狭漏斗形,端部6裂片,具浓香,花色白、黄、粉、紫红、蓝等。小苍兰品种繁多,花色娇艳,花香浓郁,为优良的切花,可用于各种礼仪花卉装饰中。

(1)采后流通中的主要问题　小花不能充分开放;受乙烯影响花朵出现萎蔫等。

(2)采后生理特性　花茎通常附有10朵左右的小花,如果采收过早,往往不能保证所有花蕾开放。用砂糖处理可以改善小花开放状况(Woodson,1987)。把叶片切断不影响小花盛开数量,小花开放不受碳水化合物供给的影响(Meeteren等,1995)。

小苍兰对乙烯处理非常敏感,在有乙烯的环境中,小苍兰切花往往出现开花进程加快,甚至未能充分开放即衰败的现象。

(3)采收标准　花茎基部第一朵花苞膨大,但还比较紧实时采切,适合于远距离运输和贮藏;基部第一朵花苞充分膨大,但还紧实,可以兼做远距离和近距离运输;基部第一朵花苞开始松散,适合于近距离运输和就近批发出售;基部第一朵花苞完全松散,必须就近很快出售(图5-5)。

(4)贮藏技术　贮藏前最好采用预处液处理。以湿藏为好,温度控制在2～5℃,相对湿度为90%,贮藏期一般为1周。干藏要求温度在0～1℃,通常只能存

图 5-5 小苍兰采收标准图谱

放 1～2 d。干藏中的最大难点是因为失水过度而使小花难以开放。贮藏前如果没有采用预处液处理，在运输后销售前最好用瓶插液处理，使花茎基部第一朵花苞达到完全松散状态。

(5)运输技术 不经贮藏直接运输的小苍兰切花运输之前需用预处液处理。依品种每 20 支捆成一扎，基部用橡皮筋绑扎，每扎用套带或纸张包扎保护。理想的运输温度是 2℃。

(6)保鲜剂处理技术 在国外，小苍兰通常不用保鲜剂处理。以 BA，PBA 或者是激动素结合 STS 为主要成分的保鲜剂处理对延长小苍兰切花的瓶插寿命很有效(Chsystema-Kalkman，1995)。

5.1.9.2 唐菖蒲 *Gladiolus hybridus*

(英名：Gladiolus)

又称为剑兰，唐菖蒲属，多年生球茎类球根花卉。叶了剑形，灰绿色。花葶长达 150 cm，穗状花序顶生，着花 8～12 朵，小花偏漏斗状，自下而上开放，花色有红、黄、白、粉、紫、蓝、复色、斑纹等，花瓣有平瓣、波瓣、皱瓣等不同瓣形。其种球经过温度处理后可打破休眠，利用促成栽培可一年 4 季供花，是世界最畅销的 4 大鲜切

花之一。唐菖蒲花葶长而挺拔，小花多而繁密，花色丰富，广泛用于各种礼仪花卉装饰。

(1)采后流通中的主要问题　在横置过程中容易出现负向地性弯曲。基部小花和顶部小花开放不整齐，顶部小花往往不能充分开放。贮藏中容易出现灰霉病。

(2)采后生理特性　一般认为，唐菖蒲对乙烯处理不敏感。主要表现为小花开得太快、开花不整齐、不能正常开放就萎蔫以及茎叶黄化等。此外，在贮运过程中花茎未能直立时，容易出现负向地性弯曲。

(3)采收标准　花序最下部一两朵小花都显色而花瓣仍然紧卷时，适合于远距离运输和贮藏；花序最下部1～5朵小花都显色，小花花瓣未开放，可以兼做远距离和近距离运输；花序最下部1～5朵小花都显色，其中基部小花略呈展开状态，适合于近距离运输或就近批发出售；花序下部7朵小花都显色，其中基部小花已经开放，应就近很快出售(图5-6)。

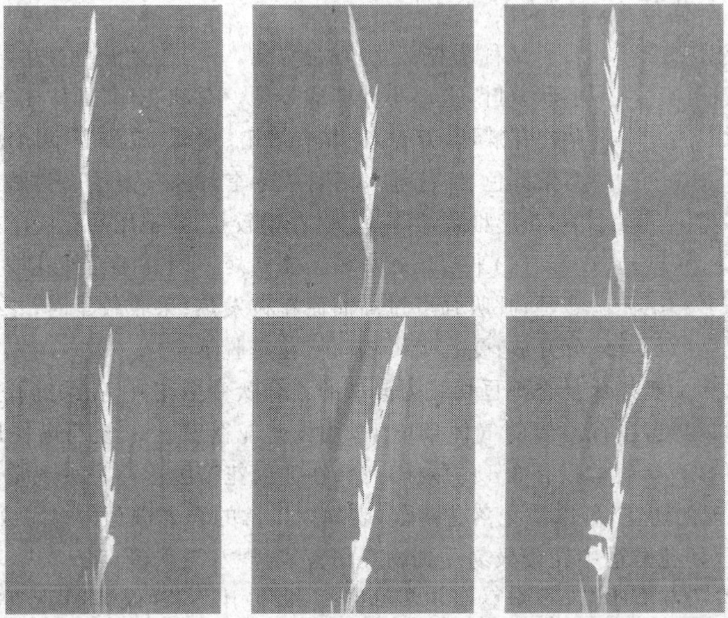

图5-6　唐菖蒲采收标准图谱

(4)贮藏技术　采后应立即用保鲜剂处理，以防止花蕾干枯，并能在贮运销过程中增强抗逆境的能力。贮藏期一般为 1～2 周。对于多数品种，贮运最适温度为 7～10℃。少数品种在 2℃时易遭冷害，贮藏后小花不能正常开放。贮藏运输时要用保湿材料包裹，以防止蒸腾失水。无论是在贮藏还是运输中，唐菖蒲的花茎必须直立放置以避免负向地性弯曲。

(5)运输技术　为了避免负向地性弯曲，唐菖蒲以立式运输为理想。但是，流通中通常采用横置、保湿材料包裹、纸箱包装。由于唐菖蒲枝条很重，远距离运输时运输成本较高，加之唐菖蒲价格偏低，远距离运输一般采用汽车运输。

(6)保鲜剂处理技术　针对唐菖蒲采收流通中出现的问题，分别选用相应的保鲜剂，主要成分用 100 mg/L 的 NPA(Naphthyl Phthalamic Acid)作处理或用高浓度的糖处理，可以促进小花的整齐开放，延长小花的盛开期。唐菖蒲切花对糖浓度要求很高，在 40%的糖质量分数下仍然能正常开花，流通中多采用 20%的蔗糖质量分数。

5.1.10　豆科 Leguminosae

5.1.10.1　香豌豆 *Lathyrus odoratus*

(英名：Sweet pea)

又称麝香豌豆，香豌豆属，一二年生缠绕蔓生草本植物。羽状复叶，上部小叶变成卷须。总状花序，具长梗，着花 2～4 朵。花蝶形，芳香，花瓣有皱瓣、重瓣、波瓣等不同瓣形，花色有紫红色、红色等。花期从冬季至翌年夏季。香豌豆花色姣美，花形雅致，芳香宜人，花期较长，是常用的礼仪插花花材。

(1)采后流通中的主要问题　因高湿而使花瓣上的病菌蔓延；呼吸强度过高而使花枝发热；采收较早时，花朵不能充分开放；受乙烯影响而使花瓣脱落。

(2)采后生理特性　香豌豆切花为典型的乙烯跃变型花卉，花朵的开放与衰老与乙烯密切相关，在有乙烯的气体环境下，往往落花落蕾。未经乙烯作用抑制剂 STS 处理的切花，通常只有 3 d 的瓶插寿命，往往因花瓣脱落而失去观赏价值。而经 STS 处理的切花，可以防止落花落蕾，表现为正常的衰老进程。

香豌豆切花贮运中花瓣极易受到物理伤害，出现水浸状斑点。

进入夏季高温季节，香豌豆切花茎秆变短，即使用 STS 保鲜剂处理也难以保证较长的流通寿命，于是，采收时经常连同枝条一同采收(切枝)。春秋两季也常采用切枝的方式来出售香豌豆切花。

(3)采收标准　通常在所有的小花开放时采收。对于大花品种，在所有的花朵都开放时采收，往往使得先开放的花朵过早凋萎，因此以三四轮花开放时采收最好。采收时是否去蕾，根据市场和产地而定。采用 STS 保鲜剂处理可以促进花蕾开放，因此也可以适当提前采收。

(4)贮藏技术　一般说来，香豌豆切花不宜进行贮藏。主要原因是在采后高湿度条件下花瓣上携带的病菌容易蔓延，在花瓣上形成斑点状的病斑。

(5)运输技术　在日本，香豌豆切花每 50 支捆为一扎，成扇形；两扎共 100 支装入纸箱内。为了防止切花受损，纸箱尺寸应当制作大一些，并在花枝中间用绳索捆扎，将切花和纸箱绑在一起。纸箱必须开一定数量的孔，防止运输途中因花枝蒸腾而结露，带来病菌蔓延，使花瓣发生病斑。花束通常用玻璃纸包扎，减轻花瓣的物理损伤。但是，在高温季节容易因此而聚热使花枝受损。因此，在采用玻璃纸包扎时要结合纸箱开孔，或不用玻璃纸包扎。

在夏季高温季节运输之前，要采用预冷措施。运输多采用干运。

运输结束后用以糖分为主要成分的保鲜剂处理，可以防止花色减褪，并促进花朵充分开放。

(6)保鲜剂处理技术　香豌豆切花适合用 STS 预处液处理。STS 的吸收量为 100 g 切花使用 2 μmol，相当于每支花吸收 0.1 μmol。在预处液处理时，可以根据这一吸收量而调整预处液中的 STS 浓度和处理时间。例如，在短时间处理时，如处理时间为 1 h，则 STS 质量分数为 0.25 mmol/L，如果处理时间是 0.5 h，则质量分数为 0.5 mmol/L(福岛啓一郎等，1986)。如果每 100 g 切花 STS 的吸收量达到 28 μmol(相当于每支花吸收 1.4 μmol)，花瓣会因发生银中毒而变色，出现过早萎蔫。在运输前，用 STS 预处液处理后，最好让切花充分吸收清水。

蕾期采收的香豌豆切花用 STS 和糖分同时处理，能够保证花蕾开放，花色鲜艳。为了保证糖分吸收，需要降低预处液中的 STS 浓度，延长处理时间。

5.1.11 百合科 Liliaceae

5.1.11.1 百合 *Lilium* spp.

(英名：Lilies)

百合属，多年生宿根草本植物。地上茎直立，不分枝或少分枝，株高达 150 cm。花单生、簇生或呈总状花序；花大，漏斗状、喇叭状或杯状；下垂、平伸、反卷或直立，具芳香。用作切花的百合品种通常分为亚洲百合(the asiatic hybrids)、东方百合(the oriental hybrids)以及铁炮百合(*Lilium longiflorum*)等。百合品种繁多，花大而美丽，芳香宜人，深受世界各国人民的喜爱，是西方复活节、婚礼等传统用花。在中国，因百合寓意"百年好合"，也是婚礼上不可缺少的礼仪用花。百合在中国具有悠久的栽培和应用历史。

(1)采后流通中的主要问题 采收过早，花朵不能充分开放；叶片黄化，脱落。

(2)采后生理特性 每一支花通常有多个花苞，从下部花开始，1～2 d的间隔在4～7 d逐渐开放。上部花比下部花花期短。在花苞多、采收早时，多数花苞不能充分开放，与此同时促进叶片黄化。对乙烯的敏感性因种类和品种的不同而异，亚洲百合对乙烯极其敏感(Nowak 和 Rudnicki，1990)。去掉亚洲百合的小花苞，能够延长整枝花的瓶插寿命(须藤憲一，1997)。铁炮百合的实验结果表明，降低温度能够有效地减少养分消耗，呼吸强度在2℃时只相当于在20℃时的30%(须藤憲一和市村一雄，1995)。

(3)采收标准 百合类切花因种类不同采收标准差别很大，以亚洲百合为例，基部第一朵花苞已经转色，但未充分显色，适合于远距离运输和贮藏；基部第一朵花苞充分显色，但未充分膨胀时，可以兼做远距离和近距离运输；基部第一朵花苞充分显色和膨胀，但仍然紧抱时，适合于近距离运输和就近批发出售。基部第一朵花苞充分显色和膨胀，花苞顶部已经开绽，必须就近很快出售(图5-7)。

图5-7 百合采收标准图谱

新铁炮百合是在第一朵花着色时采收，而铁炮百合是在基部第一朵花苞膨大，露出白色时采收。

(4)贮藏技术　USDA(1994)的资料表明，百合在 0～1.7℃的条件下可以贮藏 2～3 周。一般亚洲百合在 2℃的条件下能存放 35 d，但是贮藏前必须进行预处液处理结合快速预冷。Goszczynska(1983)的试验结果表明，百合的 CA 贮藏条件是 10%～20%的高质量分数 CO_2 结合 1℃的贮藏温度。用薄膜包装进行 MAP(modified atomosphere packing)贮藏铁炮百合，0.05 mm 的聚乙烯薄膜在 2℃条件下可以贮藏 4～6 周(新堀二千男，1991)。

(5)运输技术　百合切花适合在 5℃的条件下运输，未经贮藏直接运输时，运输前要进行预处液处理。有低温运输条件时，运输前必须进行预冷，最好是将预处液处理与预冷结合起来。通常采用纸箱包装，每 10 支捆成一扎，去掉花茎基部叶片，采用干运方式。

(6)保鲜剂处理技术　在荷兰，亚洲百合都用 STS 为主要成分的保鲜剂处理，防止流通中的乙烯伤害。保鲜剂中通常加入 GA 用以防止叶片黄化。在日本，很少采用保鲜剂处理。

5.1.11.2　郁金香 *Tulipa gesneriana*

(英名：Tulip)

又称洋荷花，郁金香属，多年生秋植球根花卉。茎叶光滑具白粉，花单生茎顶。切花栽培品种极多，花色有白、黄、橙、红、粉、紫等单色及复色；花形有卵形、碗形、杯形、百合形等；花瓣有全缘、锯齿、皱边、波状等；花期冬季至翌年春季。郁金香花朵大而美丽，花色娇艳，花形整齐，可用于各种花卉装饰和插花。

(1)采后流通中的主要问题　花朵不能充分开放、弯茎、花瓣脱落、负向地性弯曲、花枝基部腐烂等。

(2)采后生理特性　郁金香切花负向地性明显，横置时很容易使花朵出现负向地性弯曲。花朵在整个开放过程中乙烯生成量低，属于非跃变型切花(Rod 和 McConchie，1995)。花朵开放呈现朝开夜闭的节律，原因在于花苞温度上升时，基部内侧的伸长比外侧快，使得花苞展开；与此相反，温度下降时，花苞外侧的伸长快，花苞闭合。光照对花苞开闭的影响是通过对温度的影响而起作用。在温度变化小的环境条件下，花苞的开闭不明显。花苞在每天的开闭节律中逐渐开大，通常持续 5～6 d，最终以花苞脱落而结束瓶插寿命。细弱的花枝往往不能支撑花苞而出现弯茎。栽培中使用乙烯利能够抑制花枝的伸长和花苞的开放，减轻弯茎现象。

(3)采收标准　采收标准因品种不同差异较大。通常花苞发育到半透色，但未膨大时，适合于远距离运输和贮藏；花苞充分显色，但未充分膨胀时，可以兼做远距离和近距离运输；花苞充分显色和膨胀，但未开绽时，适合于近距离运输或就近批发出售；花苞充分显色和膨胀，花苞顶部已经开绽，必须就近很快出售(图 5-8)。

图 5-8　郁金香采收标准图谱

(4)贮藏技术　郁金香切花属于不耐贮藏的花卉。贮藏前，结合预处液处理进行预冷，预冷终温一般为 5℃以下。在 2℃条件下可以贮藏 5 d 左右。郁金香切花以湿藏为好，0～1℃下可以贮藏 6～7 d，而干藏只能存放 4 d；9℃下湿藏和干藏的天数为 4 d 和 1 d(须藤憲一，1997)。温度越高越不能采用干藏。带着球根贮藏时，贮藏期可以延长到 2～3 周(Nowak 和 Rudnicki，1990)。为了防止花茎弯曲，在贮藏过程中将花材直立。此外，在贮藏过程中要防病。

(5)运输技术　未经贮藏的切花在运输之前，要用预处液处理。最好采用 5℃左右的低温运输。在有低温运输条件时，必须采用预冷，预冷终温同上。理想的运输方式是直立在容器内进行湿运，但在实践中多采用横置于包装箱内的干式运输。为了防止高浓度 CO_2 带来的危害，运输时包装箱内不宜装得太满。

(6)保鲜剂处理技术　在国外，通常不用保鲜剂处理，这是因为以乙烯作为抑制剂、糖分、杀菌剂为主要成分的保鲜剂对于郁金香切花保鲜效果不太明显。不过，以糖分和杀菌剂为主要成分的保鲜剂对于促进花苞开放是有效的。

5.1.12 木兰科 Magnoliaceae

5.1.12.1 日本莽草 *Illicium anisatum*

（英名：Japanese anisetree）

八角属，常绿木本植物。常用来作切枝。

(1)采后流通中的主要问题　叶片黄化、干枯，茎秆基部吸水能力下降等。

(2)采收标准　选取叶片厚实、着生茂密的枝条采切。叶片老化、枝条弯曲的不能使用。干枯叶片、受伤的叶片都不能使用。采切后要进行长时间的复水处理。

(3)贮藏技术　通常不专门进行预冷。将切枝装入纸箱内，5℃下进行贮藏。此外，花卉生产者采后将切枝置入池中，常温下存放。在低温下的贮期一般为10 d，过长的贮藏往往招致吸水能力降低，出现落叶现象。

(4)运输技术　按不同等级分别捆扎，纸箱包装；运输时适宜的温度为8～12℃。

(5)保鲜剂处理技术　目前在国内外还不进行保鲜剂处理。

5.1.13 兰科 Orchidaceae

5.1.13.1 卡特兰 *Cattleya hybrida*

（英名：Cattleya）

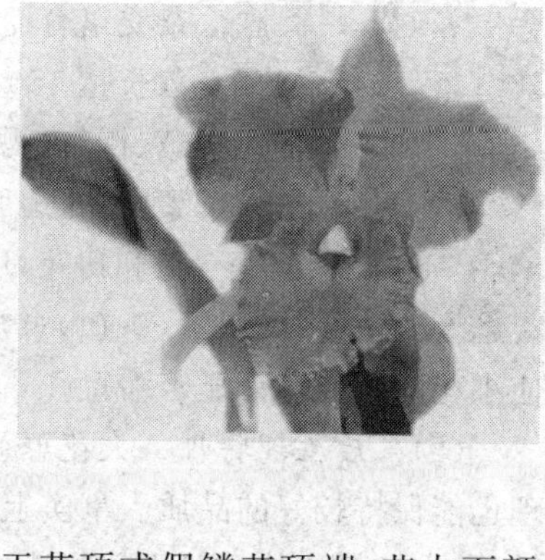

卡特兰属，多年生附生型草本植物。兰科气生兰类。切花栽培多为种间杂交而得的园艺品种，多达上千种。花色丰富，花期多在冬春。卡特兰花朵硕大，花色鲜艳，花形奇特，是一种名贵花卉，素有“兰之皇后”的称誉。除剪切花枝外，还常常剪切花朵用以包装礼品盒等。

(1)采后流通中的主要问题　采收过早，花蕾不能充分展开；乙烯积累促进花朵萎蔫、花瓣脱落。运输中的振动、摩擦损伤花瓣等。

(2)采后生理特性　花单朵或数朵，大多着生于茎顶或假鳞茎顶端，花大而颜色艳丽，萼片与花瓣相似。瓶插寿命在20℃下约1周。花朵衰老症状从花色减褪开始，逐渐萎蔫。对乙烯极其敏感，为典型的乙烯跃变型切花。用0.1 mg/L的乙烯处理就能促进花朵自身的乙烯生成，进而促进衰老进程。切口部位分泌多酚类物质堵塞导管，降低吸水能力。

卡特兰衰老的标志是小花开始黄化，花瓣出现透明。

(3)采收标准　花蕾没有完全盛开时采收，瓶插寿命较短。通常在侧花蕾完全开放时从花柄部位采切。花枝在植株上的观赏期比采切后要长，实践中多采用通过在调整植株上的采切期来代替贮藏环节。

在剪切时，一定要在水中进行，防止切口接触空气引起褐变。需要给予注意，有些品种在复水太快时，花朵上易出现斑点。实践中，为防止切口干燥，在切口部位套上装水的塑料管。

(4)贮藏技术　卡特兰通常适宜贮藏，如果贮藏，贮前必须用预处液处理。贮藏适温为 7～10℃。贮藏中注意不要将风扇直接对准花枝；避免与可能产生乙烯的蔬菜瓜果混合贮藏。

(5)运输技术　运输之前，要用预处液处理。用玻璃纸包扎花枝，装入纸箱运输，玻璃纸上打有通气的小孔。通常采用常温运输，运输中要防止剧烈振动，避免花朵之间的相互碰撞，特别要防止包装容器内乙烯的积累。

(6)保鲜剂处理技术　用装有苯甲基氨基磷酸溶液(150～300 μmol/L)的塑料小瓶在茎基切口套戴，能够有效改善瓶插寿命(Yamane 等，1997)。

5.1.13.2　大花蕙兰 *Cymbidium hybrida*

(英名：Large-flower faber cymbidium)

春兰属，地生性常绿草本植物。切花栽培品种为原产于喜马拉雅山、印度、缅甸、泰国等地的蕙兰中大花原种为基础杂交培育而来。叶呈狭长带形，绿色革质，总状花序腋生，花葶长达 150 cm，着花 10～20 余朵。花色白、淡红、玫瑰红、黄、橙黄、褐黄、绿等。大花蕙兰类植株花枝挺直，花朵硕大繁密，花瓣肥厚，花色艳丽，花期尤长，且具芳香，是著名的盆花和切花，用于各种礼仪花卉装饰及插花。

(1)采后流通中的主要问题　花瓣萎蔫脱落。花粉脱落使小花的瓶插寿命显著缩短。

(2)采后生理特性　大花蕙兰属于瓶插寿命长的切花种类，即使不进行任何处理也能保持较好的品质。事实上，大花蕙兰为典型的乙烯跃变型花卉，对乙烯极其敏感，在乙烯气体环境下往往造成花朵过早萎蔫、花瓣脱落，因而用乙烯作用抑制剂为主要成分的预处液处理对大花蕙兰的保鲜是非常有效的。

值得注意的是，白色和黄色的单色花花瓣容易受损，在采后处理过程中要格外小心。

(3)采收标准　实践中常用的采收标准是所有的小花全部开放，显示出品种固有的颜色，花茎坚挺。但是，对于花茎较硬的品种，可以在数朵花开放时采收。采收后复水容易，一般不采用专门的措施。有时，采收后切口部位用装水的小塑料瓶套戴，吸收一夜的水后，第二天装箱运输。

(4)贮藏技术　大花蕙兰干藏可以贮藏 2 周以上，温度为 10～13℃。湿藏时温度可以设定得相对较低。

(5)运输技术　用于运输的切花，花茎基部用盛水或预处液的小塑料瓶套戴，装入纸箱并与纸箱一起固定。远距离运输通常采用航空运输，近距离运输则多用汽车运输。除高温季节外，多采用常温运输。

(6)保鲜剂处理技术　通常进行预处液处理。以降低切花对乙烯的敏感性，预处液的主要成分为 STS，质量分数为 0.1 mmol/L，处理时间为 8～12 h。

5.1.13.3　石斛兰属 *Dendrobium*

(英名：Dendrobium)

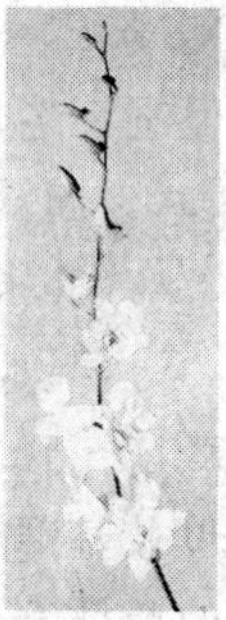

兰科附生性多年生草本花卉。花序长，小花多而密集，花色艳丽，花期长，常剪切花枝用于插花装饰，或采收其花朵做礼品盒、胸花、襟花及花环等装饰品。

(1)采后流通中的主要问题　对乙烯极为敏感。易受机械损伤。单朵采收的鲜花易失水萎蔫。花朵授粉后迅速萎蔫(Nowak 等，1990)。

(2)采后生理特性　石斛兰属于乙烯敏感型切花。以花瓣萎蔫为初始衰老症状。乙烯加速花朵衰老(Nowak 等，1990)。与其他热带兰相比抗冷害能力强，但 0℃以下发生冻害。授粉后的花朵迅速萎蔫。

(3)采收标准　花序上的花朵几乎全部开放为采收的理想阶段(Nowak 等，1990)。采收过早花蕾不易开放。采收以后将茎基部在温水中浸 30 s，可以延长开花的时间。采收后应将花枝基部立即浸入水中，防止水分损失。

(4)贮藏技术　较耐贮藏。通常采用湿藏，在 5～7℃条件下可存贮 10～14 d(Nowak 等，1990)。要避免与可能产生乙烯的蔬菜瓜果混合贮运。

(5)运输技术　一般采用航空运输。纸箱包装，装箱前，以 12 支为 1 束(1 打)装入聚乙烯薄膜塑料袋中，每 4 打装于一 75 cm×25 cm×17.5 cm 的标准箱内；长距离运输通常需将花枝插在装有保鲜液的保鲜瓶中，周围放上碎蜡纸，以防止机械损伤。到达目的地，必须即刻取出切花，且在水中切去花梗底部 0.5 cm，以促使花枝吸水。

(6)保鲜剂处理技术　用 STS 预处理 30 min 或用 8-羟基喹啉柠檬酸(8-HQC)200 mg/L＋蔗糖 20 g/L 处理可延长切花寿命(Nowak 等，1990)；用

30～50 mg/L 萘乙酸(NAA)浸花枝基部可减少花朵脱落。

5.1.13.4 蝴蝶兰 *Phalaenopsis* spp.

(英名:Moth orchid)

蝴蝶兰属,附生型常绿宿根花卉。茎极短,具粗大的气生根。花葶腋生,长达 70～80 cm,着花十数朵,花茎 5～10 cm,单朵花期一个多月,花期冬季。园艺栽培品种多,花色丰富。蝴蝶兰花大色美,花形奇特,状如蝴蝶翩翩起舞;花期尤长,是著名观赏盆花及切花。除切枝外,也可单朵采摘用来制作礼品盒、花环、胸花、襟花等装饰品,或装饰宴会餐台、食物及酒具等,尤其是婚礼喜用花卉。

(1)采后流通中的主要问题　蝴蝶兰对乙烯极敏感。易受机械损伤及冷害。

(2)采后生理特性　蝴蝶兰自然花期长,整枝花的观赏期可达数月。然而和其他兰花一样,蝴蝶兰也属于乙烯敏感型,暴露于乙烯环境中会加速其衰老(J. Nowak, R. Rudnicki, 1990)。易受机械损伤,当受到机械损伤后产生乙烯进一步促进衰老。对温度要求较其他热带兰来说不太严格,但当温度低于 0℃时,易受冷害,引起褐化或花瓣产生枯斑。授粉后的花朵迅速萎蔫。

(3)采收标准　当花朵完全开放或花蕾开放 3～4 d 时采收。

(4)贮藏技术　蝴蝶兰自然寿命比较长,可达到 15～45 d。贮藏通常采用湿藏,7～10℃下,可贮藏 2 周。温度过低,会引起冷害。贮藏前应进行预冷。通常于单枝基部套上塑料保鲜瓶,既有利于保鲜,又便于包装。适当预处理有利于延长花的瓶插寿命。

(5)运输技术　一般采用航空运输。蝴蝶兰即可整枝运输,也可单朵花运输,单朵花运输需要将花梗插入有水的塑料小瓶中,并格外保护不使花梗及花朵受到损伤。花朵之间填充碎纸以防止运输过程中的摩擦(J. Nowak, R. Rudnicki, 1990)。

(6)保鲜剂处理技术　预处液可用 8-羟基喹啉柠檬酸(8-HQ)200 mg/L＋蔗糖 20 g/L。也可以用 1 000 mg/L 的 $AgNO_3$ 溶液浸 10 min,防止由于微生物孳繁而阻塞导管及茎的腐烂。经过处理后的茎不应再剪短,因为 $AgNO_3$ 在茎中是无法移动的(J. Nowak, R. Rudnicki, 1990)。用 STS 预处理 30 min,也可延长花的瓶插寿命。

保鲜液由 5 mg/L BA＋3 g/L 的蔗糖配制而成,贮藏期可达 10～20 d(韦三立,2001)。

5.1.14 蓝雪科 Plumbaginaceae

5.1.14.1 补血草 *Limonium sinuatum*

（英名：Statice）

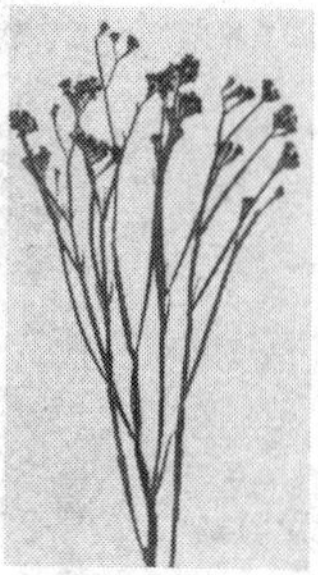

补血草即深波叶补血草，俗称勿忘我，补血草属，多年生草本植物。叶基生，蝎尾状聚散花序，花小，易凋落，花萼筒状较长，干膜质。有白、蓝、粉、黄等色，宿存可长期观赏，园艺品种丰富。补血草花枝长，分枝多，小花多而繁密，萼片色艳而持久，具有较高的观赏价值，是重要的切花种类。由于补血草耐贮运、重量较轻，因此商业应用广泛，是常用的填充型花材，也可以作为干花，用于各种礼仪花卉装饰中的配花。

(1)采后流通中的主要问题　因其体重较轻，花不易凋萎，因而其流通保鲜技术往往不受人们所重视。事实上，补血草在流通中的损耗相当严重，主要表现在叶状翼和茎秆的黄化萎蔫，以及膜质萼片不能充分展开或萎蔫；花色和花茎颜色失去光泽，逐渐成为干燥花状况。此外，栽培中发生的灰霉病在采后流通过程中极易蔓延，使花序和花茎发生褐变，甚至出现坏死，失去商品价值。

(2)采后生理特性　以远距离运输或贮藏为目的而采收的花材，在没有配合保鲜剂处理时，往往膜质萼片不能充分展开就萎蔫；而采收较晚或在采后流通过程中，由于正常的衰老进程，带来叶绿素分解使叶状翼和茎秆发生黄化。采收后插入水中1～2周后花色和花茎颜色失去光泽，并逐渐形成干燥状态。此外，补血草属于典型的温带型花卉，可以在0℃的低温下贮运。

(3)采收标准　花朵充分着色，盛开率30%～40%，适合于远距离运输和贮藏；花朵充分着色，盛开率40%～50%，可以兼做远距离和近距离运输；花朵充分着色，盛开率50%～70%，适合于近距离运输和就近批发出售；花朵充分着色，盛开率70%以上，必须就近很快出售(图5-9)。

(4)贮藏技术　补血草经预处液处理后干藏或湿藏在瓶插液中都可以存放5周以上。贮藏温度为0℃，相对湿度为80%左右。湿度过高容易发生灰霉病。

(5)运输技术　运输之前必须进行保鲜剂处理。在有低温运输条件时，将花材预冷到5℃可以有效地保持切花品质。但是预冷终温的确定和预冷方法的选择必须充分考虑防止切花结露。通常采用纸箱包装，将切花横置于包装箱内。无论采用汽车、火车还是航空运输，理想的方式是利用能够保持在5℃左右的冷藏集装箱。

(6)保鲜剂处理技术　补血草切花采后进行快速预冷(如真空预冷)并在运输

图 5-9 补血草采收标准图谱

期间通过隔热和蓄冷剂保冷可以减少流通损耗、延缓衰老进程;用预处液处理即通过体内生理生化调节,可以防止叶状翼和茎秆衰老及保证膜质萼片充分展开(Steinitz 和 Cohen, 1982)。低温结合预处液处理可以促进小花萼片在瓶插期间充分开放。

保鲜剂处理可以结合预冷在冷库内进行。保鲜剂的主要成分是糖分、杀菌剂以及保绿成分 6-BA。

5.1.15 毛茛科 Ranunculaceae

5.1.15.1 翠雀 *Delphinium grandiflorum*

(英名:Large flower)

又称大花飞燕草,翠雀属,宿根草本植物。植株高达 100 cm 以上。直立多分枝。总状花序,着花 10 几朵,萼片淡蓝、蓝或莲青色,直伸或稍弯,花瓣蓝、紫色。栽培品种有白色、淡蓝、深蓝等变种,花期夏秋季。翠雀花枝直立挺拔,花序长,小花多而繁密,花形奇特有趣,在花卉生产上广为栽培,用于各种花卉装饰。

(1)采后流通中的主要问题　花瓣脱落,叶片黄花,顶部小花不能完全开放等。

(2)采后生理特性 翠雀切花对乙烯极其敏感，表现为花瓣脱落。用以STS为主要成分的保鲜剂处理，可以防止落花，延长瓶插寿命，显著提高流通品质。花茎吸水性很好，不存在失水后难以复水的问题。叶片中的叶绿素容易被分解，出现黄化。

(3)采收标准 采收适期为花穗中的小花1/3开放。采收过晚，如花穗顶端的小花也开放时，下部的小花会进入衰老阶段，即使用STS保鲜剂处理也不会有良好的效果。

(4)贮藏技术 翠雀切花一般不进行贮藏。

(5)运输技术 通常翠雀切花不进行预冷，也不需要低温运输。在夏季高温季节，将切花置于冷库内，结合预处液进行处理。运输结束时的切花往往出现明显的萎蔫症状，只要在水中剪切，经数小时的复水处理，就会恢复到新鲜状态。

(6)保鲜剂处理技术 翠雀切花最好采用保鲜剂处理。保鲜剂的主要成分是乙烯作用抑制剂STS和防止叶片黄化的成分。每100 g翠雀切花需要吸收1.2 μmol的STS就能完全防止乙烯对切花的影响(宇田明，1997)。流通实践中，用0.2 mmol/L的STS处理1 h，或者用0.1 mmol/L的STS处理6～12 h。高浓度的STS处理时间过长会使叶片受伤，出现失绿症状。

5.1.15.2 芍药 *Paeonia lactiflora*

(英名:Common peony)

芍药属，多年生宿根草本植物。茎簇生，2回3出羽状复叶。单花顶生或枝上部腋生，具长梗；花大，直径达10～20 cm。原种花瓣5～10枚，白色或粉红色。栽培品种极多，有白、粉红、紫红、大红、绿、紫黑、黄及复色等；花型变化丰富；花期春季。芍药花朵硕大，雍容华贵，花形富于变化，在中国具有悠久的栽培历史，与牡丹并称为姊妹花，誉为"花相"，也在世界各地广泛栽培。作为切花，用于各种礼仪花卉装饰及艺术插花。

(1)采后流通中的主要问题 高温环境采收带来的花枝发热、茎叶黄化、花蕾不能正常开放等。

(2)采后生理特性 芍药的花期一般为四五月份，正值高温季节，采切后切花叶片枯萎，花蕾萎蔫，瓶插寿命短。瓶插寿命因品种不同有很大差异，短的只有2 d，长的可达7 d。

(3)采收标准 采收适期为花蕾膨胀、外花瓣变得柔软时。采收后必须立即置入冷库，并复水。

(4)贮藏技术　贮藏前需进行预冷,预冷终温为 5～8℃。用于贮藏的切花在花蕾开绽时采收,装入内衬聚乙烯薄膜的纸箱内,在 0℃下可存放 4 周(Henser 和 Evensen,1986)。

(5)运输技术　每 10 支作为一扎,装入纸箱,预冷后在 10℃以下的低温下运输。

(6)保鲜剂处理技术　目前,国内外均没有采用保鲜剂处理。

5.1.15.3 牡丹 *Paeonia suffruticosa*

(英名:Tree peony)

芍药属,落叶小灌木。花大,单生枝顶,单瓣、半重瓣或重瓣;花色有红、黄、粉、白、紫及绿等色,多具清香。花期 4—5 月份。园艺栽培上有'姚黄''魏紫''赵粉'等数百个品种。牡丹国色天香,雍容华贵,被誉为"花中之王",是深受我国人民喜爱的传统名花。其切花在大型艺术插花及花艺设计中广为应用。

(1)采后流通中的主要问题　牡丹切花瓶插寿命较短,在未作任何保鲜剂处理的情况下一般为 5～7 d。采收期过早会造成花色失真,甚至贮藏后不能完全开放。

(2)采后生理特性　牡丹属乙烯敏感型花卉(史国安等,1997,1999)。温度是影响乙烯合成的重要因素,用乙烯作用抑制剂预处理可抑制乙烯合成。采后内源激素变化复杂,但 CTK 和 ABA 的平衡可能是影响切花衰老的重要因子之一(杨秋生等,1997)。

(3)采收标准　在花蕾显色期采收,可使瓶插寿命延长,但花色会有所失真,个别花瓣不能开放。花瓣松散期采收的切花,瓶插后开放速度快,采用预处理效果好,花径增大,观赏品质好,因此为适宜采收期(史国安等,1997)。就近销售的切花宜在花蕾外瓣微张时采切(杜玉宽,杨德兴,2000)。剪切时间以清晨到 10 时前最为适宜,次为 17 时后到傍晚。切花长度宜在 30 cm 以上。每枝只留上部复叶和接近花蕾处的单叶,其余从叶柄基部剪除。

(4)贮藏技术　剪切后立即浸水,以防花枝失水或气体进入茎内导管;通常需吸水 1 h 然后分级包装(杜玉宽,杨德兴,2000)。贮运前每个花蕾要先用软纸包裹,然后套上瓦楞纸筒,以防损伤花蕾。可用 90 cm×40 cm×20 cm 或 62 cm×36 cm×37.5 cm 的优质纸箱包装,箱内需有聚乙烯膜衬(李嘉珏,1999)。

包装前用杀菌剂和乙烯作用抑制剂处理有利于保持贮藏后品质。用 STS 预处理,然后密封于塑料袋内,常温下可贮存 3 d;2～3℃冷藏 30 d,花蕾可正常开放;

冷藏15 d以上时，花蕾需用吸水纸包扎，否则易积水发霉(杜玉宽，杨德兴，2000)。2～4℃下冷藏寿命可延长10 d左右(杨秋生等，1997)。

(5)运输技术　短途运输可用汽车装运。长途运输主要采用空运。宜冷藏运输。运输过程中无法提供冷藏条件的，应作预冷处理，预冷后关闭箱上通气孔，放入保鲜剂。对于贮藏的切花，运输前应进行质量检验，并用专用保鲜液进行处理后再装箱打包发送(李嘉珏，1999)。

(6)保鲜剂处理技术　牡丹切花可采用预处理(STS)与保鲜液相结合的方法。用4 mmol/L的STS液浸茎基10 min进行预处理，或用含有蔗糖、8-HQC(8-羟基喹啉硫酸盐)及STS的预处液处理。用4 mmol/L的STS液浸茎基10 min预处理后瓶插，牡丹切花寿命可由4～5 d延至8～9 d。若再用200 mg/L 8-HQ盐＋1.5%蔗糖处理，寿命还可延长。用50 mg/L $AgNO_3$＋250 mg/L $Al_2(SO_4)_3 \cdot 16H_2O$＋300 mg/L 8-HQC＋150 mg/L PBA＋2.5%蔗糖液(PBA为多氯苯甲酸)浸茎2 h，可大大延长牡丹切花寿命，且花瓣质地坚挺(李嘉珏，1999)。B_9和$CoCl_2$能有效延长切花瓶插寿命；叶面喷洒FA(黄腐酸)能抑制气孔开放，使蒸腾强度降低；采用8-HQC＋蔗糖＋$CoCl_2$＋FA(200 mg/L∶3%∶0.15 mmol/L∶20 mg/L)的配方，可使牡丹切花吸水/蒸腾比大大提高，从而使牡丹切花保持较好的水分平衡状况，花色鲜艳，瓶插寿命提高一倍左右。

5.1.16　蔷薇科 Rosaceae

5.1.16.1　月季 *Rosa hybrida*

(英名：Modern rose)

蔷薇属，常绿灌木。为现代月季中四季开花性园艺品种群。品种极多。月季植株直立，羽状复叶浓绿色；花单生茎顶，花枝长，坚硬挺拔，花型优美，质地厚硬，花色有红、粉、黄、白等色，花期全年。月季花型整齐美丽，花色明快纯正，为世界栽培最为广泛的切花种类，也是各种节日及礼仪社交场合不可缺少的鲜花，其红色品种更是被世界各地青年视为爱情的象征，成为情人节或日常传情达意的象征花卉。世界各国每年上市40亿～50亿支月季，而且新品种仍在不断涌现。

(1)采后流通中的主要问题　月季切花瓶插后的“弯头”“蓝变”(出现在红色品种)或“褐变”(多出现在黄色品种)以及不能正常开放是世界性难题。产生这些问题的主要原因目前尚不明确，一般认为是花材茎基部吸水受阻、水分在导管内不畅通等，最新的观点是蒸腾过旺。导管堵塞的原因有细菌的积累(Witte和Doorn，

1988;Zagory 和 Reid，1986)、空气进入以及切割引起的伤反应(Doorn,1991)等。

(2)采后生理特性 月季切花包括大花品系和多头小花品系。无论哪种品系，因品种不同对植物激素乙烯处理分别表现为敏感或不敏感(Raid,美国园艺学报文献)。在敏感型品种中,因品种不同乙烯对花朵开放和衰老进程分别表现为促进或抑制。在目前的商业用大花品系中,因品种不同花朵在开花和衰老进程中的乙烯生成量分别呈现类似跃变型、非跃变型以及末期上升型特征,但是大多品种中的呼吸强度变化动态只有一种模式,即呈现典型的呼吸跃变型。可见,月季切花的乙烯代谢还是比较复杂的。月季切花为典型的温带型花卉,切花可以在0℃条件下存放一定时期。

(3)采收标准 采切适宜时期因品种和采后用途不同有所不同。大花月季品系,用于贮藏或远距离运输时,采收期相对较早,应在花萼略有松散时采收。用于近距离运输或就近批发出售时,在外层花瓣开始松散时采收。如果采收过早,花蕾会出现弯头或不能正常开放;而采收过晚如内层花瓣开始松散时,会增加运输中的损耗。

多头月季品系,用于贮藏或远距离运输时,采收期相对较早,一般在1/3的花朵花萼松散、花瓣紧抱、开始显色时采收。用于近距离运输或就近销售时,采收期相对较晚,一般在2/3的花萼松散、1/3的花朵花瓣松散时采收(图5-10)。

(4)贮藏技术 一般说来,月季切花属于不耐贮藏的花卉。小规模试验可以贮藏3～4周,但是规模较大的商业用贮藏通常只能达到1周(高俊平等,结果未报道)。

需要贮藏两周以上时,最好干藏在保湿容器中,温度保持－0.5～0℃,相对湿度要求90%～95%。用0.04～0.06 mm的聚乙烯膜包装,使氧气质量分数降低到3%,二氧化碳质量分数升高到5%～10%,可以得到很好的延缓衰老的效果。

在低温干藏之前不宜放在水中,有人认为红色月季的蓝变现象就是由于贮藏之前用水使它硬挺时出现的结果。从干藏库中取出后,需将茎基再度剪切并放在38～43℃温热保鲜液中,在4℃下让花材吸水4～6 h,吸水处理时间长短的掌握是很重要的。

短期贮藏(4～5 d),最常用的方法是采后立即再剪切,置于去离子水或保鲜液中,采用干藏的方式。温度要求保持在1～2℃,同时要求高的相对湿度。

(5)运输技术 月季切花可采用两种运输方式,用包装纸包装后横置于纸箱中干运,或纵置于水中湿运。运输的这两种方式的管理措施差别很大。从保持切花鲜度的角度出发,采用湿运较好。但是,如果运输途中温度高时,开花进程加快,反而降低切花的耐运性,结果会适得其反。因此,保持运输中的低温是必要的。在高

图 5-10 月季采收标准图谱

温时期要求温度控制在10℃左右，其他时期，最好控制在5℃。一般说来，远距离运输采用干运；近距离运输以湿运为好。此外，运输途中要尽量减小由于振动而引起的断头等带来的损耗。

(6)保鲜剂处理技术　如上所述，月季切花品种极多，品种不同对乙烯处理反应也不同，有的促进开花，有的抑制开花，有的不产生反应。STS处理，对乙烯反应敏感的品种，有显著延缓衰老进程的效果；而对于乙烯反应不敏感的品种却几乎没有效果(黄绵佳等，1998)。不过，即使对于乙烯不敏感的品种，STS处理因有杀菌作用，对于防止月季切花茎秆堵塞也有一定的效果。日本开发的一种乙烯代谢抑制剂PPOH(顺式-丙烯基磷酸)，对于乙烯敏感型切花月季品种的鲜度保持非常有效(黄绵佳等，1998)。使用以PPOH为主要成分的延迟开花的保鲜剂，在10 mmol/L质量分数、20℃下处理20 h，或者在10℃下处理30 h。处理后在10℃下存放，延迟开花的效果极其显著(Yamamoto等，1994)。8-羟基喹啉柠檬酸是月季切花有效的保鲜剂成分，其主要作用是杀菌，防止茎基维管束堵塞；同时使保鲜液pH降至3.5左右，微生物难以生存。通常，在贮藏或远距离运输之前要用预处液处理，或者在贮藏或运输结束后用瓶插液处理，都是减少流通损耗、提高流通质量的措施。

5.1.16.2 梅花 *Prunus mume*

（英名 Mei flower，Mei tree）

蔷薇科落叶小乔木。老干紫褐色，小枝绿色。花白色或粉色，常 1～3 朵簇生，梗短或无梗，芳香，长江流域 12 月份至翌年 3 月份先叶而放。有'江梅'（'Jiang Mei'）、'三轮玉蝶'（'Sanlun Yudie'）、'粉红朱砂'（'Fenhong Zhusha'）等数百个品种。梅花怒放于春寒料峭之际，枝姿苍劲传神，花形端雅，花色动人，花香宜人，可谓神、姿、形、色、香俱美，为中国传统名花，也是传统的木本切枝花卉。但迄今为止，对梅花的衰老机理及保鲜技术研究较少。

（1）采后流通中的主要问题　花朵及花瓣易脱落，鲜重损失严重。

（2）采后生理特性　梅花采后衰老类型因品种而异。乙烯及 IAA 是调节花朵脱落及衰老的重要因子。虽然乙烯产量并不高，但脱落对乙烯很敏感。ABA 在开放前后参与了衰老调节。CTK 匮乏导致梅花衰老，外源 CTK 应用可抑制乙烯生成及梅花脱落。GA 有利于梅花开放率，但非延衰因子（郭维明，盛爱武，1999）。

（3）采收标准　采收阶段因运输距离不同而异。近距离运输或直接上市，可在花蕾初绽时采收。远距离运输则宜蕾期采收。

（4）贮藏技术　梅花为暖温带花卉，可冷藏于 0～2℃。干藏、湿藏均可。适当的预处理有利于贮藏后瓶插品质。

（5）保鲜剂处理技术　梅花的预处液及瓶插液成熟技术的研究还很欠缺。研究表明 STS，6-BA 预处理可显著抑制脱落，延长瓶插寿命。使用乙烯合成及作用抑制剂，如 AVG，AOA，6-BA 等，或以 TIBA（三碘苯甲酸）处理，可延缓梅花切枝的衰老。GA 可用于梅花切枝的采后催花，增加绽开率，以提高观赏价值。CTK 可延缓衰老，延长观赏期（郭维明，盛爱武，1999）。

5.1.17 玄参科 Scrophulariaceae

5.1.17.1 金鱼草 *Antirrhinum majus*

（英名：Common snapdragon）

又称龙头花，金鱼草属，多年生草本植物，常作一二年生栽培。株高达 80 cm，茎基部木质化。总状花序顶生，苞片卵形；萼 5 裂；花冠筒状唇形，基部膨大成囊状；花色有粉、红、紫、黄、白色或复色等，花期春夏季。园艺品种丰富。金鱼草花序长而挺直，花色艳丽多彩，是低耗能的切花种类，广泛应用于各种插花及花艺装饰。

(1)采后流通中的主要问题　受乙烯影响，出现落花落蕾现象；花穗顶端的小花褪色；花穗顶部负向地性弯曲等。

(2)采后生理特性　金鱼草切花属于典型的乙烯跃变型，花朵的开放和衰老与乙烯密切相关，在有乙烯的气体环境中轻则出现花朵萎蔫，重则出现落花落蕾。用STS预处液处理能够防止乙烯带来的不利影响。

金鱼草切花为穗状花序，同一花穗中不同花蕾发育阶段不同。未着色的花蕾插入水中也能开放，但是容易出现褪色现象。

具有负向地性的特性，当切花长时间不能直立时容易出现负向地性弯曲。

(3)采收标准　金鱼草切花通常以4轮花开放为采收标准，在春、秋气温高时，可以在有一轮花开放时采收。采收时间以避开中午的高温时段为宜。

(4)贮藏技术　贮藏前通常不专门进行预冷，而是结合预处液处理而进行。在0～1℃的温度下可以贮藏3周。通常采用干藏，但要防止干藏中由于失水过度而导致的瓶插后花蕾脱落。4～5℃下湿藏，一般只能存放3 d。贮藏中，要保持花茎直立，防止花穗顶部出现负向地性弯曲。

(5)运输技术　未经贮藏的花，运输之前必须进行预处液处理。每10支一扎，装入纸箱内。为防止花瓣受损，需用软纸包扎花头。运输中要防止剧烈振动，轻拿轻放，以免小花花瓣受损、甚至落花落蕾。通常采用横置干运，有时为了防止负向地性弯曲，也采用纵置干运。

(6)保鲜剂处理技术　如上所述，金鱼草切花对乙烯极其敏感，在贮藏运输之前采用以STS为主要成分的预处液处理是保证流通质量的前提条件。STS质量分数为0.1 mmol/L，处理时间为3～8 h。

运输结束后，销售前用以杀菌剂和糖分为主要成分的瓶插液处理切花，以保证花穗顶部小花充分着色。

5.1.18　山茶科 Theaceae

5.1.18.1　杨桐 *Cleyera japonica*

(英名：Japanese cleyera)

杨桐属，常绿灌木。常作为切枝。

(1)采后流通中的主要问题　茎叶干枯，吸水能力差。

(2)采后生理特性　杨桐为枝、叶、花同时利用的切枝类。采后叶色逐渐变淡，茎秆基部切口部位出现腐烂而堵塞导管。

(3)采收标准　取叶片有光泽且着生茂密、开花的枝条。不能选择叶片陈旧、弯曲的枝条。去除干枯、受伤以及被病虫害侵染的叶片。需要较长时间的复水，高温季节要勤换水。

(4)贮藏技术　贮藏前一般不进行专门的预冷。贮藏温度为4～5℃，贮期2周以内。冷库要有吸水、去除乙烯以及加湿等功能。贮期过长时，容易因吸水能力下降而导致落叶。

短期贮藏，通常装入纸箱内存放；长期贮藏时，需要在冷库内设置水池，将花枝浸入水中进行吸水贮藏，即湿藏。为了保证水分的新鲜，必须经常换水。

(5)运输技术　有大花与小花两种类型。大花类通常截取50～60 cm的枝条，每千克扎成一扎，纸箱包装，每箱10扎。小花类则将12～15支叶片大小一致的小支扎在一起，长度统一截取为38 cm。每10扎包扎到一起作为大扎，每箱装20～30大扎。通常采用汽车常温运输。

(6)保鲜剂处理技术　目前，国内外还很少采用保鲜剂处理。

(高俊平　董　丽　洪　波)

5.2 切叶贮运综合保鲜技术

切叶(cut foliage)通常是指从植物体上采切下来的、不带花朵和枝条的、以叶片为主的观赏植物产品。商品切叶的一般要求是，叶片的形状和颜色独特且具装饰性，组织结构致密、坚固，不易蒸腾失水萎蔫，新鲜度维持时间长等。用于切叶的植物非常广泛，如铁线蕨属、天门冬属、黄杨属等，表5-1列举了一些常用作切叶的植物属名。

表5-1　部分切叶举例

植物属名	植物属名
铁线蕨属 *Adiantum*	白珠树属 *Gaultheria*
天门冬属 *Asparagus*	常春藤属 *Hedera*
黄杨属 *Buxus*	冬青属 *Ilex*
山茶属 *Camellia*	刺柏属 *Juniper*
袖珍椰子属 *Chamaedorea*	木藜芦属 *Leucothoe*
散尾葵属 *Chrysalidocarpus*	木兰属 *Magnolia*
朱蕉属 *Cordyline*	喜林芋属 *Philodendron*
金雀儿属 *Cytisus*	海桐花属 *Pittosporum*
花叶万年青属 *Dieffenbachia*	罗汉松属 *Podocarpus*
龙血树属 *Dracaena*	石柑属 *Pothos*
鳞毛蕨 *Dryopteris*	黄杨属 *Buxus*
桉树属 *Eucalyptus*	越橘属 *Vaccinium*

与鲜切花相比，切叶除了不存在花朵开放和花色变化等与花朵有关的问题外，许多方面都很类似。叶片是呼吸和蒸腾活性都很强烈的器官，如何抑制切叶流通过程中因呼吸而产生的呼吸热的危害、防止叶片因蒸腾过旺失去膨压而出现萎蔫是切叶贮运技术中应当解决的首要问题。此外，防止由叶绿素分解带来的叶片黄化也是切叶贮运保鲜技术中的重要问题。本节从蕨类、木本以及草本等三类切叶分别讲述。

5.2.1 蕨类切叶贮运技术

蕨类植物分布在热带和亚热带的湿润地带。在国际花卉市场上常见的蕨类切叶(ferns foliage)有铁线蕨属、肾蕨属、鹿角蕨属和观音莲座蕨属等。我国虽然是世界蕨类植物资源非常丰富的国家之一，但观赏蕨的栽培历史并不长，蕨类切叶的利用也很有限，主要有铁线蕨属和肾蕨属两种陆生蕨类型。

5.2.1.1 肾蕨属 *Nephrolepis*

(英名:Sword fern)

骨碎补科、多年生常绿草本，一回羽状复叶、绿色、长条形，羽片无柄，孢子束群生于叶背侧脉上。本属变种及栽培品种约400种，其中的波士顿肾蕨、马歇尔肾蕨和苏格兰肾蕨栽培最为普遍。原产热带和亚热带地区，我国南方各地均有分布，喜高温多湿环境，生长适温13～24℃，冬季不能低于5℃。

(1)采后生理特性　肾蕨属切叶采收适期是当叶色由浅绿转为深绿色，且叶柄坚挺而具有韧性时。采收过早，采后容易失水萎蔫；过晚，叶片背面会出现大量深褐色的孢子囊群，影响叶片的美观。肾蕨叶片平展，分束绑扎时，要将叶片摆平层叠，防止折损与扭曲(龙雅宜，1994)。此类切叶市场上用得非常多，目前已经制定质量等级划分国家标准(表5-2)。

(2)贮运技术　贮藏:湿贮，温度要求在0～5℃。运输:虽然目前国内外都采用干运方式，但是，理想的运输方式是将切叶置于水中湿运或通过塑料薄膜包装后的干运。运输中要求采用较低的温度。

(3)保鲜剂处理技术　目前国内外很少进行保鲜剂处埋。但是，保鲜剂的处理应当是有效的。已报道的预处液种类和主要成分有:a. 300 mg/L 8-HQC 和22.5 g/L 蔗糖的混合液;b. 20 g/L 蔗糖+50 mg/L $AgNO_3$ + 150 mg/L 维生素C +50 mg/L GA(何生根，冯常虎，1996)。

表 5-2 肾蕨切叶质量等级划分标准

项 目	级 别		
	一 级	二 级	三 级
叶片	叶色纯正、鲜绿具光泽，无变色；叶形完整，羽片排列整齐；长度≥60 cm	叶色鲜绿，无变色；叶形完整，羽片排列整齐；长度 45～59 cm	叶色一般，略有褪绿；叶形完整，羽片排列较整齐，边缘略有损伤；长度 45～59 cm
装箱容量	10 支或 20 支捆为一扎，每扎中切叶最长与最短的差别不超过 1 cm	10 支或 20 支捆为一扎，每扎中切叶最长与最短的差别不超过 3 cm	10 支或 20 支捆为一扎，每扎中切叶最长与最短的差别不超过 5 cm

注：资料来源为 GB/T 18247.1—2000。

5.2.1.2 铁线蕨属 *Adiantum*

（英名：Maidenhair fern）

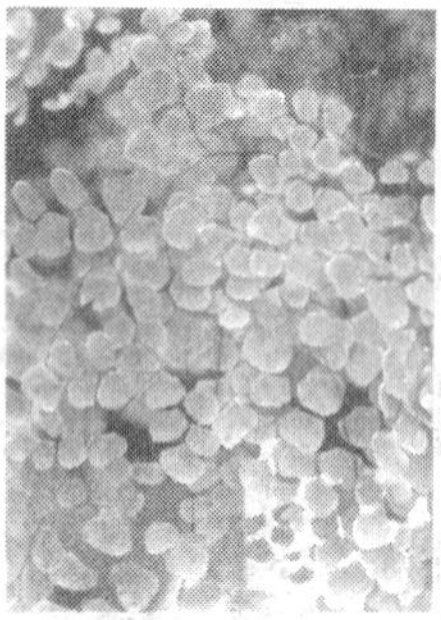

铁线蕨科、常绿草本。叶鲜绿色、革质、呈卵状三角形，叶长 10～15 cm，宽 8～16 cm，叶柄黑色似铁线，孢子囊群着生在叶子裂片的小脉上，有时扩展到叶肉。本属有 200 种，常见的有铁线蕨、鞭叶铁线蕨、楔叶铁线蕨、大叶铁线蕨以及荷叶铁线蕨等。原产温带至热带地区，我国长江以南、陕西、河北等地都有分布，喜温湿环境。

（1）采后生理特性　铁线蕨属叶片在完整植株上展开后 3～4 周才出现衰老。其特征是叶片逐渐变黄，随后干枯。切叶放在去离子水中通常不表现叶片的黄化，而是在 3～6 d 出现不可逆的萎蔫。提高环境中的相对湿度可延缓萎蔫进程。此外，发现萎蔫征兆时，及时将茎基重新水剪能有效促进吸水，恢复膨压（Doorn 等，1991）。铁线蕨细小羽脉如云纹的叶枝干制后，还是优美的压花材料。

（2）贮运技术　贮藏：理想的贮藏条件是在 2～4℃下湿藏。运输：理想的运输条件是置于水中湿运或包装于塑料薄膜或保水性箱子中干运。同时要求采用低温运输。

（3）保鲜剂处理技术　叶柄基部维管的堵塞是造成铁线蕨切叶失水萎蔫的主要原因之一。在每升瓶插水中加入 10～20 mg 氯漂白剂、12.5～25.0 mg/L 硝酸银或 185～580 mg 硝酸钴可延长瓶插寿命。用柠檬酸（pH 3.0 左右）单独处理也能延长瓶插寿命。根据目前所掌握的资料，铁线蕨切叶衰老与乙烯没有直接的关联，用外源乙烯、乙烯利等处理，用乙烯生物合成抑制剂 ACC 和 AVG 处理，或用乙烯作用抑制剂 STS 处理叶片，都对切叶的瓶插寿命没有影响。

5.2.2 草本切叶贮运技术

草本切叶(herbaceous foliage)主要介绍下述几种。

5.2.2.1 天门冬属 *Asparagus*

(英名:Asparagus)

百合科,本属植物约 150 种,分布在西伯利亚、非洲一带,常见栽培的有文竹、天冬草、石刁柏、卵叶天冬、兴安天冬、绣球松、虎尾天冬、镰状天冬等,通常用作切叶的为前三种,这里以文竹为例介绍。

文竹 *Asparagus plumosus*(英名为 Asparagus fern),别名为云片竹、芦笋山草、山草等,多年生蔓性常绿草本。茎细长、多分枝,叶状枝刚毛状,清雅秀丽。原产南非南部地区,喜温暖湿润及半荫条件,不耐寒,不耐旱。

(1)采后生理特性　当枝条曲而不折、幼嫩鲜丽有光泽时采收。温度过高引起枝条黄化、萎蔫。这类切叶目前市场上用得比较多,云南省技术监督局在 1997 年发布了等级规格(DB53/T 063—1997),以茎叶平衡、病虫害、缺损情况和枝长等作为评价项目对等级规格进行划分。

(2)贮运技术　贮藏:最适贮藏温度为 2～4℃,不应高过 10℃,一般贮期为 5 d,也有长达 2～3 周的报道(杜玉宽和杨德兴,1999)。运输:25 支作为一扎,两扎合起来作为一大扎。在 10℃以下的冷库内用清水复水,然后用纸箱包装,每箱装 16～18 扎(800～900 枝),干运。

(3)保鲜剂处理技术　插在 0.77 mmol/L 8-HQS + 10 μmol/L AOA + 10 μmol/L 3,4,5-三氯苯酚的保鲜剂中,瓶插寿命可达 30 d,而插在蒸馏水中瓶插寿命只有 15 d(Dolci 等,1989)。

5.2.2.2 花叶万年青属 *Dieffenbachia*

(英名:Tuftroot,Dumb cane)

天南星科,多年生常绿灌木状草本。株高 1.0～1.3 m,茎基平卧,叶有鞘,长圆至长圆状椭圆形,暗绿色,两面有光泽,有许多白或黄色不整齐的斑点与斑块。原产美洲热带,喜高温、高湿,生长适温 20～27℃,越冬温度 5℃以上,喜光亦较耐干旱。

(1)采后生理特性　采收标准:叶片成熟。

(2)贮运技术　贮藏:在 13℃下湿藏或干藏于保湿包装箱内。运输:保湿箱内干运。

5.2.2.3 雁来红 *Amaranthus tricolor*

(英名:Flower gentle,Three-coloured amaranth,Tampala)

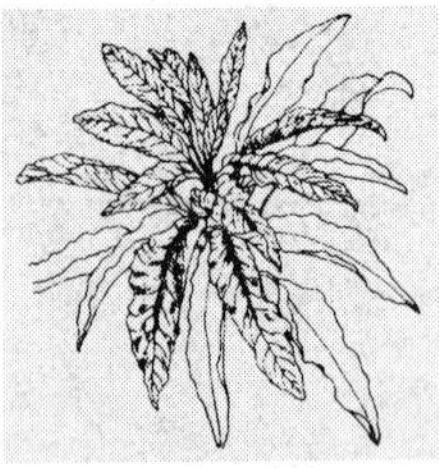

别名老来娇、老少年,苋科、苋属、一年生草本。叶卵状椭圆形至披针形,长4~10 cm,宽2~7 cm,秋季顶叶全部变为鲜红色。原产热带,喜光,好湿润及通风环境,能耐旱。

(1)植物学特性 采收标准:叶片开始变色。

(2)贮运技术 贮藏:在10~14℃下湿藏或保湿干藏于箱内,相对湿度要保持在95%以上。运输:在保湿箱内干运。

5.2.2.4 一叶兰 *Aspidistra elatior*

(英名:Common aspidistra)

百合科,蜘蛛抱蛋属,多年生常绿草本。叶单生矩圆状披针形,基部楔形,深绿色,边缘皱波状。同属的有九龙盘和丛生蜘蛛抱蛋,变种有洒金蜘蛛抱蛋和白纹蜘蛛抱蛋。原产中国南部,全国各地均有栽培。耐阴,喜湿润环境,最适温度为15℃,也较耐寒,经0℃低温也不至于受冻害。

(1)采后生理特性 采收标准:叶片成熟。

(2)贮运技术 贮藏:10~14℃湿藏或保湿干藏于包装箱内。运输:在保湿箱中干运。

5.2.2.5 常春藤属 *Hedera*

(英名:Ivy)

五加科,常绿木质藤本。单叶,全缘或分裂;无托叶。本属大概有5种,常见的有常春藤、洋常春藤和加拿大常春藤。用于切叶的多为加拿大常春藤(*Hedera canariensis*),也叫大叶常春藤或花叶常春藤。其叶长6~15 cm,3~7浅裂,比洋常春藤的叶子大,小枝及叶柄常带红色,冬季叶变铜绿色。原产欧洲,不耐寒。

(1)采后生理特性 采收标准:茎叶完全成熟。

(2)贮运技术 贮藏:干贮于保湿包装箱中,2~4℃、相对湿度95%~98%条件下可贮2~3周。运输:10~14℃保湿箱内干运。

5.2.3 木本切叶贮运技术

木本切叶(woody foliage)在商业插花中逐渐受到人们的重视。这里介绍如下几种。

5.2.3.1 桉树属 *Eucalyptus*

(英名:Eucalyptus,Gum tree)

桃金娘科,常绿木本植物。叶互生,或幼时对生,幼态叶与成熟叶异形,本属有600多种,我国引入80多种,常见的有柠檬桉、大叶桉、细叶桉、赤桉等。原产大洋洲,喜光,要求温暖干爽气候,不耐湿热,能耐-4℃短期低温,树体含蛔蒿油素,病虫害少。

(1)采后生理特性　幼态叶与成熟叶异形,大小、形状、颜色、叶序及蜡质等完全不同。同一植株在同一时间能有幼龄期、中年期以及成熟期的枝条共存。用于切叶的多为卵形且具灰绿色叶片的幼龄枝条。不同种类叶片成熟特性不同。如有些种类在完全成熟时也维持幼龄期叶片的特征,所以特别适合用作切叶;而有些种类随着成熟幼龄树叶的特征逐渐消失,所以必须设法使其不断进行幼龄期的生长。

桉树叶片表面有一层具晶体形状的蜡被,使叶片呈灰绿色而更具观赏性(Jones和Sedgley,1993),所以在采收、包装、运输、装饰应用等一系列操作过程中要注意保护。一般在分枝接近成熟时采切。

(2)贮运技术　贮藏:通常采用0~1℃,相对湿度95%~98%进行预冷。包装于保湿包装箱中,在2~4℃下可贮放1~3周(胡绪岚,1996)。5℃下分别干藏2周和4周,平均瓶插寿命分别为31~59 d及32~69 d(Forrest,1991)。干藏比湿藏的枝条瓶插寿命长,在5℃下贮藏2周的枝条,比在16~18℃下新采收的枝条瓶插寿命长。有时为了保持叶片柔软,可在长期保存过程插在甘油中。运输:包装于保湿包装箱中。

(3)保鲜剂处理技术　预处液:不同的品种切叶对同一种预处液的反应不一样。5%蔗糖+8-HQC在3℃下脉冲12 h,随后在3℃下干藏一周,'*E. sideroxylon*''*E. platypus*''*E. spathulata*'的瓶插寿命没有影响,但'*E. spathulata*×*E. platypus*'的瓶插寿命明显增加(Wirthensohn等,1996),而5%的蔗糖处理'*E. brachyphylla*'和'*E. cinerea*',反而阻碍了水分的吸收,引起叶片坏死,影响外观及质量(Jones-M和Sedgley-M,1993)。有的品种长时间低温处理比短时间常温处理效果好,如'*E. albida*'切枝,长时间低温处理(24 h+3℃),随后干藏一周,比常温(24℃)下短时间脉冲2 h更有效果,并且无蔗糖比1%或5%蔗糖更有效。

瓶插液:在瓶插液中加入杀菌剂1-bromo-3-chloro-5,5-dimethylhy-drantoin

(BCDMH)(10 mg/L 的活性氯)、100 μL/L Agral-600(nonylphenolpolyglycol),或 0.25%蔗糖,能明显提高未成熟桉树‘*E. crenulata*’切枝的瓶插寿命。0.25%~2%的蔗糖明显延长未成熟的‘*E. gunnii*’切枝的寿命,而杀菌剂或 Agral 则不能延长其寿命。蔗糖脉冲(1%~10%,24 h,20℃下)或外源乙烯(50 μL/L,24 h,20℃)对这两个品种都无效果。收获后或 24 h 模拟干运(20℃下)后,两个品种会产生微量乙烯。两个品种在 1℃下干藏 35 d,或 1℃下湿藏 7 d 枝条保存在蒸馏水 +50 mg/L sodium dichloroisocyanurc acid (DICA),瓶插寿命没有改变,但在 10℃下湿藏 7 d 后,寿命明显下降(Jones-RB 等,1993)。

5.2.3.2 冬青属 *Ilex*

(英名:Holly)

冬青科,常绿木本植物。小枝浅绿色,叶革质,长椭圆形至披针形,先端渐尖,边缘有锯齿,表面绿色有光泽,背面淡绿色。本属有冬青、大叶冬青和枸骨冬青等。原产我国,原产暖温带地区,喜温暖湿润环境。

(1)植物学特性 当叶片充分成熟时即可采收,如枸骨叶冬青;或果实成熟之前,如轮生冬青。

(2)贮运技术 贮藏:预冷终温为 0~1℃。贮藏过程中最主要的问题是浆果或叶片的脱落。干贮于保湿包装箱中,0℃,95%~98%的相对湿度下可贮藏 1~3 周。运输:在保湿箱中干运。

(3)保鲜技术 冬青属植物不同的品种对乙烯的敏感性不同,如‘*I. altaclarensis*’完全不敏感,而‘*I. cornuta*’在同样条件下叶子脱落 96%。枸骨冬青,0.01~0.1 mg/L 的乙烯就会引起果实和叶片的脱落,质量分数增加到 0.6 mg/L,3 d 后叶子落掉 80%以上。用 1 μmol/L Ag^+ 即可防止由乙烯引起的叶片和果实脱落。

(孙淑萍 谭 辉 董 丽)

5.3 常见盆栽花卉贮运综合保鲜技术

近年来,盆栽花卉(pot plants)日益成为公用场所和居家装饰的重要组成部分。盆栽花卉的贮运原理、方法已在前述 2.7 中做了概述,这里具体介绍几种常见的种类。

5.3.1 一品红 *Euphorbia pulcherrima*

(英名:Pionsettia)

一品红,别名圣诞花、老来娇、象牙红、猩猩木等,属大戟科、大戟属,原产于墨西哥和中美洲的中低矮灌木。一品红为短日照植物,喜温暖气候和充足阳光。要求土壤肥沃、湿润、排水良好且具有微酸性(pH 6)。每年春季扦插繁殖。生长期内每月施稀薄液肥一次。6月份以前摘心一两次,使其多发侧枝,达到“花朵”成丛,姿态优美的状态。

5.3.1.1 采后流通中容易出现的问题

一品红采后处理中的问题通常包括未成熟的叶片、苞片及花芽脱落;成熟叶片和苞片脱落;叶片黄化、苞片变形、泛蓝、周围褐化;处理过程中所造成的机械伤害以及其他生理失调和病虫危害等。

在运输过程中因摩擦和撕破而引起的机械伤害会导致苞片失色或萎蔫。叶片、叶柄及苞片弯曲或折叠可刺激这些组织合成乙烯。乙烯对一品红危害的症状包括叶片和苞片向上或皱枯,严重时造成叶片和苞片脱落。有时这一问题易与营养或其他代谢失调混淆,土壤中氮肥含量低会使根吸收氮素营养减少而引起落叶。

当一品红生长在湿冷且不通风的条件下,细胞因吸收和运输水分功能失调而破裂,苞片或其他组织中乳汁渗出,降低植株的质量。当生长温度陡然下降,特别是在植株含水量较高时这一问题更加严重。

烂根、烂茎和枯萎病是一品红各个生长阶段都常见的真菌性病害症状。相对而言,危害一品红的昆虫或其他害虫较少,其中白粉虱在各生长阶段均侵害植株,危害较为严重。由于在苞片显色后喷施杀菌剂可能引起不可逆转的伤害,因此及时控制虫害显得非常重要。

5.3.1.2 采后特性

一品红整体形态或外表影响植株的质量。重要的质量因素包括生长习性、色彩、大小、叶片的持久性、杯状聚伞花序的大小和持久性、品种的促成栽培质量、耐贮运性和抗病虫性等。

许多一品红品种对叶片偏上性敏感。在叶、苞片及叶柄因机械压力而折弯时大量产生乙烯(表5-3),从而引起叶、苞片及花瓣脱落等症状,最后叶片变皱干枯。而花序脱落发生在植株衰老的更早阶段。

一品红各品种间对乙烯的耐性不同(表5-4)。正常情况下,一品红真花开放到苞片色泽变得暗淡脱落,其观赏期约6周。

表 5-3 胁迫与不胁迫一品红产生乙烯的情况

品　　种	乙烯生成/($\mu L \cdot L^{-1}$)		
	胁迫	不胁迫	比值(胁迫/不胁迫)
Annette Hegg White	177	31	5.7
Annette Hegg Pink	143	28	5.2
V-14	31	24	1.3
Eckespoint C-1	62	24	2.7

资料来自 Saltaviet(1979)。

表 5-4 不同一品红品种因乙烯胁迫引起的偏向上性

品　　种	偏上性指数					
	胁迫解除后时间/h					
	1	4	6	8	28	52
Eckespoint C-1	1.0	1.5	2.0	2.0	2.5	1.5
V-14	1.6	2.3	23.3	3.0	2.0	1.8
Annette Hegg Dira	4.0	4.5	5.0	5.0	4.5	4.0
Annette Hegg White	2.1	4.3	5.0	5.0	4.3	4.0
Annette Hegg Hot Pink	4.0	5.0	5.0	5.0	4.3	3.3

资料来自 Saltaviet(1979)。

5.3.1.3 采收标准

理想的盆栽一品红生长紧密，茎相对粗壮，枝条自由开张，叶片无病虫害、化学试剂伤害或其他失调，苞片颜色纯正，表现出本品种应有的大小和鲜艳的色彩、无机械伤、持久性长，花序相对植株而言小且保留在植株上。一品红有株高限制，一盆优级的盆栽一品红，应具有茎干健壮，树条高度一致，树高不应超过容器的 2～2.5 倍。

一品红盆花适宜的上市阶段是小花初开期，此时苞片发育较充分。用于长途运输的可适当早采。若采收过早的，移入室内后未展开的苞片将不会显现出亮丽的色泽。如果苞片已完全开展，色泽发暗，花芽已经完全盛开，将缩短货架期。

5.3.1.4 贮运技术

(1)包装　包装材料的选用与运输距离有关。短距离船运时，将植株用纸包装或套上塑料筒，然后装入特制的纸板箱中。与其他措施相比，套筒包装操作可以更有效解决运输过程中因机械损伤而造成的偏向上性问题。不同种类的包装资材不会影响叶片偏上生长。

(2)化学试剂的应用　叶柄受到机械伤害是叶片发生偏上性的原因，而乙烯浓度与生长素浓度比率的重分配将加速叶片黄化和老化。植株贮运时间过长或温度高于 18℃,将会加重这些症状。一般而言,贮运时间越长,叶片越难从“垂叶”的情形中恢复过来。大部分的植株在去除包装资材后,需置于 18～24℃的区域 24～48 h 才能恢复正常。若包装贮运时间过长,植株可能需要更长的恢复时间,或者永远不能恢复叶片的向上性。在叶片恢复向上伸展的期间,有必要在植株间留适当的空间,应避免植株因摆放过紧而发生摩擦。不同化学试剂及套筒与否对盆栽植物的叶偏向上性和乙烯生成量影响不同(表 5-5)。

表 5-5 不同化学试剂对套筒 24 h 后盆栽一品红‘Annette Hegg Diva’叶偏向上性和乙烯生成的影响

处理	叶偏向上性比例 除去套筒的时间/h						乙烯/(mL·g^{-1}·h^{-1})
	0	2	4	6	24	48	2～4
不套筒,不喷施	1.0	1.0	1.0	1.0	1.0	1.0	0.034
不套筒,喷施	1.0	1.0	1.0	1.0	1.0	1.0	0.045
套筒,不喷施	3.2	5.0	5.0	5.0	4.8	4.0	3.05
套筒,喷施	3.1	4.8	4.7	5.0	4.7	3.8	2.91
AVG 1.0 mmol/L	2.5	4.4	4.7	4.1	2.8	2.3	0.049
10.0 mmol/L	1.0	1.3	1.6	1.3	1.0	1.0	0.016
NAA 0.10 mmol/L	4.8	5.0	5.0	5.0	5.0	5.0	0.049
AVG＋NAA 1.0 mmol/L ＋0.1 mmol/L	4.5	5.0	5.0	5.0	5.0	4.5	0.34
BA 0.01 mmol/L	3.3	5.0	5.0	5.0	4.7	4.2	3.00
0.10 mmol/L	3.4	4.8	4.8	4.5	3.8	2.5	2.89
1.00 mmol/L	3.2	4.1	4.3	4.2	3.2	1.2	3.83
AVG 10.0 mmol/L＋ BA＋0.1 mmol/L	1.3	1.4	1.6	1.4	1.2	1.0	0.025
AVG 10.0 mmol/L ＋ BA＋1.0 mmol/L	1.0	1.2	1.4	1.2	1.2	1.0	0.030
GA_3 0.01 mmol/L	4.0	5.0	5.0	5.0	4.5	4.0	3.64
BA＋GA 0.01 mmol/L＋ 0.01 mmol/L	3.7	5.0	5.0	5.0	4.8	4.2	3.68
NPG 1.0 mmol/L	3.8	5.0	5.0	5.0	4.2	4.0	3.01
10.0 mmol/L	4.0	5.0	5.0	5.0	4.3	3.8	2.71
CPA 1.0 mmol/L	3.7	5.0	5.0	5.0	4.2	3.8	2.55
10.0 mmol/L	4.3	4.8	5.0	5.0	4.3	3.7	2.62
90.0 mmol/L	3.6	4.3	4.5	4.0	4.3		
TIBA 0.1 mmol/L	4.0	4.4	4.4	4.4	4.0	3.0	1.46
1.0 mmol/L	3.5	4.2	4.4	4.6	5.0	4.2	1.14

续表 5-5

处理		叶偏向上性比例 除去套筒的时间/h						乙烯/(mL·g^{-1}·h^{-1})
		0	2	4	6	24	48	2～4
IT3456	10 mg/L	4.0	5.0	4.8	5.0	5.0	5.0	2.46
	100 mg/L	4.5	5.0	5.0	5.0	5.0	5.0	1.56
Ag^+	3.0 mmol/L	1.8	2.3	2.8	2.8	2.4	2.2	6.13
LSD 5%		0.76	0.66	0.76	0.69	0.64	0.72	0.527

注：资料引自 Saltaviet(1981)。

(3)低温贮藏　一品红贮藏需要充足的光照和 10.0～12.8℃的温度。黑暗环境将引发一品红苞片扭曲、叶片黄化等症状。如果时间延长，叶和苞片会脱落，植株质量将不可逆地降低。在低于 10℃的环境下贮藏的植株移到温暖环境时叶片将大量脱落，致使产品无法销售。在理想的温度和光强下套筒的植株可以贮存 48 h 而不会产生不利影响。

(4)运输　由于运费较高，一品红很少采用空运，而通常在产地市场销售。船运时植株的发育阶段影响盆栽一品红的最终质量。通常一品红在苞片完全发育后采收。由于一品红对于低温(13℃以下)非常敏感，所以在运输时维持适当的温度非常重要。如运输温度过低，红色的苞片容易转变成青色或蓝色，最后变为白色；若温度太高，则容易导致未成熟叶片、苞片及花芽脱落。

5.3.1.5　养护技术

(1)采前栽培处理措施　减少采后损失的一个重要的方面是减少未售植株的浪费，既保证一品红在节日期间开放，这就要求控制好生长条件、繁殖和摘心时间等。全光照对一品红生长良好是必需的，因此温室用的玻璃材料必须有很好的透光性。人工控制的短日照通常有利于开花期一致、阻止苞片叶绿素形成和未成熟花的脱落。

在植物由生产者运至零售商的过程中，常因肥料浓度过高而引起未成熟叶片脱落。在最后的生长阶段应停止或减少肥料供给；为避免叶片黄化，停止供肥的时间不能早于运送前两周。为了减少盐分累积，可在运送前用大量的水来淋洗栽培基质，但这并不是一个很好的方法，因为过度灌溉可能会造成根部永久性的损伤，从而降低一品红品质并引起未成熟叶片脱落。植株的养分状况可影响苞片溃疡。成熟苞片周边溃疡常伴随着顶芽的伤害。溃疡常自边缘慢慢扩展至苞片的中心部分。这已成为品种'Gutbier V-14'的主要问题。这一问题可由生产后期 2～3 周减少肥料用量而改善。

生产过程中应采取适当的措施来预防昆虫、螨类及病害的侵袭。为减少采后病害的发生，应保持生产区域清洁。在后期阶段即苞片显色时期施用化学药剂时，须采取适当的措施以避免任何失色和苞片伤害。

(2)销售商处理措施　将一品红运送至零售商前必须对植株进行适当处理。在包装盒外面应该印有"到达后请马上打开并除去所有的包装材质"的字样。另外，每一个包装箱内应附一份"处理手册"，注明一品红植株的处理方式、展示和销售原则等，以供零售商参考。一品红植株运达后的处理原则如下：

①植株送达时，应马上打开包装盒，移出每一植株，并去除所有的包装材料。

②检查基质湿润的程度，若水分不足请立即浇水。

③植株从包装容器移出后，应置于有足够光线的室内，温度维持在 18～24℃之间。

④检查植株是否受到机械伤害、病害或虫害。

⑤避免植株接触乙烯气体。

⑥每一植株均挂置印有栽培方法的说明牌。

(3)家庭养护　销售时每一植株上应附有标签，其主要内容如下：

①放置在有充足的自然光照的地方。

②避免放在通风和能放热的器具边，如散热器和通风管道边。

③放在足够高的地方，避免阻碍交通或被不懂事的孩子和动物碰到。

④当用手摸土壤显干时浇透水，去除过多水分。

⑤为了延长苞片的鲜艳颜色，白天温度不应超过 22℃，夜晚不超过 16℃。

当苞片衰老并呈灰绿色时，剪留 20 cm 作为观叶植物栽培。外界温度变暖时将一品红放在室外养护，但要避免夜温低于 10℃。当直接光照时间 6～8 h、夜温 10～21℃时将植株搬回屋内。为了保证冬季再度开花，在 10 月 1 日后应避免接触人工光源。

5.3.2 花烛属 *Anthurium*

(英名：Anthurium)

花烛属植物为原产于哥伦比亚西南部热带雨林的天南星科多年生附生常绿草本植物，在适宜条件下可终年开花。

5.3.2.1 采后流通中容易出现的问题

花烛采后处理的问题包括不正常的佛焰苞、花序和花茎过度伸长及机械损伤等；最常见的生理失调包括叶斑、花色暗淡、佛焰苞失色及佛焰苞和花序变形等；广泛发生的病害包括肉穗花序腐烂或变黑等，许多老品种对此病非常敏感，而一些新近改良品种则对这种病害的抗性较强。另一种常见的失调现象是衰退，其症状包括植株尺寸减少、生长势弱、花数目减少。

5.3.2.2 采后特性

花烛采后经历两个明显的发育阶段，即幼年阶段和成熟阶段。在成熟阶段叶腋中产生的花芽最初保持休眠，休眠解除后才发育成花。此阶段如遇到不良环境，花芽在正常发育之前败育，或保持营养生长。营养生长最理想的温度是 18.3℃，低于此温度叶面会出现斑点。花芽起始分化要求更高的温度(21.1～23.9℃)。特别是花烛(*A. scherzerianum*)，温度低于 18.3℃时植株无法生长。低温也阻碍大多数植株萌芽。在生产中，一般给予花烛 80%的遮荫。高强度的光线，尤其是在花发育阶段，会降低花茎高度，严重者会造成叶片失色。花发育阶段的理想光强是 500～2 000 lx。

5.3.2.3 采收标准

上市的花烛要求株形完整、端正、丰满、匀称；生长旺盛；叶色纯正、有光泽，叶面舒展、无灼伤；佛焰苞大而肥厚、蜡层光亮，色彩鲜艳；植株具有两三朵已发育的花朵；无病虫害，无机械损伤。佛焰苞成熟的标志是单支花中肉穗花序顶端 1/4～1/3 处变色，肉穗花序顶端 1/2～3/5 变黑则是花开始凋谢的标志。

5.3.2.4 贮运技术

合适的包装可以减轻机械损伤。花烛最佳贮运温度为 10～15℃，相对湿度为 90%，植株最多可忍耐 3 d 黑暗。

5.3.2.5 养护技术

花烛发育要求适宜的环境条件。光照和温度是决定花烛发育和花的质量的重要环境因子。高光强将减少茎的伸长量，严重时引起佛焰苞失色和叶片灼伤。温度低于 18.3℃时，许多栽培品种植株的生长和花的质量会受到严重影响，温度过低时叶片产生斑点。栽培基质中钙供应不足会导致佛焰苞色泽暗淡，特别在基质的 pH 低于 4.0 时这种生理失调更为普遍。在生长过程中还要避免因基质排水不畅或过分干燥而造成叶片发黄、萎蔫及根腐烂等症状。另外要注意防治病虫害。

5.3.3 杜鹃花属 *Rhododendron*

(英名：Rhododendron)

杜鹃花(英名 Azalea)是杜鹃花科杜鹃花属植物的通称，为常绿或落叶灌木，少数为乔木或匍匐、附生。杜鹃花属约有 900 种，亚洲约产 850 种，其中中国约有

530种，除新疆、宁夏外南北各地均有分布，尤以云南、西藏和四川种类最多，为杜鹃花属植物的世界分布中心。

5.3.3.1 采后流通中容易出现的问题

杜鹃花在采后各环节中易因叶片脱落而引起植株下部光秃。贮运不当时易发生叶片黄化、花蕾脱落等症状。同时叶、花、茎等部位易受到机械伤害。

5.3.3.2 采后特性

杜鹃花属植物种类繁多，生长习性差异大，但多数种产于高海拔地区，喜凉爽、湿润气候，恶酷热干燥环境，要求疏松、湿润及富含腐殖质，pH 5.5～6.5之间的酸性土壤。在黏重或通透性差的土壤上生长不良。过度的荫蔽会使新叶变薄、色泽变淡，严重时叶片大量脱落。花期适温为8～16℃，超过21℃容易引起落花落蕾。

5.3.3.3 采收标准

上市时的杜鹃花应株形端正、丰满、匀称，叶色鲜亮，无病虫及机械伤害，部分花蕾初展。

5.3.3.4 贮运技术

杜鹃花对冷热空气流动敏感，因此在贮运时应避免温度波动。运输前用乙烯抑制剂处理可防止乙烯引起的落花、落叶。杜鹃花适宜的贮运温度为5～10℃，相对湿度为90%，在黑暗条件下最多能放置7 d。

5.3.3.5 养护技术

杜鹃花要求一定的光强，但不耐暴晒，特别在夏秋更应遮挡烈日。相反在过度荫蔽的条件下杜鹃花生长不良，难以形成花蕾。杜鹃花最适宜的生长温度为15～25℃。气温超过30℃或低于5℃时生长趋于停滞。杜鹃花耐修剪，一般在5月前进行修剪，所发新梢当年均能形成花蕾，修剪过晚则影响开花。若形成新梢太晚，冬季易受冻害。

杜鹃花根系扩展缓慢，每隔3～5年换盆一次，同时修整根系。要根据天气情况、植株大小、盆土干湿及生长发育需要，灵活掌握浇水，忌用碱性水。要薄肥勤施，除高温季节及冬季生长缓慢期外，均可施用肥料。

杜鹃花花期可延续一个月；在室内通风差时，放置1～2周即应调换。杜鹃花容易受褐斑病、红蜘蛛，蚜虫等病虫害的侵染，应及时加以防治。

5.3.4 仙客来属 *Cyclamen*

（英名：Cyclamen）

仙客来别名一品冠、兔耳花、兔子花、萝卜海棠等，为报春花科仙客来属具块茎多年生草本植物。原产地中海东北部，从以色列、叙利亚至希腊的沿海低山森林地带均有分布。花期从10月份到第二年4月份。主要变种有大花仙客来（var. *giganteum*）和暗红仙客来（var. *splenden*）。

5.3.4.1 采后流通中容易出现的问题

仙客来在采后的流通环节中易出现叶片发黄、花色暗淡、落花等症状，还易受到机械损伤和病虫危害。

5.3.4.2 采后特性

仙客来喜凉爽、湿润、阳光充足的气候。生长和花芽分化的适温为15～20℃，冬季室温低于10℃时花易凋谢，同时花色黯淡；夏季气温达到30℃时植株休眠，温度超过35℃以上时植株易腐烂并死亡。仙客来为中日照植物，适宜的光照度为28 000 lx，光照度低于15 000 lx或高于45 000 lx时光合作用强度显著下降。生长期适宜的相对湿度为70%～75%。仙客来要求疏松肥沃、排水良好、富含腐殖质的微酸性沙质壤土。

如果在光线充足、气候冷凉（18～20℃）的条件下适当浇水，盆栽仙客来花期较长，单花花期可持续4周，盆花观花期达6周以上。

5.3.4.3 采收标准

仙客来采收时花葶应均匀分布于圆整的叶幕中央，高低一致，每个叶腋均应保持完好；叶片应鲜亮，银纹清晰；无病虫害。

5.3.4.4 贮运技术

仙客来适于贮藏在温度10～12℃，相对湿度90%～95%的条件下，贮运时间不应超过2周。运输前1～2 d应停止浇水。

5.3.4.5 养护技术

仙客来家庭养护时应保持基质适度湿润，过度潮湿易引起根和球茎腐烂，同时易滋生病虫害；过于干燥易引起叶片发黄。水肥供应均匀时，叶片新鲜明亮。温度低于10℃时植株易发生冷害。特别是冬季家庭养护时应远离门窗，也不应太靠近暖气。应及时防治软腐病、线虫病、炭疽病等主要病害及蚜虫、红蜘蛛等主要虫害。

5.3.5 榕树属 *Ficus*

(英名:Fig)

榕树(英名 Fig)别名正榕、绿树,为桑科,榕树属植物;同属的相似植物有大叶榕(*F. altissima*),山榕(*F. wightiana*)。榕树原产于我国福建、台湾、广东三省。印度、马来西亚、日本的琉球群岛等热带、亚热带地区均有分布。

5.3.5.1 采后流通中容易出现的问题

榕树在采后流通中易出现的问题相对较少,主要是机械伤害和过度失水。

5.3.5.2 采后特性

榕树性健壮,适应性强,在粗放的管理条件下也能正常生长。在室内长期陈设,叶片也不会发黄。榕树有一定耐寒力,在5℃的气温下可安全越冬,在一般家庭居室内陈设不会受冻。

5.3.5.3 采收标准

榕树为观叶植物,植株大小和发育阶段对其观赏价值并无实质性的影响,因此可以随时上市。一盆高质量的盆栽榕树应具有本品种的特征;能占据容器的整个空间;根系发育充分;无病虫害,无机械伤和生理失调,无化学残留物。

5.3.5.4 贮运技术

盆栽榕树适宜的贮运温度为13~18℃,相对湿度为80%~90%。

5.3.5.5 养护技术

榕树浇水时要掌握宁湿勿干的原则。在干燥的气候条件下榕树生长不良,而在潮湿的空气中能发生大量气生根,大大提高观赏价值。施肥不宜过多,每年追施液肥3~5次即可。也不要栽于过大容器中,以防枝条徒长使树形无法控制。室内条件下很少出现病害。需防治的主要害虫有介壳虫、粉蚧、粉虱、蓟马等。

(胡汉升 赵梁军)

5.4 球根花卉种球贮藏及打破休眠技术

球根花卉,是指具有膨大的根或地下茎的多年生草本花卉。根据地下膨大贮藏器官的形态特征将球根花卉分为鳞茎类、球茎类、根茎类、块茎类和块根类等。球根花卉的种球一般以休眠状态渡过环境不适季节,耐寒暑性和耐干旱能力较强。

由于球根花卉具有观赏价值高、便于运输等特点，许多国家都非常重视球根花卉的研究和生产，例如欧洲的荷兰，每年要向其他国家输出大量球根花卉的种球，种球成为该国的花卉主营产品之一。

为了达到商品分级、病虫害检疫以及倒茬轮作和调节花期等目的，球根花卉一般都需要在休眠期起球，在适宜的条件下贮藏。由于种球内贮藏着大量营养，保存着芽体或生长点，而且许多种球在贮藏期间进行花芽分化，因此，种球贮藏的好坏，会影响到栽种后植株的正常生长与开花。

休眠中的种球可以长期贮藏，大多数种球在打破休眠后，放在生育界限温度以外的环境下，可以抑制或推迟其开始发育期，处于被动休眠之中。休眠是植物生长暂时停顿的现象，是植物的一项特殊的机制，大大增加了植物对不良环境的抵抗力。De Hertegh 花卉学者认为，凡种球的外部无明显生长，虽内部仍有生理、生化及形态的变化，仍称其为休眠状态。在农作物或花卉生产上，休眠的特性可说是有利有弊，贮藏时休眠是必要的，这样才可以使作物不至于在贮藏期发芽，但是当要用种球大量繁殖时却又会由于这一因素导致种球发芽不整齐，所以打破种球休眠技术一直是国内外球根花卉生产的关键技术。

5.4.1 鳞茎类

根据球体外有无皮膜包被，通常将鳞茎分为有皮鳞茎与无皮鳞茎两类。有皮鳞茎(tunicated bulbs)鳞片呈同心圆层状排列，肉质鳞片为闭合物，外层鳞片木化或栓化成为鳞茎皮，保护鳞茎，如郁金香、水仙、风信子、朱顶红、文殊兰、石蒜等。无皮鳞茎(nontunicated bulbs)的鳞片彼此分离，以茎的短轴为中心呈覆瓦状叠合着生，如百合、贝母等。

5.4.1.1 郁金香 *Tulipa gesneriana*

(英名 Tulip)

郁金香为百合科，郁金香属，秋植类球根花卉。鳞茎扁圆锥形，四五枚肉质鳞片着生在鳞茎盘上，外被褐色或棕褐色膜质膜片。郁金香喜冬季温暖、湿润，夏季凉爽，阳光充足的生长环境。

(1)采后休眠特性　夏季起球后到秋季栽植前是鳞茎的休眠期，郁金香的休眠期非常短，休眠期球根没有明显的外部生理变化及生长，但内部却发生着生理和形态上的变化。在郁金香球根休眠期，鳞茎内的花芽与根原基继续分化，芽的分化由外到内，中心芽最后分化。到秋季种植前，可见到球茎稍有膨大，底盘上根原基突出。未开花鳞茎较开花鳞茎有更强的顶芽休眠。

鳞茎的休眠属于夏季休眠类型，休眠时，鳞片内的淀粉含量迅速减少，随着淀粉的分解，可溶性糖类含量增多。遇低温后不溶态氮的含量开始降低，可溶性氮的含量上升。伴随着蛋白氮的减少，鳞片中谷氨酰胺和4-甲基谷氨酰胺的浓度上升。Lambrech(1992)报道在球根冷藏过程中，鳞片中的蛋白氮和游离氨基酸含量减少，而在根原基和顶芽内却有所增加。解除休眠需要有一个高温到低温的变化。起球后要在高温(30～35℃)晾晒一周，然后转到17～20℃下贮藏。

(2)采收及贮藏技术　当郁金香叶片有1/3以上变黄时，即为采收适期。采收时应选择干燥晴朗的天气起球，注意勿伤球根，否则伤口极易染病腐烂。采收后的鳞茎以缓慢自然干燥为宜，温度不超过35℃为宜，一般在34℃下干燥7 d，使鳞茎失去一部分水分，有利于花芽分化。

鳞茎收获后，进行清洗、消毒、分级处理。处理时一定要仔细，防止鳞茎表面受伤和根原基受损。贮藏期间注意温度、湿度和空气的控制。根据不同品种的休眠特性和栽培目的采取适当的贮藏温度。郁金香的冷藏温度一般在0～5℃，而在荷兰一般采用5～9℃，这是由于荷兰的球根成熟期以及贮藏期的温度较低，如果再用较低的温度贮藏，不利于花蕾的发育和定植后生根。冷藏过程中有干藏和保湿冷藏两种，对于郁金香两种方法没有什么差别。干燥冷藏，要注意冷藏室除湿，特别是装有球根的容器周围要保持干燥。贮藏室保持75%～80%的相对湿度，防止乙烯积累。若乙烯质量分数在0.07～0.15 mg/L范围内，不仅会导致鳞茎在贮藏期失重增加，而且使栽植后产生大种球的数量减少(Duineveld等，1989)。同时高浓度的乙烯会引起芽坏死和栽培后产生盲枝。因此，必须保证通风透气，及时去除病球，不要在贮藏室内同时贮藏水果和鲜花。

贮藏期要注意病虫害的防治，球根腐败病是郁金香最大的病害之一，发病的球根在贮藏期会全部烂掉，病球还会放出乙烯对其他种球造成伤害，所以一定要及时剔除。种球清洗、分级时，尽量不要造成机械损伤，做好种球消毒工作，防止青霉病、黑腐病、褐腐病等病害的发生。

郁金香鳞茎运输过程中，最重要的条件是温度和通气的控制。温度应根据运输前的贮藏温度或实际情况决定。海运中，荷兰农业科学院(ATO)认为只有冷藏式的集装箱适合运输，最佳的选择是6 m的冷藏箱。海运的最佳时期是9月份以后。运输中注意事项为：选择具有高性能环流能力和通气能力的集装箱；在冷藏集装箱内放置球根包装箱，每摞高度应占冷藏箱高度的3/4，每摞只盖上最顶上一层的箱盖，最好是木盖，箱内以湿木屑或草炭土填充；如有温度选择，应选球根所适应温度范围的最低温度将相对湿度调至60%～70%，使通气口全部打开，并使通气调节器处于工作状态。空运的最大特点是运输时间短，空运的温度是12～13℃。公路运输郁金香鳞茎应采用冷藏汽车，运输中必须有持续的环流和空气交换以除在塑料袋内添上干燥草炭可以在0℃低温下冷藏250 d。如果采用氮气进行气调贮藏，可以从7月下旬冷藏到第二年的6月中旬。

②打破休眠技术：铁炮百合打破休眠技术方法如下：

高温处理：铁炮百合的休眠受高温诱导，打破休眠也需要一定的高温条件。人为地进行高温处理，一般在30℃条件下处理一个月就可以彻底打破休眠。

温汤浸泡处理：此法是常用的辅助打破休眠的方法。一般使用47.5℃的温水浸泡30～60 min，或者用50℃温水浸泡15～30 min。浸泡时要注意恒温，若球根大小不等，要根据大小决定处理的时间和温度。

赤霉素处理：一般在低温处理之前采用500～1 000 mg/L的GA_3处理1～3 s就可以有效地解除休眠。如果采用GA_4或GA_4+GA_7，效果更好。

流水浸泡处理：这种方法开发于20世纪80年代，方法简便，适用于对大量球根的处理。利用流水连续处理2 d的效果与温汤或GA_3的处理效果基本相同。目前这种方法主要用于12月份采收的促成栽培。

其他处理方法：在低温处理前，在密闭容器中使用5%～10%的乙烯处理3 d，可打破休眠。用熏烟或消石灰处理球根的方法也可以有效地打破休眠。

亚洲百合打破休眠技术：亚洲百合的鳞茎进入休眠以后，必须遭遇低温才能够解除休眠，低温是打破休眠和诱导花芽分化的重要因素(富田，1994)。矢岛(1991)的研究发现，打破亚洲百合鳞茎休眠的有效温度在15℃以下。通常，鳞茎收获以后，在14℃下预冷处理2周，然后放在2～8℃的低温下处理8～10周，可以有效地缩短到花日数，提高开花率。与铁炮百合一样，低温处理之前采取温汤处理有利于种球以后的生长发育。

东方百合打破休眠技术：相对于亚洲百合，东方百合的收获期较晚，也需要在一定的低温条件下解除休眠之后，才能进入发芽的生理状态。东方百合品系的不同品种对低温处理的要求有所差别，如‘卡萨布兰卡’在2℃下处理10周才能满足低温要求，而‘鲁莱布’在5℃下6周就可以满足其低温要求。此外，在进入休眠之前，当年分化的鳞片中形成发芽抑制物质，这种抑制物质随着鳞茎的成熟而减少，并在低温处理中逐渐消失。因此，如果除去当年形成的鳞片，可以促进鳞茎的发芽。东方百合的鳞茎在低温处理之前不需要温汤处理。

东方百合和亚洲百合进行促成栽培时，需要人为利用低温处理提前打破休眠，低温处理的适宜温度为5～8℃，0～3℃低温可以促进植株伸长。有些品种的反应低温为8～10℃。

5.4.1.3 水仙 *Narcissus* spp.

(英文 Narcissus)

水仙，石蒜科，水仙属；又称天葱、雅蒜、雪中花、凌波仙子等。原产中欧、北非地中海沿岸地区，为层状有皮鳞茎类球根花卉，鳞茎卵形至球形，鳞茎皮棕褐色。水仙属有 30 种，分类标准经多次修改，1950 年由皇家球根生产者协会发表，将水仙属植物分为 12 群，成为现在的通用标准。

水仙喜冷凉、湿润、阳光充足但无强光直射的环境。多花水仙属于秋栽冬花类，一二月份开花。花后 5 月气温升高时，叶片枯黄进入夏季休眠。喇叭水仙、红口水仙、丁香水仙、仙客来水仙等其他多数种属属于秋植春花类，当春季温度上升时于 4 月开花，花后五六月份叶片衰老，鳞茎进入休眠。

(1)采后休眠特性　不同的水仙种类，休眠期鳞茎内部的生理反应不同。喇叭水仙在鳞茎进入休眠之前，即尚未起球时开始花芽分化，在 7 月中旬以后的高温季节，花芽发育停止。多花水仙在起球后不能立即进行花芽分化，一般在收获种球 1 个月左右才开始分化，也就是要接受高温后，于 6 月下旬或 7 月上旬才能分化花芽。由于花芽分化开始期和进程上的差异，不同种类休眠期的温度需求也不相同。喇叭水仙一般品种休眠期需要在 8～10℃的低温下处理 50～60 d 才能打破休眠，不过夏季高温并不抑制花芽分化，若适期起球后立即给以 32℃高温处理，有促进花芽萌发的效果，可提前 4～10 d 打破休眠。多花水仙起球后，通常采用 30℃的高温处理 3 周，再放置 20～25℃条件下贮藏。

(2)采收及贮藏技术　在地上部叶片黄化到枯死期间适宜起球。切除须根，用泥将茎盘和两侧相连的脚芽基部封上，晾晒后置于通风阴凉处。

自然栽植的喇叭水仙贮藏初期温度要在 17～20℃，以防止高温造成腐烂；当副冠形成以后，大约在 9 月中旬，温度应降低到 9℃，直到鳞茎打破休眠。多花水仙的贮藏要经过 3 周的 30℃高温处理，然后移到较低温度下。促成栽培和抑制栽培中，要根据目的花期和品种特性，确定具体的贮藏温度。十一二月份采收切花的喇叭水仙，要先在 20℃的定温室内贮藏，以促进花芽分化；待副冠分化以后，在 14℃下处理 2 周，然后 8℃下处理 8～10 周，于 10 月中旬定植。根据采收期的推移，逐渐缩短冷藏时间。

贮藏过程中，鳞茎要保持干燥，库内湿度不能过大。一般控制在 35%～45%，相对湿度过低容易使鳞茎皮枯干、皱缩，消耗养分，影响花芽的成长。应定期检查种球，及时剔除病球。注意防鼠，防病虫害。

种植前用 40%的福尔马林 100 倍液浸球 5 min；或用 0.1%的升汞水浸球 0.5 h 消毒。如有根螨存在，可用 0.1%的三氯杀螨醇浸种 10 min。

(3)延长、打破休眠技术

①延长休眠技术

温度处理：多花水仙起球后，贮藏在 10℃低温下，可保持休眠到次年的二三月

(2)采收及贮藏技术　唐菖蒲花后40～45 d,叶片约1/3变黄时,是收获球茎的最适时期。采收过早则球茎不充实;过迟则增大了球茎患病的概率,仔球又容易散失。可选择晴朗天气,距地面5 cm左右剪去茎叶,然后掘出球茎。唐菖蒲母球周围一般有两个或几个与母球相似的新球,每个新球又附着许多小的子球,故掘球时注意不要损伤小球。待晾晒数日后,直到新球茎上的膜被彻底晾干,用手摸无潮润感时,及时去除新球基部老球的残基,将小球、新球与干枯的老球分离,同时剔除老根,清洁球茎皮(但不要剥皮),淘汰病腐的球茎。干枯的茎自球茎上剪除,母球弃之,新球及小球则分别进行贮藏。

常规贮藏:在春季进行栽种时,可利用自然的冬季低温进行常规贮藏,温度控制在0～10℃,干燥通风,相对湿度不超过70%。

架贮:为了保持球茎的干燥,种球一般放于台架上,台架可设置多层,从地面60 cm处开始,每层相距30 cm。层面可用竹帘或孔眼不超过1 cm的铁丝网制成,保持通气,然后按品种分层放置,每层可放三四层种球。

盘贮:贮藏盘为长方形,长70 cm、宽50 cm、高10 cm,用竹板或木板制成,盘底钉竹木板条,中间留1 cm的空缝,盘中间也留空缝,以利于通风,每盘可装种球15～20 kg。此种贮藏方法机动灵活,管理方便,白天可以搬到室外晾晒,晚间可以搬进室内,冬季可以多层贮盘落到一起,有效利用空间。

袋贮:将晾干的种球装在特制的尼龙种子袋内,袋的规格以长65 cm、宽40 cm为宜,每袋可装种球30 kg左右,将贮藏袋立放在架上。

延期贮藏:唐菖蒲于春季栽种,9月下旬起球。唐菖蒲的自然休眠期为2个月,有的品种可能还要长些。保护地栽培,自然栽植期需在11月上中旬。而唐菖蒲冬季栽培,由于受温度和光照时间的影响,一般切花品种,从栽植到开花需100～120 d。若需使其在圣诞节、元旦、春节期间开花,可以进行延期贮藏。

自然延期贮藏环境必须阴凉、通风、干燥。相对湿度不能高于70%,选择健壮、无病,没有萌发现象的种球。

贮藏,贮藏期可达13个月。自然延期贮藏的种球,栽种前要用40℃的温水浸泡24 h,经消毒后即可栽种。

延期贮藏还可以选用低温库贮藏,种球收获后贮于2～4℃干燥冷库中,相对湿度保持在70%～80%,可实现种球的延期贮藏。荷兰等球根生产大国均采用低温贮藏法周年向国际市场提供种球。

在种球贮藏时,要经常检查贮藏室内球茎状况,随时除去染病个体,如出现污染严重情况,可喷施杀菌剂。同时注意环境卫生,防止病虫害的发生。及时排除库内乙烯等有害气体,从而降低唐菖蒲种球的呼吸强度,减少生理失调,降低养分损耗，保持球茎的质量。

(3)延长、打破休眠技术

①延长休眠技术：参见延期贮藏的有关内容。

②打破休眠技术：目前国内外在打破休眠方法上的研究主要就是物理方法和化学方法两大类，主要包括以下各种方法：

温度处理：目前大多数夏花型唐菖蒲多采用低温贮藏打破休眠的方法，而春花型的多采用高温贮藏打破休眠。通过温度控制打破休眠需要的时间较长，在整个贮藏期间会带来许多问题。不同的温度处理会产生不同的效果。通过控制温度调节的时间长短来预测、调节开花时期。

热水处理(HWT)：Hosoki T.(1984)用46℃的HWT唐菖蒲球茎1 h能加速球茎发芽，提高呼吸速率，发现在处理后的球茎中立即产生乙醇，但没有乙烯释放量的增加。Cohen A. 等(1990)认为57℃下热水处理休眠或非休眠仔球能促进其萌发，防止病害；58℃下处理时对不同品种的表现不同，但与休眠状态无关，也就是说HWT仔球萌发与休眠之间无直接的联系，很可能是一些独立的基因特征。

γ-射线的处理：Hosoki. T，等(1985)用^{60}CO γ-射线照射部分打破休眠的唐菖蒲种球，低剂量处理(如1 000 R)就可以使球茎在种下35 d后出苗，对照需要45 d出苗，辐射对出苗率无影响。但剂量过大就会延迟出苗，且出苗不整齐。

乙醇处理：Hosoki T.(1983)用乙醇蒸气处理唐菖蒲球茎对打破休眠具有一定的促进作用，但该作用取决于休眠的深度，乙醇不能完全打破休眠，只能在部分打破休眠的情况下促进休眠的解除。低温或高温贮藏可以提高乙醇的作用效果。应用乙醇的熏蒸时间要严格把握，品种间存在差异，处理时间过长会对种球造成伤害。

硫化物处理：含硫的挥发性物质，如H_2S，SO_2，CS_2，Allyl Sulfide(丙烯基硫化物)及Allyl Isothiocyanate(丙烯基异硫氰酸盐)等，均能在一定的程度上打破球茎的休眠，如夏花品种中的‘Traveler’起球后在3℃低温下贮藏30 d，这时的种球已经部分开始打破休眠，然后在20℃下用1% H_2S熏蒸8 h后种下，71 d后一半以上均已经出苗，而未处理的球茎出苗晚一些。此外，用甲基硫化物(MeS_2)处理春花唐菖蒲种球可提早发芽30 d。并且使内源促进休眠打破的物质含量升高，休眠抑制剂含量下降。

乙烯处理：Mukhamed D. S.(1985)用0.05%的乙烯利在唐菖蒲球茎采收后立即或稍后进行处理，时间为30 min，有利于球茎后期发芽。

其他方法：Ginzbury(1973)用BA处理唐菖蒲的仔球可以有效地促进仔球的萌发。Konoshima等(1977)研究发现唐菖蒲自三叶期花芽开始分化时起，光照就期间长短,其效果基本相同,一般以 35 d 为宜。小苍兰的球茎可以在干燥条件下感应低温,但在提早促成栽培时最好保湿冷藏,将打破休眠的球茎放在装满潮湿锯末的木箱等容器中,放在冷藏室中进行冷藏;也可将球茎假植在育苗钵内,连同育苗钵一起冷藏,湿度保持在 90%左右,以促进发芽或生根。此时如果采取干燥冷藏,将导致开花不整齐和切花的品质下降。在冷藏过程中如果过度地发芽或生根,不利于定植后缓苗,可以根据定植时间再将贮藏温度降到 1~2℃以限制其继续伸长。

如果冷藏结束后栽培场地的地温过高,可以用 15℃低温再冷藏 2 周,等待地温下降,同时有利于花芽成熟,给予适当的补充光照。

我国南方地区为了提早采收切花,一般采取提早定植的方法,但是低温处理后进行早期定植时,自然高温容易引起生长发育障碍,采取地下冷却措施非常有效。由于植株开花需要较低的温度,采取地下冷却不仅可以防止花蕾下垂,而且可以周年分期进行球茎定植。

5.4.3 块茎类(tubers)

块茎是由地下茎的先端肥大形成的变态茎,有明显的节与节间,与球茎的区别是形态上没有外皮膜包被。有些块茎是由胚轴部位肥大而形成的,属于非更新型球根。主要的块茎花卉有马蹄莲、仙客来、大岩桐、球根秋海棠、彩叶芋等。

5.4.3.1 马蹄莲 *Zantedeschia aethiopica*

(英名 Calla lily)

别名水芋、观音莲,天南星科,马蹄莲属,原产于非洲南部和埃及。块茎褐色,肥厚肉质,在块茎节上,向上长茎叶,向下生根。

(1)采后休眠特性 马蹄莲性喜温暖,不耐寒,生长适温为 20℃左右。休眠期随地区不同而异,在热带地区,夏季高温干旱促进休眠;在寒冷地区因冬季低温促进休眠;在亚热带地区则全年不休眠,开花后如果继续保持湿润、凉爽环境,加强肥水管理,使其生长健壮,并于八九月份开花。

(2)采收及贮藏技术 五六月份以后植株地上部分逐渐枯黄时,剪去残叶,小心将块茎从土中挖出,用 40%的苯来特可湿性粉剂 1 000 倍液浸泡 10 min 进行灭菌处理,然后分级,风干 2~3 d,将块茎放在相对湿度 40%~50%、温度 2~4℃的环境中保存。贮藏过程中,应该及时检查,发现腐烂种球尽早剔除。

马蹄莲的块茎在上述条件下可贮藏 100~120 d。当块茎萌发新叶时,选用肥大健壮块茎栽种,供水、供肥。

如果不分球,也可让块茎直接留在土中越夏。休眠期适当遮荫,停止施肥,控制浇水。这种方法较省工,而且避免损伤块茎,但第二年发芽后往往密度过大,要进行剥芽。

5.4.3.2 仙客来 *Cyclamen persicum*

(英名 Cyclamen)

别名兔子花、兔耳花、萝卜海棠等,报春花科,仙客来属,原产地中海东部沿岸、土耳其南部等地区。多年生球根花卉,块茎初期为球形,随着年龄增长逐渐变成扁球形,外皮暗紫色。块茎夏季休眠,到秋季开始生长。花期长,从 12 月份至翌年 5 月份。

(1)采后休眠特性　仙客来性喜冷凉气候,不耐炎热,6 月中旬至 8 月中旬,温度达到 30℃以上时,叶片枯死,块茎被迫进入休眠。1～2 年生块茎生长旺盛,开花多,3 年以上块茎生活力逐渐衰退,越夏困难,休眠后常常发芽不良甚至全不发芽。

(2)采收及贮藏技术　仙客来在夏季进入休眠期后,将球根从盆中取出,转栽于沙盘中,或不把球起出集中放置,连盆一起放在遮荫、避雨、通风的地方,降低光照和温度。块茎休眠贮藏时应保持通风凉爽的环境条件。休眠期间,应在 6 月中旬向盆面喷洒一次 500 倍液的波尔多液或多菌灵,土壤(沙)应保持上半部湿润状态,每隔 3 d 向盆面喷一次水。此期间,如果土壤过湿,块茎极易腐烂;过干则使休眠期延长,萌芽和开花也相应延迟。在 5℃和 90%相对湿度下贮运,可忍耐黑暗环境 7 d。

(3)延长、打破休眠技术　仙客来块茎的休眠属于强迫休眠,如果环境的温度和湿度适宜,可继续生长并开花。开花的植株,在休眠前增施磷钾肥,管理得当可不休眠。即将休眠的健壮植株,如果在隐蔽、通风良好、凉爽的环境中养护,保持盆土湿润并稍施氮肥,使植株保存一部分叶片越夏,可提早恢复生长,提前开花。对于休眠的种球,将乙醚、樟脑、丙酮等水溶液注入芽内或用之熏蒸,处理时间在 24～48 h 之间,可解除休眠。另外,硫脲、硫代氰酸盐、α-氯乙醇等都能促进块茎解除休眠而提早开花。

将浸有萘乙酸钠乙酯、苯氨基甲酸乙酯等酯类溶液的布团,放在即将萌动的仙客来块茎旁边,使它数周内不萌动,可延长休眠期。

5.4.3.3 球根秋海棠 *Begonia tuberhybrida*

(英名 Tuberous begonia)

别名为球根海棠、茶花海棠,秋海棠科,秋海棠属,为原产南美秘鲁与玻利维亚的几种秋海棠杂交而成。块茎肉质,呈不规则的扁球形。球根秋海棠喜温暖湿润、光照不太强的环境。

(1)采后休眠特性　生长期间要求较高的空气相对湿度,生长适温 20～28℃,

5.4.4.3 荷花 *Nelumbo nucifera*

（英名 Lotus）

别名为芙蓉、芙蕖、莲花、中国莲等，睡莲科，莲属，原产于亚洲热带地区及大洋洲。荷花为多年生挺水植物。地下根茎肥大多节，横生在水底泥中。荷花喜高温环境，生长适温为 20～30℃。

（1）采后休眠特性 进入秋季后，叶片枯黄，待其自然死亡后，再清除黄叶，清除太早会影响种藕发育。荷花的根茎一般不从泥中取出，使其保持自然的生长状态，在 0～5℃的条件下越冬。

（2）采收及贮藏技术 通常荷花根茎的采收要在销售前进行，挖出后的根茎，进行整形、分类、包装后运输。运输时一般用衬膜瓦楞塑料箱包装，温度保持在 8℃以下。

5.4.4.4 铃兰 *Convallaria majalis*

（英名 May-lily）

别名草玉铃，百合科，铃兰属，多年生秋植球根花卉，原产于北美洲、欧洲、亚洲等地。铃兰喜凉爽环境，忌高温天气和日光直射，较耐寒。地下根茎横行且分枝，茎端具肥大地下芽。

（1）采后休眠特性 栽培期春秋均可，以秋季分栽生长开花为好。夏季气候炎热，叶片枯黄而进入休眠。

（2）采收及贮藏技术 在地上部分枯萎后，可将根茎从土中挖出，风干 2～3 d，然后在相对湿度 40%～50%、温度 1～3℃的环境中贮藏，在上述条件下可贮存 100 d 左右。

（3）延长、打破休眠技术 低温处理，可打破种球的休眠。如 10 月底在 0.5℃、黑暗条件下处理 3 周，然后进行 23℃的高温栽培，12 月中旬即可开花，达到促成栽培的目的。若 9 月中旬放入 0℃的冷藏库中处理 50 d，效果更好，开花繁茂而整齐。也可将铃兰的根茎放到 0.5 mL/L 的乙醚气体环境中进行处理，经过 1～2 d 以后，再将其置于 15～20℃下保持 3～4 周可打破休眠，使其生长开花。

延长休眠的方法为，将根茎贮藏于 0℃以下的冷室或冷藏库中，可延长休眠期至夏季开花。

5.4.5 块根类(tuberous root)

块根是指花卉的球根由侧根或不定根肥大而形成的。块根上只有须根，无节、无芽，发芽点在根茎部位。主要的块根花卉有大丽花、花毛茛等。

5.4.5.1 大丽花 *Dahlia pinnata*

（英名 Dahlia）

别名西番莲、地瓜花、天竺牡丹，菊科，大丽花属，原产于墨西哥、危地马拉、哥伦比亚等地。地下块根膨大呈椭圆形，两头尖，形似番薯，肉质乳白色，外面具有纵条纤维表皮。

大丽花喜高燥凉爽、阳光充足的环境，既不耐寒，又畏酷暑，生长最适温度为10～25℃。

(1)采后休眠特性　大丽花春季萌芽生长，夏末秋初气温渐凉、日照渐短时进行花芽分化并开花，直至秋末经霜后，地上部分凋萎而停止生长，冬季进入休眠。大丽花的休眠是由于夏季高温的诱导，在秋末的短日条件下发生，在我国的东北和华北地区，10月中旬到12月上旬是休眠最深的季节。

(2)采收及贮藏技术　采收切花以后应继续栽培，以促进新块根的肥大，没有必要马上收获。当经几次轻霜，地上叶片枯萎而停止生长时，剪去地上枝叶，留10～15 cm根茎起球。

一般将收获的块根清洗干净，喷洒75%百菌清800倍液，在阳光下晾晒1～2 d，使块根表皮稍干皱，然后置于箱中干藏，或埋于湿润沙或潮湿的锯末中，保持5～7℃，相对湿度50%～70%。要防止受冻和高温潮湿引起霉烂。

(3)延长、打破休眠技术　大丽花生理休眠期，在15～25℃下保存时，一般不会发芽。大丽花块根的休眠必须在低温条件下打破，一般在0℃低温条件下处理40 d基本可以解除休眠(小西，1967)。而8月份的扦插苗所形成的块根休眠较浅，需要低温处理的时间也相对缩短，适合用于促成栽培。将打破休眠的块根于1月上中旬在15℃夜温、20℃昼温条件下进行催芽，然后在最低气温8～10℃和14 h日长条件下栽培，于4月份就可开花。

5.4.5.2 花毛茛 *Ranunculus asiaticus*

（英名 Garden ranunculus）

别名为芹菜花，毛茛科，毛茛属，原产于欧洲东南部及亚洲西部。多年生草本，地下部为簇生的纺锤形块根，长为1.5～2.5 cm，根颈部有若干芽眼。花毛茛忌炎热天气，较耐寒，喜凉爽及阳光充足，生长最适温为15～20℃。

(1)采后休眠特性　秋季开始栽培，冬春开花，花后天气逐渐炎热，夏季高温季节，地下块根进入休眠状态。

(2)采收及贮藏技术　在地上部分慢慢枯黄时，将块根挖起，经消毒杀菌，充分晾晒后放置于通风干燥处，或细河沙中，以免块根腐烂。在2～6℃的环境中可贮藏70 d。贮藏过程中，应经常检查，发现块根腐烂要及时剔除。

(3)打破休眠技术　花毛茛经过低温处理可以打破休眠。进行促成栽培时，将越夏的块根先放在15℃条件下处理3周，然后在5～8℃下处理3周，定植于夜温5～8℃、昼温15～20℃的温室，可于十一二月份开花。如果从9月份到翌年1月份每隔2周种植一批，则可自3月份至5月份不断开花。如果在块根吸水后萌芽时再给予低温条件，可以增加其低温感应性，促进开花。但让块根快速吸水，或在吸水的过程中温度升高，大部分块根便会腐烂。因此，必须使其在5℃以下的低温下缓慢吸水，方可促进开花。

（孙红梅　夏宜平　洪　波）

5.5 种苗贮运综合保鲜技术

种苗贮运技术包括种苗的包装、运输以及种苗到达目的地后不能立即栽植时的临时贮藏、假植等技术。种苗贮运是育苗的最后一道工序，也是一个非常重要且成本较高的环节。种苗运输正确与否直接影响到种苗存活率和栽植后的生长状况。起苗后，种苗离开了土壤，其温、湿、气等生存条件发生不利的变化，因此按销售计划中已订货者，应迅速包装发运；尚未销出亟待贮藏保管的种苗应及时入窖、入库保管。在进行这些操作之前需事先做好车辆运送、火车发运、航空货运等种苗运输计划和窖、库的新建、维修等种苗贮藏计划。

5.5.1 包装与运输技术

5.5.1.1 种苗的包装(packaging techniques for nursery stocks)

苗木挖起后，其根系如果暴于阳光之下，或长时间受风吹袭，苗木的质量会大大降低。这不仅降低苗木栽植的成活率，还会影响苗木栽植后的生长状况。据报道，油松一年生实生苗挖起后，其根系在太阳下晒10 min，栽植后的成活率只有30%，而对照苗的成活率可达70%以上，晒40 min后苗木全部死亡。侧柏一年生实生苗的根系在阳光下晒1 h，栽植成活率为67%，如果晒4 h，栽植成活率仅为3.1%。久晒后的苗木，栽植成活后生长情况很差，以晒2 h的苗木为例，平均苗高为对照的67.2%，平均地栽直径为对照的65.6%。因此，为了使出圃苗木的根系在运输过程中不失水，并保护苗木(特别是嫁接苗)不受机械损伤，在苗木挖起后运输前必须根据具体情况，对其进行适当的包装。观赏植物种类繁多，育苗、起苗方法及栽植目的各异，加之运输距离(时间)、运输条件各不相同，因此在选择种苗包装方法时，应综合考虑上述情况。

(1)近距离运输的种苗包装　近距离(如 1 d 以内)运输的种苗，以及一些草本花卉的幼苗，一般只进行简单包装。其操作过程是在篓筐或木箱底铺以塑料薄膜并放一层湿润物，将种苗或幼苗分层平放或立放在铺垫物上，并在根间放些湿润填充物，将筐(箱)装满后，再在苗木或幼苗上放一层湿润物。草本花卉的幼苗一般较为脆嫩，要求在装筐(箱)时轻拿轻放。筐(箱)内的苗不能过分挤压，填充物也不能过湿以免烂苗。

(2)远距离运输或有特殊要求的裸根苗包装

①卷包包装：国内种苗调运或规格较小的裸根苗运送到较远的地方时，包装材料可以就地取材，一般以价廉、质轻、坚韧且能吸水保湿，又不致迅速霉烂、发热、破散的材料为好，如草帘、草袋、蒲包、谷草束等；填充物可用碎稻草、碎颖壳以及锯木末、苔藓等；绑缚材料可用草绳、麻绳等。包装小苗时，将苗木根对根摆放在草帘上，苗根之间放一些湿润的填充物，然后捆扎成包。大苗包装时根系摆向一侧，用内部加湿润的填充物的草帘将根包住，包裹之后用湿草绳或麻绳捆绑。用谷草束包装苗木时，先将浸过水的谷草束向四周均匀分开，呈圆盘状平放在地上，再把湿润的填充物铺在草盘中央，将成捆的苗木立放在中间，然后把四周湿谷草包裹起来并用绳捆绑。每包苗木的株数以苗木大小而定，一般为 50～100 株。包装好后贴上标签，注明树种、品种、数量和等级等。对于接穗的贮运也是如此，捆绑时，为便于从基部补水，接穗下端所有的枝条要戳齐。为避免接穗、叶柄脱落，芽眼坏死等严重影响嫁接成活率的生理病害，捆好的接穗不可成捆泡在水中，特别是不能泡在露天高温的污水中。正确的做法是每捆好一束后，用湿麻袋裹好放在阴凉处。

如果苗木在运走前需存放较长时间，则应将成捆的接穗立戳在阴凉处的盛水容器内，水深不宜超过 2～3 cm。水要清新，并要经常更换。用此种方法需注意以下事项：a. 卷包内的苗木数不可过多，捆绑不能过紧，以免途中生热发霉；b. 打包时必须捆扎得法，以免在运输途中散包或遗失苗木；c. 卷包后，用标签注明树种、数量以及发运地点和收苗单位和地址等。

②装箱包装：国际间调运种苗，或运输条件较差，且运出的种苗规格又较小，或树体需要保护的裸根苗，适宜采用此种包装方法，具体操作的方法如下：先在已经制好的木箱或瓦楞纸箱的箱底及四周铺以塑料薄膜，并在薄膜上铺一层湿润的填充物(如蛭石、珍珠岩等)，而后把苗木分层摆好，苗根之间放一些湿润的填充物，在最后一层苗木放好后，再在上面覆盖一层填充物和薄膜即可封箱。在空运条件下，如果运输时间较短，也可将苗木装入塑料薄膜袋中(苗根间加些保湿物)，再装入纸箱待运。装箱工作完成之后，也要按要求挂标签，或在箱上注明树种、品种、砧木类型、等级、数量以及苗圃名称等。使用此种包装方法时需注意：a. 不可为了多装苗

木而过分挤压箱内苗木;b. 填充物不可过湿,以免腐烂发热;c. 装好箱后要挂标签注明树种规格、数量等。为了提高包装箱内保存水分的能力,可在箱内各面包以塑料薄膜,效果更好。

③挖带土球包装:此种方法适用于树冠蒸腾量较大且根系恢复困难,难以成活的苗木、生长期需先出圃的苗木及有特殊需要的苗木。挖掘的土球大小要适宜,土球过大会给装卸运输带来困难,提高工程造价。如土球过小,又会影响苗木栽植后的成活率。土球规格的大小和土球质量的好坏,直接影响着绿化的质量,故要严格按不同苗木所需土球规格挖苗。最简易的包扎方法是4个瓣包扎,这种包装方式适用于小土球及近距离运输;对于大型土球包扎方法主要有井字包法、五角星包法及网络包法。另外,对土球的质量还应注意以下几点:a. 挖取土球时要按规定标准修整好,起出的土球形状要上大下小,呈截头圆锥形;b. 土球包装要严密,草绳要打紧,不能松脱,如土质松软,则应增加草绳密度,以防土球开裂;c. 搬运土球时,要轻拿轻放,以免土球松散,影响苗木栽植后成活率。

④双料包装:此种包装方法适用于运输距离较远的苗木,或珍贵树种及规格较大的带土球苗木。具体做法是将已包装好的带土球苗木稳固地放入已经备好的筐中或木箱中,然后用草绳将苗木和筐或箱沿边固定在一起,用细湿土填满压实土球与筐间的空隙,使土球在筐中稳固平衡。为保护土球完好,装卸时要搬抬筐箱。为了保证苗木在运输中的树姿、树形完整,在包装时还应注意以下几点:a. 对有主尖的苗木,可顺苗干立一竹竿或支柱,将苗干与苗梢捆绑在支柱上,以防搬运中碰伤主尖,破坏树形;b. 装车前用草绳将树冠轻轻绕缚,以防碰毁主枝而影响树形;c. 在挖前用草绳将苗干包好,以防挖苗或运输时碰坏或摩伤树干而影响树势,降低树木的观赏价值。

⑤塑料薄膜包装:随着塑料工业的不断发展,使用塑料薄膜包装出圃苗木的做法越来越易于推广。常用的做法是将出圃苗木分规格、数量打捆成束,再把每束苗木根部装入盛有湿润苔藓的塑料袋中,根部的空隙用湿润苔藓填充,然后捆扎。使用这种包装方法,可以减少苗木体内水分蒸发,有利于移栽成活。同时使用塑料薄膜包装,还可以减轻苗木的包装重量,缩小包装体积,便于运输。但要注意为避免灼伤苗木,用塑料包装的苗木不能在阳光下直接暴晒。近年来,成功研制了一种廉价、简便且保鲜效果甚佳的树苗贮运保鲜袋。这种保鲜袋是由聚烃烯树脂加工而成的一种多层结构的塑料薄膜复合包装袋。它能反射和吸收95%以上的光线,在直射阳光下袋内无明显的增温效应;其保湿性极佳,贮苗4个月失水率低于3%;还能自动调节袋内气体成分,形成低氧高二氧化碳的贮藏环境。这种保鲜袋成本每株苗约为0.2分人民币,低于现行包装材料。此外,在英国、瑞典、美国、加拿大

等国用特制的冷藏车运输裸根苗,例如美国的冷藏运苗车温度为1℃,空气的相对湿度为100%,一次可运苗6万株。

营养钵苗运输前一般也要进行包装。有些容器如营养钵、纸袋和稻草泥浆杯等,不抗压、不抗挤、易松散,因此在单株包装后还需装筐或装箱运输。有些容器如塑料薄膜袋、硬质聚乙烯塑料杯等,一般都较抗压、抗挤,也不易松散,可以直接装筐或装箱运输,为了能够承受运输时的相互碰撞,在容器苗装车之前应在车厢底铺一层草或者其他松软、湿润物质,种苗装车时应该细心地逐个装载。为了减少运输期间的碰撞并防止营养土损失,各种苗包装之间要紧密接触。

5.5.1.2 种苗的运输(transportation methods for nursery stocks)

(1)运输时间 苗木需要从圃地运输到种植地。在运输过程中,种苗常常会因风吹日晒而失水,因装卸不慎碰伤顶芽和腋芽,或因包被过于紧密影响通风而发霉,特别是长距离运输时更是如此。这些都会降低种苗成活率和延长种苗缓苗时间。所以,应选择合适时间运苗。

①较暖的季节,在夜间或阴雨天运苗,以免苗木因日晒和受热而脱水。

②避免风天运苗,一般风超过两三级时,不宜用汽车运输,最好在无风天运苗,因为风吹会严重损伤苗木的生命力。

(2)运输方法

①裸根苗的运输:在裸根苗(bare root seedling)运输时间超过6 h、苗木数量多、天气热时,包被物不要过于紧实,要随时检查内部温度,防止发热,并经常喷水;时间超过12 h,苗木要带土运输。天气冷时可在顶部覆盖3 cm厚的草袋或作物秸秆,防止苗木冻伤和被风抽干。长距离汽车运输裸根苗是非常危险的事情,必须采用这种运输方式时,要保证从包装到运输各环节都采用大苗带土坨方式。

②营养钵苗的运输:营养钵苗(plug seedling)在运输前一般也要进行包装。有些容器如营养块、纸袋和稻草泥浆杯等,不耐压、不抗挤、易松散,因此需要在单株包装后,再装筐或装箱运输;有些容器如塑料薄膜袋、硬质聚乙烯塑料杯等,一般都较抗压、抗挤,也不易松散,则可以直接装筐或装箱运输。目前,国内外广泛推广使用聚乙烯塑料薄膜袋进行苗木包装。这种方法不仅可以减少苗木体内水分散失,有利于栽后成活和幼苗生长,还可以减轻苗木包装重量并缩小包装体积。

营养袋苗运输时一次运输的数量少,且营养袋怕摔,因此运输难度较大。营养袋苗运输时不需要包装,一般都是就地或附近育苗,就地栽植,不需要远距离运输。运输营养袋苗时要做到以下几点:a. 用车运输时,底部铺上湿且松软的草袋或厚草,然后放上营养袋苗,防止路途颠簸损坏容器袋;b. 装车要有秩序,营养袋彼此靠紧,以减轻运输过程中晃动。轻搬轻放,以免营养土脱落,尽量减少人为毁坏。

5.5.2 假植和贮藏技术

5.5.2.1 种苗的假植

种苗的假植(temporary planting methods for nursery stocks)是将种苗的根系用湿润的土壤进行暂时的埋植。分级后的苗木不能立即外运时,要进行临时假植。临时假植选背阴、湿润的地方,挖深 30~50 cm 的沟。将苗根放入沟中,而后用土埋严。为便于统计,每排种苗的数量要相等。这种方法一般用于假植时间较短时。秋季起苗后准备第二年春出圃或移植的种苗,要进行越冬假植或贮藏。越冬假植是在土壤结冻前,选排水良好、背风的地方挖东西向沟,沟的规格依种苗大小和数量而异。一般沟深为 40 cm,沟宽为 40~50 cm。移栽大苗时沟应加深。

假植前种苗要分级,且每排种苗数量应相等。将单株种苗沿顺风方向摆放,与沟壁倾斜成 45°角。尽量使种苗根部在沟内充分舒展,而后用潮土盖严苗根和苗茎下半部并踏实,使根系与土壤紧密接触。如果土壤干燥,则要适当地向根层喷洒些水,然后在上面盖上干土。切忌浇水过多。在寒冷的北方,当气温下降到 0℃以下时,应随气温下降不断加厚土层,最后把种苗盖严;对于怕冷又易受霜害的苗木,为保持假植沟的温度,除盖土外还要加盖草类;风沙严重的地区,假植沟的迎风面要设防风障。假植后要插牌,写明树种、苗龄和数量。翌春气温回升时,要逐渐撤去盖土,发现有霉烂应及时倒沟。

沙质和壤质土壤最适于假植,黏性土热量条件和通气状况较差,不适于做假植沟。一般针叶树采用全埋法,即将种苗全埋入土中;阔叶树一般要埋全苗的 2/3,但是一些易干枯的苗也需要全部埋起来。

5.5.2.2 种苗的贮藏

为保证种苗的周年供应,或由于天气等原因穴盘苗不能及时销售时需要进行种苗的贮藏(storage of nursery stocks)。穴盘苗根系形成后,如果不能及时移植,种苗会因为地上部生长空间竞争激烈;地下部根系生长受穴格空间限制而引起老化。Heins(1994)在低温,弱光条件下对各种花卉穴盘苗进行贮藏试验,得到很好的效果,实验材料可保存几周至两三个月。1995 年,Heins 等对多种花坛植物种苗进行不同温度贮运试验,并确立了种苗的贮运最适温度,如表 5-6 所示。

低温贮藏是将苗木置于低温(−3~3℃)、湿润($RH \geq 85\%$)、通气良好的条件下妥善保存。应注意,草花穴盘苗经低温贮藏后会延迟花期,而在黑暗条件下贮藏后花期延迟更久,所以穴盘苗应尽量及时销售。但暂时不外运的种苗,必须进行有效的贮藏保护。生产上经常用冷藏室、冷库、冰窖、地下室、地窖、窑洞等地方贮存苗木。

表 5-6 不同种花卉种苗的贮运适温

温度/℃	适宜贮藏花卉
2.5	香雪球、仙客来、三色堇、矮牵牛
5	大丽花、秋海棠、万寿菊、六倍莉
7.5	藿香蓟、非洲凤仙
10	鸡冠花、长春花
12.5	凤仙花

(1)贮藏库(窖)及苗木消毒　如果苗木带菌或贮藏库(窖)不洁净，容易产生病害而使苗木死亡。入库前苗木应用配比为1∶1∶300的波尔多液浸蘸后阴干；或用5倍石硫合剂或1 000倍升汞液浸泡1～3 min后取出晾干；或用7%的$Cu(OH)_2$溶液处理裸露根，再用处理过的草帘、草袋、蒲包、谷草束包裹。贮藏库或窖用二氧化硫熏蒸消毒。每立方米容积取4～5 g硫磺粉与少量木屑混合，向混合物中洒少许酒精，点燃后密闭熏蒸即可。

(2)沙子调湿　贮藏苗木时大多用含水量为60%～70%的湿沙埋藏。如沙子含水量过大，根系、枝芽易腐烂；含水过少，苗木易抽干，从而影响栽植成活率。

(3)窖藏　选地势高燥、排水良好的地方挖窖，窖深1.5～2 m，上口宽2 m，底宽1.5 m，窖边略倾斜。搭好屋脊形窑顶，上盖10 cm厚的秸秆，再盖土埋严。每隔1～2 m留通气孔，孔口用木盖或草帘盖上，经常开启孔口以利通气和调节窖内温度。窖底挖深、宽各25 cm的沟，内垫卵石或石块，以利于排出窖内积水。在窖内地面上铺10 cm厚的湿沙，将苗木成小捆或散开单株摆放。一般直立或稍有倾斜摆放，苗木根系用湿沙填满，不留空隙；对髓心中空的苗木，应多层平放，每层苗木以湿沙隔开，最上一层上侧覆盖15 cm厚湿沙，以防苗木热伤。秋季苗木刚入窖时，窖内温度较高，夜间应打开窖门(应设纱门防止鼠入窖啃苗)及通气口降温；冬季1—2月份，外界气温较低，为保窖温要把通气口堵严。通常大多数树种的苗木，贮藏适温为0～5℃，最高不超出8℃，最低不要低于－2℃。早春时，外界气温回升，白天关闭所有通气口，夜间打开通气口引入冷气，同时冲走热气，防止窖内温度上升太快。当窖温已高出10℃后，大多数树种的苗木就要发芽了，此时应及时出窖，不出窖的苗木要经常倒苗，防止根系霉变。贮藏期间要经常检查，发现沙子湿度不足应及时洒水以调节沙子和空间湿度；应将根系产生白色霉菌的苗木清理出来，用配比为1∶1∶300的波尔多液或其他杀菌剂洒于沙上拌匀消毒，并将苗木用药液浸泡20 min，晾干水珠后再入窖沙藏。

(4)坑藏 选地势高燥、排水良好的地方挖东西向的深、宽各 1 m 的坑,坑底再挖深、宽各 20 cm 的渗水沟,其上铺以卵石。土壤结冻前,先在坑底铺 5 cm 厚的湿沙,再在坑的两侧各摆一排成捆的不带叶子的苗木,苗根应舒展并朝向坑壁,距坑壁 3～5 cm。摆完一层苗木后盖一层 3～5 cm 厚的湿沙垫平苗干,摆到距离地面 10 cm 左右时,全部盖上半湿的沙子以防苗木干燥。待苗木全部冻结后盖一层草帘,再盖上 10～20 cm 厚的稻草,然后在上面搭南低北高的棚子,防止雨雪渗入坑内。盖严坑口,以防坑内温度变化。早春气候转暖后要注意坑内温度上升,如超过 5℃则要采取措施降温,同时严防苗木发热霉烂。

(5)冷库或气调库贮苗 冷库或气调库是最现代化的贮苗设施。贮藏时将苗木放入贮藏箱内,根部填充无菌基质(木屑、泡沫塑料、珍珠岩等),用计算机自动控制库内温、湿度及气体含量,使苗木始终处于休眠状态,根据需要随时取出利用。用这种方法可贮藏苗木达数年之久。

(金基石 刘晓辉)

5.6 观赏植物种子贮藏技术

观赏植物种子贮藏(seed storage)是指人工创造长期保持种子生活力的环境的措施。一些成熟后因故不能立即播种的、有隔年结实或罕见结实特性的以及保存植物种质资源多样性研究所需要的种子,都应妥善贮藏。

5.6.1 影响种子寿命的因素

种子贮藏的主要目的是延长种子的寿命,因此有必要了解影响观赏植物种子寿命(seed longevity)的因素。

5.6.1.1 自身因素

不同观赏植物种子寿命差异很大。根据花卉种子寿命的长短,可将它们分为长命种子、中命种子和短命种子。种子发芽年限在 15 年以上的称为长命种子,这类种子以豆科植物最多,还有美人蕉属及锦葵科某些植物的种子。种子发芽年限在 3～15 年的称为中命种子,如鸡冠花、茑萝、凤仙花等植物的种子。种子发芽年限在 3 年内的称为短命种子,如福禄考、长春花、瓜叶菊、三色堇等的种子。

另外,种子寿命还与个体发育状况有关。采收时已完全成熟的种子寿命较长,相反,幼嫩的种子寿命要短得多,甚至无发芽能力。

5.6.1.2 环境因素

植物种子的寿命还与贮藏的环境条件有密切关系，影响种子寿命的环境因素有温度、湿度、气体及病虫害等。

(1)温度 种子体内的有机物质因呼吸作用而大量消耗，严重影响种子的寿命。在含水量一定的条件下，种子的呼吸强度随温度上升而加强。低温贮藏种子是减少呼吸强度的有效途径。

(2)湿度 种子具有吸湿和保水能力，其含水量随周围空气湿度高低而变化。而种子的呼吸强度则随种子含水量上升而增大，在这一过程中存在一个明显的转折点即安全水分。这个转折点在种子贮藏上十分重要，当种子含水量在安全水条件以下时可以安全贮藏，当种子含水量上升到安全水以上时，就会引起种子发热和霉变。

(3)气体 环境气体组分及其含量对植物种子的呼吸作用有极大影响。控制好环境气体各组分的含量，可以抑制种子的呼吸作用，减少贮藏物质的消耗，进而达到安全贮藏的目的。

(4)病虫害 贮藏环境中的害虫和老鼠会啃食种子，使种子失去生命力；有害微生物还会引起传染性病害，并产生毒素，加速种子老化和劣变过程。

5.6.2 种子贮藏技术

Roberts(1977)按贮藏特性将种子区分为两大类型，即正常型和顽拗性(也称异端型)。前一类种子适用于 Harrington(1970)通则，即当种子含水量为 4%～14%之间，所含水分每下降 1%，即可延长种子寿命一倍。而后一类种子不耐干藏，又忌低温，不仅遇冰点以下温度时会出现冻害，甚至在 6～15℃的情况下，也会导致冷害。

5.6.2.1 正常型种子

正常型种子占观赏植物种子的大部分，其贮藏方法较多，如干藏、湿藏及水藏等。

(1)干藏 种子干藏(dried storage of seeds)又分为常温干燥贮藏、低温干燥贮藏和常温超干燥贮藏。

①常温干燥贮藏：常温干燥贮藏(dried storage at room temperature)方法相对简单、经济，适合贮藏大批量的生产用种，即是将种子置于常温下自然干燥，并在常温干燥环境下贮藏，贮藏年限一般为 1～2 年。植物种子本身是一个胶体复合物，具有吸湿性，其含水量随周围空气湿度的高低而变化。在一定温度条件下，种

子经过吸湿或降湿作用后水分会达到一个平衡，即所谓平衡含水量。种子平衡水量的高低除受温度和相对湿度影响外，还取决于种子本身的化学组成。在相同条件下，油质种子比淀粉种子和蛋白质种子的平衡含水量低。种子若被密封于小容器中，其含水量取决于原始干燥度，而与外界的温、湿度变化关系不大。因此，作为种质而贮藏的种子，应采取干燥密闭贮藏。

②低温干藏：种子贮藏期间的老化和劣变既受种子自身和环境微生物的影响，也受到一些非生命过程的影响，如自由基袭击生命物质的物理化学变化等。而这一切都要遵循温控效应通则，低温和超低温能有效保持种胚细胞结构与功能的稳定。

低温干藏(dried storage at low temperature)是一种短期保存种子的方法，一般温度保持在 0～5℃，而通过温控保存种子的另一种方法是超低温保存。超低温贮藏技术是近年来国际上开发的，在超低温(－196℃)环境中组织代谢趋于停止，且不发生遗传变异，因此超低温保存被认为是长期保存种子最有前途的一个发展方向。

③常温超干藏：种子的贮藏寿命与贮藏温度和自身的含水量关系最为密切，并且温度与含水量之间存在相互替代的关系，即低温贮藏可延长种子寿命。超低水分的常温贮藏也可以延长种子寿命。因为低温贮藏种子费用高昂，所以常温超干藏(extreme drying methods at room temperature)受到重视。有些正常型种子在超低水分条件下寿命延长的潜力很大，如赵祥云在《花卉学》一书介绍，在一般贮藏条件下，飞燕草种子的寿命为 1 年，充分干燥后密封贮藏于－15℃条件下，18 年后仍保持 54%的发芽率。对于正常型种子来说，超干燥处理与超低温贮藏在延长花卉种子寿命方面都具有很大潜力，是花卉种子贮藏和种质资源保存应致力研究的课题。

(2)湿藏　种子湿藏法(wet storage of seeds)是指将纯净的种子存放在湿润(*RH* 80%～90%)而又低温(0～10℃)、通气的环境条件下贮藏的方法。凡是安全含水量高或具有深休眠的种子都适宜湿藏法。例如银杏、紫杉、油棕、七叶树等。一般用湿沙、泥炭等透气又保湿的材料与种子混匀后进行坑藏、窖藏或室内贮藏。要求保持环境湿润、低温、通气，防止霉变、发热及控制发芽。

(3)水藏　睡莲属(*Nymphaea*)是睡莲科里的一个大属，约含 50 种，分布世界各地，均为水生草本。它泛指一大批供观赏的种、变种和杂交后的园艺变种。睡莲属从结实到种子成熟均在水中完成，一旦离开水就很快丧失发芽力，所以必须对种子进行水藏(seed storage in water)。表 5-7 是采用室内清水、温室清水和室内泥浆三种方法进行王莲种子贮藏的比较。

表 5-7 不同贮藏条件对王莲育苗的影响

	播种数	发芽数	发芽率/%	成苗率/%
室内清水	40	7	17.5	15.0
温室清水	40	33	82.5	75.0
室内泥浆	40	28	70.0	62.5

注:资料引自余树勋,1994。

表 5-7 中结果表明,王莲种子贮存在温室清水中,水温保持 10℃以上,发芽率和成苗率最高;贮存在泥浆中尽管温度低于 10℃,但由于温差较小,发芽率、成苗率并不低;而室内清水贮存,水温较高且变化幅度大,发芽率低,成苗率最低。

5.6.2.2 顽拗性种子

顽拗性种子(stubbon seeds)脱离母株时不经过成熟脱水期,其含水量相对较高,对脱水和低温高度敏感,因此不耐贮存。顽拗性种子主要包括一些水生植物(如水浮萍、菱等)、热带植物(如可可、橡胶、椰子等)和部分温带植物(如板栗和栎树)的种子。

顽拗性种子忌干燥、畏低温,贮藏时要求保持种子水分在安全含水量之上,又必须低于种子萌发临界水分;贮藏温度应尽可能接近温度临界点,但要保证不受冷害;保持最低水平的气体交换条件,可采用半密闭状态,结合适当的杀菌剂处理。

(1)短期贮藏 由于顽拗性种子不耐脱水和低温,因此,在不影响种子活力前提下,尽可能降低种子贮存温度和含水量,以降低种子贮藏过程中的代谢,并添加杀菌剂保存种子,从而达到短期贮存种子目的。黄皮种子自然条件下寿命只有 10 多天,木波罗的种子寿命也仅一个月。但将新鲜黄皮种子部分脱水后加入 4%~6%的百菌清,装入塑料袋中,15℃ 600 d 后发芽率仍保持 90%以上,800 d 后发芽率仍达到 70%。同样方法贮存的木菠萝种子,850 d 后,仍保持 90%的发芽率。这些方法虽然延长了种子的寿命,但贮藏过程中种子活力仍不断下降,作为种质保存是不够的。

(2)长期贮藏 顽拗性种子亦可采用超低温贮藏技术长期保存。表 5-8 介绍了 6 种木本植物的顽拗性种子、种质超低温保存的方法和效果。

表 5-8 顽拗性种子、种质超低温保存概述

种属名	中文名	超低温保存的器官	脱水方法和(或)含水量	冰冻保护剂及预处理	超低温保存时间	降温及化冻条件	贮存效果	文献来源
Quercus faginea	栎	胚轴	快速脱水 21%(FWb)	15%DMSO 室温处理	1 h	直接降温 40℃化冻	60%成活率，产生根、茎及愈伤组织	Gonzalez Benito and Perez Ruiz (1992)
Quercus sp.	栎	胚轴	LAF 5 h		12 h	直接降温 室温化冻	仅能产生愈伤组织	Pence (1992)
Aesculus hippocastanum	欧洲七叶树	胚轴	19%～22% (LAF 5～8 h)		12 h	直接降温 室温化冻	产生根、茎、不定芽及叶片	Pence (1992)
Araucaria hunsteinij	南洋杉	胚	快速脱水 20.4%		1 h	直接降温 40℃化冻	80% 成活率	Prichard (1986)
Landolphia kirkij	夹竹桃	胚轴	快速脱水 23%～31%		8 d或 6 d	程度降温 平衡至室温	80%～90% 成活率	Vertucci (1991)
		体胚	LFC 4～10 h 或硅胶 7～18 h	0.7 mol/L 蔗糖培养基预培养	1 h	直接降温 40℃化冻	10%～70%成活，100%成活	Dumet 等 (1993)
Elaeis guineensis	油棕	胚	10.4%		8个月	直接降温 30℃化冻	为丧失生活力	Grout (1983)
		胚	快速脱水 0.3 g H_2O/g DW		1 h	快速降温 40℃化冻	65%可以形成植株	Engelmann 等 (1995)

注：资料引自(陆旺金等，1998)。

思考题

1. 简述月季切花的综合保鲜技术。
2. 举例说明有哪些切花需用预处理液处理,哪些切花需在贮藏前预冷,为什么?
3. 切叶贮运过程中常出现哪些问题?举例说明解决措施。
4. 简述一品红的养护技术。
5. 简述杜鹃花的养护技术。
6. 简述球根花卉贮藏的意义。
7. 百合打破休眠的技术有哪些?
8. 种苗运输时的包装有几种?试举例说明。
9. 简述种苗的运输方法?
10. 种子寿命的影响因素有哪些?
11. 种子按贮藏特性分为几类?各有何特点?
12. 正常型种子贮藏方式有哪几种?
13. 顽拗型种子贮藏方式有哪几种?

（赵梁军　李增武　金基石　陆旺金）

参 考 文 献

1. 车代弟编著．北方花卉栽培与保鲜技术．哈尔滨:哈尔滨工程大学出版社,1995
2. 陈俊愉．跨世纪中华花卉业的奋斗目标——从“世界园林之母”到“全球花卉王国”．北京:科学出版社,2000
3. 杜玉宽,杨德兴主编．水果、蔬菜、花卉气调贮藏及采后技术．北京:中国农业大学出版社,2000
4. 高俊平,姜伟贤主编．中国花卉科技二十年．北京:科学出版社,2000,16～36,210～222,353～360
5. 郭维明,陈素梅,安小芹,蒋甲福．中国切花采后生理与技术研究近揽．高俊平,姜伟贤主编．中国花卉科技进展．北京:中国农业出版社,2001,224～245
6. 何生根,冯常虎编著．切花生产与保鲜．北京:中国农业出版社,1996
7. 胡绪岚编译．切花保鲜新技术．北京:中国农业出版社,1995
8. 鲁涤非主编．花卉学．北京:中国农业出版社,1998
9. 陆定志,傅家瑞,宋松泉编著．植物衰老及其调控．北京:中国农业出版社,1997
10. 韦三立编著．花卉贮藏保鲜．北京:中国林业出版社,2001
11. 熊兴耀,龙岳林,刘丽辉等编著．切花保鲜实用技术．长沙:湖南科学技术出版社,1996
12. 周山涛主编．果蔬贮运学．北京:化学工业出版社,1998
13. 曹仪植,宋占午主编．植物生理学．兰州:兰州大学出版社,1998
14. 潘瑞炽,董愚德编著．植物生理学．北京:高等教育出版社,1995
15. 王合理．低温贮藏对安祖花含糖量和呼吸速率及品质的影响．植物生理学通讯,1999,35(6):458～460
16. 余叔文,汤章城主编．植物生理与分子生物学．北京:科学出版社,1999
17. 高俊平,张晓红,黄绵佳,叶新民,孙自然．月季切花开花和衰老进程中乙烯变化类型的划分．园艺学报,1997,24(3):274～278
18. 孟繁静．植物花发育分子生物学．北京:中国农业出版社,2000
19. 宋纯鹏．植物衰老生理学．北京:北京大学出版社,1998,139～146
20. 王幼群,刘瑞凝．紫丁香叶离层离体诱导及其组织学和细胞学变化．园艺学报,1997,24(4):403～404
21. 李年,林定勇．球根花卉之休眠与开花生理．台湾:兴农出版社,1995,315:8～18
22. 李美娟．穴盘苗贮运．农业世界,1997,172:23～28
23. 韦三立编．花卉化控生理学．北京:中国农业出版社,1998
24. 包满珠．植物花青素基因的克隆及应用——文献综述[J]．园艺学报,1997,24(3):279～284

25. 程金水．园林植物遗传育种学．北京：中国林业出版社，2000
26. 义鸣放．球根花卉．北京：中国农业大学出版社，2000
27. 陈俊愉，刘长江主编．中国农业百科全书·观赏园艺卷．北京：中国农业出版社，1996，24～25
28. 国家技术监督局发布．中华人民共和国国家标准，GB/T 18247.5－2000，主要花卉产品等级，第一部分：鲜切花；第二部分：盆花；第四部分：花卉种子；第五部分：花卉种苗；第六部分：花卉种球．2000
29. 国家林业局国有林业农场和林木种苗工作总站．中国木本植物种子．北京：中国林业出版社，2001
30. 中华人民共和国农业部发布．中华人民共和国行业标准，NY/T 322－1997，唐菖蒲切花，1997
31. 宇田明．花卉保鲜剂（日文）．园艺产品保鲜手册．岩元等编辑．Science Forum. 1991，193～199
32. 丁元明．鲜切花生产、分级、包装技术手册．北京：中国农业出版社，1999
33. 高俊平，王守聪，孙自然．中国花卉产品质量和产品质量标准的现状分析．2000，344～351
34. 章建浩主编．食品包装大全．北京：中国轻工业出版社，2000
35. 赵玉巧等编著．新编种子知识大全．北京：中国农业科技出版社，2000
36. 王美兰，周志才．樱桃 MA 贮藏保鲜袋的设计和应用．烟台大学学报（自然科学与工程版），1996(4)：31～35
37. 赵丽芹主编．园艺产品贮藏加工学．北京：中国轻工业出版社，2000
38. 高俊平，孙自然，郭康，徐义炎，朱军．提高切花真空预冷效果的技术措施．农业工程学报，1996，12：194～198
39. 高俊平，孙自然，周山涛．香石竹和满天星真空预冷中水分补充方式的研究．中国农业科学，1996，29：66～72
40. 高俊平，孙自然等．月季切花真空预冷水分损失的研究．园艺学报，1994，21：381～385
41. 高俊平，唐雪梅等．切花真空预冷中水分损失与补充的机理研究．国家自然科学基金资助项目研究成果年报，1997－1998 生命科学卷，1999：33～34
42. 刘智慧．1994 年，1996 年全球花卉贸易概况．台湾花卉园艺，1998.6
43. 王关林，方宏筠．植物基因工程原理与技术．北京：科学出版社，1998
44. 吴乃虎．基因工程原理．北京：科学出版社，2001
45. 吴少华，李房英．鲜切花栽培和保鲜技术．北京：科学技术文献出版社，1999
46. 杨秋生，宋鸿雁，何松林，籍越，孔德政．牡丹切花贮藏期内源激素水平变化规律的研究．河南科学，1997，15(3)：303～305
47. 陈俊愉主编．中国梅花．海口：中国海南出版社，1996
48. 宇田明．STS溶液による切り花の品质保持期间延长に关する研究．兵库农技センタ特

别研报,1996,(21)
49. 王支槐．蜡梅花开花和衰老过程中的生理生化变化．北京林业大学学报,1995,9(17):118～121
50. 王支槐,黄继承．预措及保鲜剂延缓蜡梅切花衰老的影响．云南农业大学学报,1992,7(3):166～171
51. 黄绵佳,高俊平,张晓红,唐雪梅,孙自然．PPOH 延缓月季切花开花和衰老的研究．园艺学报,1998,25:70～74
52. 郭维明,盛爱武,梅花采后衰老的内源激素调节．北京林业大学学报,1999,3(21):42～47
53. 史国安,杨正申,王长忠,金志伟,韩向阳．温度和化学药剂对牡丹切花乙烯释放及贮藏品质影响．北方园艺,1997,117:62～63
54. 史国安,郭香凤,韩建国,孙鲜明,杨正申．牡丹开花和衰老期间乙烯及脂质过氧化的研究．西北农业大学学报,1999,27(5):50～53
55. 市村一雄和久松完．日本园芸学会志,1997,66(1)
56. 新堀二千男．低温処理による鲜度保持技术．农业技术体系．花卉编,1991,4:149～158
57. 盛爱武,郭维明,孙智华．蜡梅切花内源激素动态及衰老有关因子的研究．北京林业大学学报,1999
58. 卢思聪．中国兰与洋兰．北京:金盾出版社,1994
59.(财)日本花普及センター监修．切花の鲜度保持マニユアル．株式会社流通システム研究センター,1997
60. 金波,秦魁杰编著．切花栽培与保鲜及插花艺术．北京:中国林业出版社,1995
61. 龙雅宜．切花生产技术．北京:金盾出版社,1994
62. 吴少华,李房英编著．鲜切花栽培和保鲜技术．北京:科学技术文献出版社,1999
63. 胡绪岚编译．切花保鲜技术——中外 290 种鲜花、配叶、盆栽植物采后处理、贮藏、营销技术．北京:中国农业出版社,1996
64. 成海钟等．切花栽培手册．北京:中国农业出版社,2000
65. 郭志刚,张佥．切花生产技术丛书——球根类．北京:清华大学出版社,1999,93～106,181～186,305～312
66. 郭志刚,张俭．球根花卉．北京:清华大学出版社,1999,246～259
67. 国际球根花卉中心．郁金香切花．2001
68. [日本]今村有里等．园学志,1996,65(1):121～128
69. [日本]今西英雄等．园学志,1986,54:483～489
70. 施振周等．园林花木栽培新技术．北京:中国农业出版社,1999
71. 夏宜平等．切花周年生产技术．北京:中国农业出版社,2000
72. 义鸣放等．唐菖蒲．中国农业出版社,1999
73. 义鸣放等．现代切花生产技术丛书——唐菖蒲．北京:中国农业出版社,2000
74. 湛渝美等．唐菖蒲鲜切花周年栽培技术研究．北方园艺,1994,(1):24～26

75. 张俭,秦官属,陆森文．郁金香．北京:中国林业出版社,1994
76. 赵祥云等．现代切花生产技术丛书——百合．北京:中国农业出版社,2000
77. 仲正林等．花卉栽培技术．北京:中国农业科技出版社,1998
78. J·C·M·布斯曼．水仙切花与盆栽水仙．荷兰:国际球根花卉中心出版,1997
79. 万蜀渊．园艺植物繁殖学,北京:中国农业出版社,1994
80. 魏智龙,邹志荣．蔬菜与花卉的工厂化育苗技术,北京农业科学,2000,12,18:(6)
81. 游捷．低温贮藏对菊花插穗扦插成活率的影响,河北农业大学学报,1996,10(19):(4)
82. 才淑英．园林苗木扦插育苗技术．北京:中国林业出版社,1998
83. 长春市城建技工学校,西安市园林技工学校．园林苗圃学．北京:北京科学技术出版社,1997
84. 高光民．中小型苗圃林果苗木繁育实用技术手册．北京:中国林业出版社,1997
85. 李瑞．高温期怎样贮运保管果树接穗．北京农业,1997(7):17
86. 潘禄．用保鲜袋贮运苗木效果好．林业科技通讯,1996,1～37
87. 孔德政,籍越,李文玲．克鲁兹王莲种子鉴定及育苗技术研究[J]. 河南科学,2000,18(3):280～283
88. 梁永恒等．植物种质资源保存．植物生理学通讯,1999,35(3):244～250
89. 陆旺金等．顽拗性种子种质保存现状．种子,1998,5,37～40
90. 农业大词典编辑委员会编．农业大词典．北京:中国农业出版社,1998
91. Savin,K W,Baudinette S C,Graham M W,et al. Antisense ACCoxidase RNA delays carnation petal senescence. Hortscience,1995,30(5):970～972
92. Doorn Van W G. Water Relations of Cut Flowers. Horticulture Reviews,1997,18:1～85
93. Doorn Van W G. Vasccular Occlusion in Cut Rose Flowers: A Survey. Acta Horticulture,1995,405:58～66
94. Evans R Y,Zheng J M,Reid M S. Stress and environmental factors affecting the postharvest life of cut roses. Acta Horticulturae,1995,424:169～173
95. Jones HG, Tardieu F. Modelling water relations of horicultural crops: a review. Scientia Horticulturae,1998,74:21～46
96. Noordegraaf Cor Vonk. Problems of Postharvest Management in Cut Flowers. Acta Hort.,1999,482:53～58
97. Yuxiao Hu,Motoaki Doi,Hideo Imanishi. Competitive water relations between leaves and flower bud during transport of cut roses. J Japan. Soc. Hort. Sci.,1998,67(4):532～536
98. Van Altvorst & AG Bovy. The role of ethylene in the senescence of carnation flowers,a review. Plant Growth Regulation,1995,16:43～53
99. Woltering E J,Somhorst D and De beer C A,Roles of ethylene production and sensitivity in senescence of carnation flower (dianyhus caryophyllus) cultivars white Sin. Chinera and Epomeo. J. Plant Physiol.,1993,14:329～335

100. Addicott F T, Lynch R S, Carns H R. Science, 1995, 121: 644～645

101. Schayler D Seeley. Pormancy-blackbox. Hortscience, 1994, 29(11)

102. Suk J K. Physiological changes in the course of bulbing and dormancy-breaking of gladiolus. Jounal of the Korean for Horticulture Science, 1992, 33(6): 466～470

103. Kaceperski M PW H Carlson and M G Karlsson. Growth and development of *Petunia* × *hybrida* as a function of temperature and inradiance. J. Ameri. Soc. Hort. Sci., 1991, 116: 232～237

104. Kim Wan Soon, Hwh Kun Yang, Park dong Man, Iee Jeong sik. Effect of cold storage according to the seeding age on flowering of campanula medium "white" for cutflowers j. of the Kor. Soci. for Horti. Sci., 1997, 38(5): 533～536

105. M P, Kaceperski and A M, Armitage. Short-storm storage of plug-growth. Bedding plant see-ding Hort. Sci., 1992, 27(7): 798～800

106. Yamaiaki H, Nishijimat, Koshioka M. Effects of (＋)-s-abscisic acid on the quality of stored cucumber and tomato seedling. Hort. Sci., 1995, 30(1): 80～82

107. Yun Jae, Kim tac Jung, Hong Seung min, et. Effect of raising period and storage method on the seedling quality and subsequent growth in plant plug of Marigold and Zinnia. RDA Joumal of Agricultural Science Horti., 1996, 38(1): 604～608

108. Styer RC and Koranski DS. Plug & Transplant Production(A Grower's Guide). Batavia, Ⅲinois, USA: Ball Publishing, 1997

109. Skutnik E, Lukaszewska A and Serek M, Rabiza J. Effect of growth regulators on postharvest characteristics of *Zantedeschia aethiopica*. Postharvest-Biology-and-Technology, 2001, 21: 2 241～2 246

110. Roger C Styer and David S, koranski. plug & transplant production: A Grower's Guide. USA: Ball Publishing, 1997

111. Wills R, McGlasson B, Graham D and Joyce D. Postharvest: An introduction to the physiology and handling of fruit, vegetables and ornamentals, 4th edition. Australia: Hyde Park Press, 1998

112. Bovy, AG., Altvorst, AC. Angenent, GC. Genetic modification of the vase-life carnation. Acta-Horticulturae, 1995, (405): 179～189

113. Davis T, Yamada M, Elgort M. Nucleotide sequence of the mannitol operon in *Escherichia coli*. Mol Microbiol, 1988, 2(3): 405～412

114. Delauney AJ, Hu CAA, Kavi Kishor PB. Cloning of ornithine δ-aminotransferase cDNA from *Vigna aconitifolia* by transcomplementation in *Escherchia coli* and regulation of proline biosynthesis. J Biol Chem., 1993, 268(25): 18 673～18 678

115. Guerrero C, Calle M, Reid MS, et al. Analysis of the expression of two thiolprotease genes from daylily (*Hemerocallis* spp.) during flower senescence. Plant Molecular Biology,

1998,36(4),565～571

116. Hamilton,AJ. Antisence gene that inhibits syntheses of the hormone ethylene in transgeneted plants. Nature,1990,346:284～287

117. Jones,ML Larsen,PB,Woodson,WR. Ethylene-regulated expression of a carnation cysteine proteinase during flower petal senescence. Plant Molecular Biology,1995,28(3):505～512

118. Maxson,JM,Woodson,WR,. Bielski R,et al. Ethylene-responsive gene expression during carnation flower senescence. Acta-Horticulturae,1998

119. Pilon-Smits EAH,Ebskamp MJM,Paul MJ. Improved performance of transgenic fructan-accumulating tobacco under drought stress. Plant Physiol,1995,107: 125～130

120. Raghothama,KG,Lawton,KA,Goldsbrough,PB and Woodson,WR. Characterization of an ethylene-regulated flower senescence-related gene from carnation. Plant Molecular Biology,1991,17(1),61～71

121. Shen B,Jensen RG,Bohnert HJ. Increased resistance to oxidative stress in transgenic plants by targeting mannitol biosynthesis to chloroplasts. Plant Physiol,1997,113:1 177～1 183

122. Williams J, Bulman M, Huttly A et al. Characterization of a cDNA from *Arabidopsis thaliana* encoding a potential thiol protease whose expression is induced independently by wilting and abscisic acid. Plant Mol Biol. ,1994,25 (2):259～270

123. Yamamoto K,Kinattsu Y,Yokoo Y and Furukawu. 1994, Delaying flower opening of cut ro-ses by cis-propenylphosphonic acid. J. Japan. Soc. Hort. Sci. ,63:159～166

124. Ron Wills,Barry McGlasson,Doug Graham,Daryl Joyce. Postharvest: an introduction to the physiology and handling of fruit,vegetables and ornamentals. Sydney: CAB International Press,1998(foruth revised edition)

125. Jones M,Sedgley M,Leaf waxes and postharvest quality of *Eucalyptus foliage*. Journal-of-Horticultural-Science,1993,68:6,939～946

126. Jones RB, Truett JK, Hill M. Postharvest handling of cut immature *Eucalyptus foliage*. Australian-Journal-of-Experimental-Agriculture,1993,33:5,663～667

127. Ron Wills, Barry Mcglasson. Doug graham, daryl joyce postharvest an introduction to physiology and handling of fruit, vegetables and ornamentals. Sydney: CAB International Press,1998(fourth revised edition)

128. Cohat J. The physiology of flower bulbs. Elsevier Science Publishers B,1993,297～320

129. Jefferson-Brown M Howland H Lilies. Portland:Timber Press,1995

130. Suh JK. Physiological changes in the course of bulbing and dormancy-breaking of Gladiolus. Journal of the Korean Society for Horticulture Science,1992,33(6):466～470

131. Suh. JK,Lee JS. Bublet formation and dormancy induction as influenced by temperature, growing media and light quality during scalint propagation of *Lilium* species. Acta Hort. ,

1996(414):251～256

132. 衫浦明编．稻葉昭次．第Ⅲ编——收獲后の果实の取报と流通·贮藏．新编果树园艺ハントフヅケ，东京：养贤堂，1991，675～718

133. Zhang Z and Leung Dwan. Elevation of soluble sugar levels by silver thiosulfate is associated with vase life improvement of cut gention flowers. Journal of Applied Botany, 2001, 75:85～90

134. Apte. ss. Dormancy and sprouting in Gladiolus. Netherland, 1962, 62:1～47

135. Arora TS et al. Effect of GA3 on cormel growth in Gladiolus. Indian Journal of plant physiology, 1992, 35(2):202～206

136. Ten Have A, Woltering EJ. Ethylene biosynthetic genes are differentially expressed during carnation (*Dianthus caryophyllus* L.) flower senescence. Plant Mol. Biol. 1997, May 34 (1):89～97

137. Shibuya K, Nagata M, Tanikawa N, Yoshioka T, Hashiba T, Satoh S. Comparison of mRNA levels of three ethylene receptors in senescing flowers of carnation (*Dianthus caryophyllus* L.). J Exp Bot., 2002, 53(368):399～406

138. Jones ML, Woodson WR. Differential expression of three members of the 1-aminocyclopropane-1-carboxylate synthase gene family in carnation. Plant Physiol., 1999, 119(2): 755～764

139. Waki K, Shibuya K, Yoshioka T, Hashiba T, Satoh S. Cloning of a cDNA encoding EIN3-like protein (DC-EIL1) and decrease in its mRNA level during senescence in carnation flower tissues. J Exp Bot., 2001, 52(355):377～379

140. Schaller GE and Bleecker AB Ethylene-binding sites generated in yeast expressing the Arabidopsis ETR, gene. Science, 1995, 270:1 809～1 811

索　引